西瓜生产

贾文海　李晶晶　主编

化学工业出版社

·北京·

图书在版编目（CIP）数据

西瓜生产百事通/贾文海，李晶晶主编. —北京：化学工业出版社，2019.1（2022.11重印）
ISBN 978-7-122-33291-2

Ⅰ.①西… Ⅱ.①贾…②李… Ⅲ.①西瓜-瓜果园艺 Ⅳ.①S651

中国版本图书馆 CIP 数据核字（2018）第 258387 号

责任编辑：邵桂林　　　　文字编辑：焦欣渝
责任校对：王　静　　　　装帧设计：关　飞

出版发行：化学工业出版社（北京市东城区青年湖南街 13 号　邮政编码 100011）
印　　装：北京七彩京通数码快印有限公司
850mm×1168mm　1/32　印张 12¼　字数 333 千字　2022 年 11 月北京第 1 版第 7 次印刷

购书咨询：010-64518888　　售后服务：010-64518899
网　　址：http://www.cip.com.cn
凡购买本书，如有缺损质量问题，本社销售中心负责调换。

定　　价：49.80 元　

编写人员名单

主　　编　贾文海　李晶晶

副 主 编　王少平　贾智超

编写人员　贾文海　贾智超　李晶晶

　　　　　王少平　王涵仪

前言

西瓜生产在发展高效农业中具有重要地位。目前，西瓜生产已成为广大农民一个“短、平、快”的致富项目。同时，我国又是西瓜生产大国（据统计，2012 年我国西瓜播种面积为 180 万公顷，总产量 7070 万吨），专业或兼职从事西瓜生产、供销、科研、技术推广等工作的人员约为 3000 万。为适应我国西瓜生产、科研、教学、技术推广、营销和广大瓜农对西瓜生产新技术、新品种、新成果的迫切需要，我们特将 48 年来专业从事西瓜栽培、育种研究和新技术推广的经验与成果汇编成《西瓜生产百事通》，旨在为更多读者提供一部参考资料。同时，也可作为对全国各地来信来访咨询西瓜生产技术者的公开答复。本书在简要介绍西瓜栽培历史及其生物学特性的基础上，对西瓜生产的主要环节和关键技术进行了有理论、有实践的系统介绍“先基础知识，后实际操作”。

编写本书的指导思想是，理论与实践相结合，普及与提高相结合，适宜不同层次的读者，以求成为较畅销的农业科技书。在本书编写过程中，我们以 48 年的西瓜生产实践经验和学习心得为基础，再度深入西瓜栽培主产区进行实地考察，与“瓜把式”“西瓜状元”及西瓜生产合作社主任等广泛交流，结合当前国内外有关西瓜生产发展的部分信息，经系统整理，七易其稿，反复修改。在编写形式上，尽量保持完整性和连续性，内容力求系统全面，技术方法科学实用，做到理论联系实际，深入浅出，通俗易懂，学得会、用得上。

本书在编写内容上，因篇幅所限，“西瓜育种”“西瓜研究法”等未编入，“西瓜储藏加工”“无籽西瓜”等也只介绍了部分内容。

但凡是入编内容，都力求重点突出，先进适用，可操作性强，参考价值大。

在本书编写过程中，我们引用了散见于国内外报刊文献的部分资料，为篇幅所限，难以一一列举，在此谨对原作者及为本书提供帮助的“瓜把式”“西瓜状元”及西瓜主产区的领导和瓜农们一并致谢！

鉴于我们所掌握的资料和水平有限，疏漏不当之处在所难免，敬请专家及读者斧正赐教！

贾文海

2019 年 1 月 1 日于烟台

目录

第一章　西瓜的品种和种子检验 / 1

第二章　西瓜育苗技术 / 42

第三章 西瓜常规栽培技术 / 130

第七章　西瓜的间种套作 / 277

第一章

西瓜的品种和种子检验

第一节　西瓜品种和熟性

一、 区别西瓜不同品种的依据

（1）生育期　从播种到果实成熟的时间。应特别重视从雌花开放到果实成熟的时间。

（2）果实特征　包括果实形状、大小、皮色及花纹，果皮厚薄，瓜瓤颜色、瓤质及含糖量等。

（3）种子特征　包括种子大小、颜色，单瓜平均种子数及千粒重等。

（4）植株生长特征　如生长势、分枝力强弱，节间长度，第一雌花着生节位，雌花间隔节位及某些特殊性状等。

（5）适应性和抗逆性　主要指对气候、环境、栽培条件的适应性和抗病性。

二、 西瓜熟性的划分

西瓜品种的熟性一般是按生育期划分的，即根据生育期的长短可分为早熟品种、中熟品种和晚熟品种。但由于各地气候条件不同，栽培方式和栽培季节不同，因而很难采用绝对固定的数字来划分。目前也没有统一的国家标准。20 世纪 80 年代，贾文海曾将生育期 80～100 天的品种称作早熟品种，生育期 100～120 天的品种称作中熟品种，生育期 120 天以上的品种称作晚熟品种。全生育期是由结果前的苗期（幼苗期和抽蔓期）和果实发育期构成的。第一雌花出现的早晚，决定了苗期的长短；果实成熟的早晚，决定了果实发育期的长短。在生产实践中，通过对西瓜不同品种的大量田间调查，发现第一雌花出现的早晚对西瓜采收期的影响小于果实发育期对西瓜采收期的影响。所以，从生产实际出发，可以用果实发育时期所需时间的长短来代表西瓜熟性。通过在不同地区对许多品种的大量调查，认为以坐瓜节为基准，一般从雌花开放到该果实成熟所需时间在 28～30 天者为早熟品种，25～28 天者为极早熟品种；从雌花开放到该果实成熟所需时间在 30～35 天者为中熟品种，35～40 天者为晚熟品种。

早熟品种的主要特点是：第一雌花出现较早，坐瓜节位低，瓜码较密，一般雌花在主蔓上每隔 3～5 节着生一个，易坐瓜，较耐低温弱光。生长势与分枝性较弱，一般抗病力较差。果实成熟早，早期产量高，单瓜重较小等。

中熟品种的主要特点是：第一雌花出现稍晚，坐瓜节位较高，雌花密度较小。生长势较旺，分枝力中强，果型较大，抗病性较强，产量高。

晚熟品种的主要特点是：第一雌花出现晚，坐瓜节位高，雌花间节位多（瓜码稀）。生长势旺，分枝力很强，根系发达，瓜蔓粗壮，叶片大，抗病性强，耐旱，果型大，果实发育期长，产量高，耐贮运。

一个地区（特别是一个省）早、中、晚熟品种应适当搭配，不同的栽培方式和不同的栽培季节，应选择不同特点和不同熟期的品种与之相配套。只有这样才能更充分地发挥不同栽培方式的优越性，并更好地适应不同的栽培季节。

三、栽培西瓜的主要类群

我国目前栽培西瓜主要有普通食用西瓜、无籽西瓜、籽用西瓜等类群。在国外，除上述三类栽培西瓜外，还有饲料西瓜和药用西瓜栽培。每个栽培类群里都有许多栽培品种。本书主要介绍普通食用西瓜、无籽西瓜和籽用西瓜类群的主要品种。

第二节　普通食用西瓜的主要品种

据近几年全国西瓜种子交易、交流、协作等各种会议及全国各西瓜主产区种子市场的调查，每年约有800～1000个不同品牌、不同品名的西瓜品种上市，全部为一代杂交种。其中不乏同品种异名、同母（本）异父（本）、同父（本）异母（本）及同品种不同包装、不同生产厂家的品种、品系。虽为不同育种单位育成，但其主要性状大同小异，经去伪存真、求同存异之粗选，实际上，每年推向种子市场的西瓜品种不足400个（包括国外进口），其中有籽西瓜品种约为320～350个，无籽西瓜品种约为50～80个，能在全国西瓜主产区成为主栽品种的就更少了。我国目前种子市场尚不规范。其中，西瓜种子市场尤为突出。作为农业科技工作者，应客观、公正地评价和推荐一些优良品种。笔者试图从生育期（熟性）、果实品质（性状）、产量、抗病性及适应性等多方面分别介绍各具特点的一些品种。各地可根据栽培条件、栽培季节、栽培方式及当地西瓜市场的消费习惯进行选择。

一、特早熟品种

特早熟品种的全生育期一般为80～90天，其中雌花开放至该果实成熟（以下简称果实发育期）约为23～28天。多为小型果，平均单瓜重1.5～3.0千克。株型较小，瓜蔓生长势较弱，但主蔓分枝力较强，伸展力较弱，适合露地双行密植栽培和棚室多茬栽培。近年来，这类品种（系）的引进和选育工作发展迅猛，为我国西瓜市场实现周年均衡供应迈出了一大步。

（一）栽培面积较大或综合性状较好的品种

1. 特小凤

特小凤由台湾农友种苗公司育成。全生育期 80 天左右，果实发育期约 23～25 天。果实近圆形，果皮鲜绿色，果面有不规则的黑条纹。单瓜重 1.5～2.0 千克。果肉金黄色，肉质细嫩，脆甜多汁，果实中心含糖量 12%左右。果皮极薄，种子特少。低温弱光，适合我国南北各地早熟或多季栽培。

2. 拿比特

拿比特是从日本引进的红玉类西瓜品种。全生育期 85 天左右，果实发育期 24～26 天。果实长椭圆形，果皮绿色，上覆墨绿色条带。果肉红色，质脆嫩，果实中心含糖量 12%以上。单瓜重 2 千克左右，易连续坐果，适宜我国各地春季早熟和秋延迟保护地栽培。

3. 红小玉

红小玉是湖南省瓜料研究所从日本引进的一代杂交种。全生育期 80～85 天，果实发育期 22～25 天，极易坐果，每株可坐果 2～3 个。果实高球形，果皮深绿色，上有 16～17 条纵向细虎纹状条带。果肉浓桃红色，瓤质脆沙味甜，风味极佳，果实中心含糖量 12%左右。生长势较强，可以连续结果，单瓜重约 2.0 千克。适宜全国各省市早熟栽培。

4. 黄晶一号

黄晶一号是极早熟高档小型西瓜。果实发育期 26 天，果实圆球形，黄皮红肉，外观漂亮喜人。肉质细嫩，口感好，果实中心含糖量 13%以上。长势好，抗逆性强，易坐瓜，果实整齐度好，单瓜重 1.5～2 千克。

5. 特早红

特早红由黑龙江省大庆市庆农西瓜研究所育成。全生育期 85 天，果实发育期 28 天左右。果实圆形，果皮浅绿色，上有深绿色条带。果肉红色，瓤质细脆多汁，风味好，果实中心含糖量 12%

以上。单瓜重 4～5 千克。适宜北方棚室早熟栽培。

6. 世纪春蜜

世纪春蜜由中国农科院郑州果树所育成。全生育期 85 天左右，果实发育期 25 天左右。果实圆形，果皮底色浅绿，上有深绿色细条带。果肉红色，瓤质脆细多汁，风味佳，果实中心含糖量 12% 以上。单瓜重 3.5～4 千克。适宜棚室早熟栽培。

7. 小天使

小天使由合肥丰乐种业股份有限公司育成。全生育期 80 天左右，果实发育期 24 天左右。果实椭圆形，果皮鲜绿色，上覆深绿色中细齿状条带。果肉红色，质脆，纤维少，爽口多汁，风味佳，果实中心含糖量 12.5%。平均单瓜重 1.5～2 千克。适宜浙江、上海等生态区栽培。

8. 早佳（8424）

早佳由新疆农业科学院园艺研究所育成。全生育期 75 天左右，果实发育期 28 天左右。果实圆形，果皮绿色，上覆深褐色条带。果肉粉红色，松脆多汁，纤维少，果实中心含糖量 12%以上。单瓜重 3～5 千克。耐低温弱光，适宜棚室早熟栽培。

9. 美抗 9 号

美抗 9 号由河北省蔬菜种苗中心育成。全生育期 85 天左右，果实发育期 28 天左右。果实圆形，果皮深绿色，上覆墨绿色条带。果肉红色，质脆多汁，果实中心含糖量 12%以上。单瓜重 4 千克左右，种子小而少。适宜北方地膜覆盖及棚室栽培。

10. 玉美人

玉美人由新疆昌农种业有限公司选育。全生育期 80～85 天，果实发育期 22～24 天。果实椭圆形，果皮浅绿色，上覆绿色条带，皮极薄。果肉鲜黄色，细脆爽口，果实中心含糖量 13%左右。一株多果，平均单瓜重 2.5 千克以上。适应性广，抗病性强，全国各地均可栽培。

11. 早春

早春属极早熟、中小果型。全生育期约 83 天，果实发育期为 24 天左右。植株生长势中等偏弱，极易坐果。果实圆球形，翠绿底色，覆有深绿色特细条带，外观非常漂亮。果肉黄色，肉色酥脆细嫩，口感极好，果实中心含糖量13%左右，品质一流。一般单瓜重3千克左右。

12. 早红玉

早红玉为由日本引进的一代杂交种。全生育期80天左右，果实发育期25天左右。果实椭圆形，果皮深绿色，上覆黑色条状花纹，果皮极薄具弹性，耐运输。果肉桃红色，质细，风味佳。果实中心含糖量12%以上。单瓜重1.5～2.5千克。适宜春、秋、冬多季设施栽培。

13. 绿美人

绿美人由新疆昌农种业有限公司选育。全生育期70～80天，果实发育期26天在右。果实椭圆形，果皮浅绿色，上覆绿色细网纹。果肉鲜红色，质脆沙，果实中心含糖量13%左右。单瓜重2.5～3千克。适应性广，抗病性强。适宜各西瓜主产区春、夏、秋多季栽培。

14. 中科1号

中科1号为特早熟品种，中果型，外观亮丽，品质一流，极具发展潜力。全生育期约83天，从坐果到果实成熟24～26天。生长势中等，极易坐果。果实圆正，底色翠绿，条带细，整齐清晰，商品性好。果肉鲜红色，肉质酥脆细腻，汁多，口感好，果实中心含糖量12%，最高可达13%。一般单瓜重5～6千克。适合保护地早熟栽培。

15. 世纪春露

世纪春露为早熟品种，全生育期约85天，果实发育期为27天左右。植株生长势中等，极易坐果。果实圆球形，浅绿底色，上覆有深绿色细条带，外观非常漂亮。果肉大红，肉质酥脆，口感极好，果实中心含糖量为12%左右，品质上等。平均单瓜重5～6千克。适合保护地和露地栽培，也可用于秋延迟栽培。

16. 早春翠玉

早春翠玉为特早熟品种，全生育期约80天，果实发育期为22天左右。植株生长势中等，易坐果，果实圆球形，果皮绿色，上有深绿色特细条带，外观秀美。果肉黄色，肉质酥脆细嫩，口感风味好，果实中心含糖量13%左右。一般单瓜重1.5千克左右。

17. 早春美玉

早春美玉为特早熟品种，小果型。全生育期约80天，果实发育期为22天左右。植株生长势中等，易坐果。果实圆球形，果皮红色。肉质酥脆细嫩，口感风味好，果实中心含糖量13%左右，品质一流。一般单瓜重1.5千克左右。

18. 丰乐小天使

丰乐小天使为极早熟品种。雌花开放至果实成熟约24天，果实椭圆形，绿皮，覆盖墨绿色齿条，外形美观。平均单果重1.5千克左右，果实中心含糖量13%左右。极易坐果，汁多味甜，口感极佳。

19. 美王

美王为兰州市种子管理站选育的早熟杂一代西瓜品种。2007年通过甘肃省成果鉴定。果实发育期28天左右。植株长势中强，抗逆性强，适应性广，易坐果。平均单瓜重3.5千克。果实圆球形，绿皮齿条带，瓤色大红，果实中心含糖量12%左右，品质佳。皮薄而韧，较耐贮运。日光温室、塑料大棚宜采用吊蔓栽培，双蔓整枝。小拱棚和露地栽培宜采用三蔓整枝。适合甘肃及北方保护地和露地早熟栽培。

20. 珍冠

珍冠由湖南博达隆科技公司选育。全生育期85天左右，果实发育期27天左右。果实短椭圆形，皮绿色，上覆墨绿色齿状条带。瓤色鲜红、质脆；果实中心含糖量11.5%～12.5%；平均单瓜重2.6千克。适宜棚室支架栽培和多茬栽培。

21. 香秀

香秀由中国农科院蔬菜花卉研究所选育。全生育期75～80天，果实发育期28天左右。果实高圆球形，皮浅绿色，覆墨绿色锯齿状条纹。皮极薄（0.4～0.5厘米）。瓤色大红、质细，风味好；果实中心含糖量12%～13%，梯度小。平均单瓜重1.5～2.5千克。适宜华北多省市棚室立体栽培和多茬栽培。

22. 翠玲

翠玲由中国台湾农友种苗公司选育。全生育期 75 天左右，果实发育期 24～26 天。果实高球形，皮浅绿色，覆青绿色窄条斑。皮薄而韧，耐运输。瓤色鲜红，质细多汁，果实中心含糖量 10.5%以上。单瓜重 2.5～3 千克。

23. 春艳

春艳由安徽省农科院园艺所选育。全生育期 80～85 天，果实发育期 24～26 天。果长椭圆形，皮色深绿，覆墨绿色齿状窄条纹。皮极薄（0.3～0.4 厘米）；瓤色鲜红，质细、酥脆；果实中心含糖量 12%～13%。单瓜重 2～2.5 千克。耐运输、不裂果。适宜华东、华中及西南等多地区栽培。

（二）新选育品种或栽培面积较小的品种

1. 特早甜

特早甜是甘肃省最新育成的新一代早熟超甜型西瓜新品种。该品种长势强壮，不易早衰，对瓜类枯萎病、炭疽病抗性较强，易坐瓜。果实圆形，皮墨绿色，果肉鲜红，细嫩多汁，籽少，糖度达 13 度左右。皮薄且坚韧，耐贮运，保鲜性好。一般单瓜重 5～8 千克，瓜个大小均匀，不易裂瓜。

2. 新金巧

新金巧为早熟品种，做秋延后栽培，全生育期 75～80 天，果实发育期 30 天左右。其植株生长健壮，易坐瓜，抗病，适应性强。果实高圆形，果面底色为绿色，上有锯齿形深绿条纹。果肉金黄，脆嫩无比，入口即化，品质极佳，果实中心部位含糖量 12%左右，单瓜重 5 千克左右。

3. 夏丽

夏丽的全生育期为 85 天左右，雌花开放至成熟 28 天左右，适宜早春保护地栽培，更适合夏秋露地栽培。易坐果，单株坐果 2～3 果，果实一致性好，果形长椭圆形，果皮墨绿色有不明显锯齿状条带。果形指数 1.8，平均单瓜重 3～3.5 千克。果实中心可溶性固形物含量 13%左右，边糖 11%，梯度小，肉色红。皮薄但硬，耐贮运。

4. 其他极早熟品种

(1) 特小凤类型的国内育成品种　玉玲珑、黄冠、小黄宝、早黄宝、京阑、秀雅、新金兰、宝凤、鲁青金凤等。

(2) 拿比特类型的品种（系）　京秀、秀顾、春光、华晶5号、万福来、顾春、春秋早红玉、红小宝等。

(3) 红小玉类型的品种（系）　京玲、秀美、秀绿、鲁青红玉、小芳、春宝等。

(4) 国外引进品种　红大、新红玉、新概念、黄小玉、拿比特、乙女等。

二、早熟品种

早熟品种的全生育期一般为90～100天，其中果实发育期为28～30天。多为中果型，平均单瓜重4～6千克。

(一) 栽培面积较大或综合性状较好的品种

1. 黑美人

黑美人由台湾农友种苗公司育成。全生育期90天左右，果实发育期29天左右。果实长椭圆形，果皮墨绿色，有暗黑色斑纹。果肉鲜红色，肉质细嫩多汁，果实中心含糖量12%以上。单瓜重2.5～4千克。果皮硬而韧，具弹性，极耐贮运。该品种是目前栽培面积最大的早熟品种。我国及东南亚各国均有栽培。

2. 京欣2号

京欣2号由国家蔬菜工程技术研究中心育成。早熟品种，全生育期88～90天，果实发育期29天左右。果实圆形，皮绿色，上覆墨绿色条带，有蜡粉。瓜瓤红色，质脆嫩，口感好，甜度高，果实中心含糖量12%以上。皮薄而韧，耐裂性较京欣1号强。单瓜重6～8千克。抗病性较强。适合全国保护地栽培和露地早熟栽培。

3. 天骄

天骄由河南省农科院和园艺研究所选育，全生育期94天左右，果实发育期29天左右。植株长势强，易坐果。果实圆形，瓜皮底色浅绿，有墨绿色条带。瓜瓤大红色，质脆多汁，果实中心含糖量11.5%，边糖9.5%。种子卵圆形，褐色。单瓜重5.7千克。适宜棚室或露地早熟栽培。

4. 春蕾

春蕾西瓜属于早熟品种，全生育期约85天，果实发育期26～28天。植株生长势中等，坐果容易且整齐。果实高圆形，果形指数1.14，单瓜平均重3～4千克。单株坐果1.5个。果皮浅绿色，上有黑绿色中宽条带，条带较密，美观。皮厚0.6厘米。果肉红色，肉质细脆，酥甜，汁多，风味好。果实中心含糖量12.3%，梯度小。成熟及时采收，以免产生裂果等不良影响。种子小，黑色，千粒重45克。根系较发达，耐逆性强，可设施栽培。该品种早熟丰产，抗逆性强，抗病性强，适于早期大棚、温室等保护地或地膜覆盖直播栽培。

5. 改良京抗二号

改良京抗二号由国家蔬菜工程技术研究中心最新育成。全生育期90天左右，果实发育期30天左右。果实高圆形，果皮浓绿色，上覆黑色中宽条带。果肉朱红色，质脆嫩，纤维少，口感风味佳，果实中心含糖量12%以上。单瓜重7～8千克。较其他京欣系列品种耐裂性有较大提高。适宜早春中、小拱棚及地膜覆盖露地栽培。

6. 千鼎1号

千鼎1号为早熟新品种。全生育期90天左右，果实发育期30天左右。果实圆形，果形指数1.1，瓜皮深绿色，上覆墨绿色中细条带，条带较清晰，皮厚1.2厘米，韧性好，耐贮运。果肉红色，肉质沙细，汁多，纤维少，口感佳，果实中心含糖量12.0%，中边糖梯度小。平均单瓜重6.0千克左右。植株生长势较强，抗病性、抗逆性强。

7. 禾山玉丽

禾山玉丽由新疆昌农种业有限公司选育。全生育期90天左右，果实发育期30天左右。果实高圆形，果皮翠绿，上覆深绿色窄条带。果肉红色，质细脆爽口，果实中心含糖量13%左右。单瓜重6～8千克。适应性广，抗病性强，较耐重茬。全国南北方均可栽培。

8. 早熟抗枯巨龙

早熟抗枯巨龙由新疆昌农种业有限公司选育。全生育期88～90天，果实发育期26～28天。果实椭圆形，果皮翠绿，上覆墨绿色条带。果肉鲜红色，质沙脆，风味佳，果实中心含糖量12%左右。单瓜6～7千克。适应性广，抗病性强，全国各地均可栽培。

9. 大总统

大总统由济南学超种业有限公司太空育种。全生育期85～95天，果实发育期26～28天。果实近圆形，果皮浅绿色，上覆黑色窄条带。果肉大红色，质脆，果实中心含糖量12%左右。单瓜重7～10千克。耐低温弱光，高抗病。皮薄坚韧，耐贮运。适宜露地早熟栽培和保护地春、秋栽培。

10. 金早8号

金早8号由新疆昌农村种有限公司选育。全生育期90天左右，果实发育期28天左右。果实椭圆形，果皮黄绿色，上覆深绿色宽条带。果肉大红色，风味好，果实中心含糖量12%左右。单瓜重7～8千克。适应性广，抗病性强，我国南北方均可栽培。

11. 兴华

兴华由台湾农友种苗公司选育。全生育期90天左右，果实发育期28天左右。果实长椭圆形，果皮淡绿色，上有粗宽黄绿色条带。果肉深红色，果实中心含糖量12%左右。果皮薄而韧，耐贮运。单瓜重3～4千克。适宜各地早熟栽培。

12. 早巨龙

早巨龙由河北省蔬菜种苗中心育成。全生育期96天，果实发育期31天左右。果实椭圆形，果皮深绿色，上覆墨绿色条纹。果肉粉红色，种子少，果实中心含糖量11.5%左右。单瓜重4～6千克。适应性广，抗病性强，适宜各地早春栽培。

13. 丰乐5号

丰乐5号由安徽省合肥丰乐种业股份有限公司育成。全生育期90天左右，果实发育期31天左右。果实椭圆形，果皮浅黑色，上覆黑色暗条带。果肉桃红色，果实中心含糖量12.5%左右。单瓜重4～5千克。抗枯萎病，兼抗炭疽病。适宜露地和保护地早熟栽培。在湖南、浙江等省栽培面积较大。

14. 春光

春光由合肥华夏西甜瓜科学研究所育成。全生育期90～95天，果实发育期30天左右。果实长椭圆形，果皮鲜绿，上覆浓绿色细条带。果肉粉红色，质细嫩，果实中心含糖量13%左右，梯度小，风味佳。果皮极薄，仅0.2～0.3厘米，具弹性，不裂果，耐贮运。单瓜重2～2.5千克，植株生长稳健，低温下伸长性好，易坐果。目前在上海郊区、江浙等地有较大面积栽培。

15. 金童

金童为早熟一代杂种，植株长势强，主蔓第6～7节着生第1雌花，以后每隔5节现1雌花。金童西瓜坐果整齐，全生育期93天，果实生育期28天左右。果实圆形，绿底色，上覆深绿色细条带，外形美观。皮薄。果肉红色，口感极好，品质优良。果实含糖量12%左右。平均单瓜重6～10千克。

（二）新选育品种或栽培面积较小的品种

1. 春一

春一由天津市农科院育成。全生育期95天，果实发育期29天左右。果实圆形，瓜皮底色翠绿，有清晰的黑色细条带，皮薄而韧，耐贮运。单瓜重6～8千克，易坐果，适合设施早熟栽培。

2. 金宝

金宝的全生育期为100天左右，果实发育期28～30天。果实正圆形，条带清晰、无乱纹，底色翠绿，蜡粉重。瓤色大红，细嫩多汁，口感好。果实中心含糖量12%以上，皮薄且质韧，耐运输。果实整齐度高，果形大，最大可达15千克，一般单瓜重8～10千克。该品种抗逆性、耐低温能力较强。适宜早春保护地栽培。

3. 京花宝

京花宝为京欣类型品种中大果型西瓜。从坐果到果实成熟29天左右。植株生长健壮，极易坐果。果实圆正，底色翠绿，条带清晰，商品性极好。果肉大红鲜艳，肉质脆细，汁多，口感风味好，耐运输。果实中心含糖量可达12%。一般单瓜重8～10千克，最大可达16千克以上。适合保护地、露地栽培。

4. 丽芳

丽芳由浙江大学与勿忘农种业股份有限公司共同选育而成。该品种属早熟中型西瓜。春播果实发育期35天，第一雌花节位8节，雌花节位间隔6节；商品果率94.1%，单果重3.8千克，平均果形指数1.05，果面绿色，覆墨绿色齿带，果面光滑、无棱沟，覆蜡粉，果皮厚1.1厘米，瓤色红，汁液多，瓤质脆，口感好。耐贮运性中等。经2006～2007年浙江省农科院植微所枯萎病抗性鉴定结果为中抗，2006年炭疽病抗性鉴定结果为中抗。该品种较耐高温，不易早衰，综合性状与早佳相近。适宜在浙江等省作设施多季节种植。

5. 台湾佳风

台湾佳风为最新育成品种，兼具京欣、地雷等类型西瓜品种的综合优点。集抗病、美观、优质、适应性广于一体，在栽培过程中，可明显增强对真菌、细菌的抵抗力，长势强劲，形状正圆，无空洞，皮特硬，外观深绿覆盖浓蜡粉，细直条纹清晰靓丽。成熟后瓤色大红，点缀黑色光亮小籽，瓜瓤密度紧实。口感甘甜，汁水丰富，纤维少，果实中心含糖量高达14%。中型果实，单瓜一般可达7～8千克，开花后28～30天左右成熟，产量高，耐运输，商品价值高于一般西瓜品种，低温、高温坐果良好，适合露地及棚室大面积栽培。

6. 抗病黑旋风

抗病黑旋风是天津市蔬菜研究所利用美国的抗病材料与中国的栽培品种选配的一代抗枯萎病少籽黑皮大果型西瓜品种。单果平均重9千克以上，最大可达30千克，瓤红，质优，果实中心含糖量12%以上，生长中等，抗病性强，易坐果，既具有丰收一号的产量，又具有西农10号的抗病性，是目前较理想的西瓜新品种。1995～1996年在山东、河北、河南种植，较新红宝增产15%～27%，糖度增加1度以上。

7. 京欣系列及同类品种

京欣系列及同类品种有：京欣1号、京欣3号、京欣4号、京欣7号、京抗早蜜、景欣2号、航兴一号、中科一号、中科3号、欣月、春蕾、甘农佳丽、甘农绿丰、中选11号、国宝、国风、国优、天虎、金宝、台宝、双星、风光、红虎、红双喜、农人、农欢、华欣、珍玲一百、五叶巨汉、郑州圆龙10号、超甜早生980、上海早蜜、琼丽、美月、红宝来、早花蜜、翠玲、翠丽、珍冠、龙盛一号、优欣一号、冠星一号、国豫2号、淮蜜2号、凯旋2号、蜜早、天骄3号、早抗3号、冬喜3号、津花7号、鲁青7号、爱民7号、华玉8号、大总统、致富星、超甜京欣、禾山玉顾、禾山真美、禾山真奇、瑞禧、科德福宝、早熟亚欣、科德超冠、新机遇、新生代、鲁早抗、鲁青双冠、京欣霸王、京研抗病新星、鲁青早熟冠星、梅亚早熟丽人等。

8. 国内早期育成的早熟品种

国内早期育成的早熟品种有：郑杂7号、郑杂9号、丰乐1号、丰乐8号、特早佳龙、极早熟蜜龙、庆农3号、中选1号、燕都大地雷等。

三、 中晚熟品种

前些年在国内种子市场能够看到的各种包装的西瓜种子中，中熟品种约占65%～80%，晚熟品种很少。在众多的中熟品种中，根据果型大小、果皮颜色、种子多少及抗病性、耐贮运性等不同特性分别选取部分有代表性的品种予以介绍。读者可根据市场需求、生态条件、栽培方式、生产条件和技术水平选择适合自己的品种。

（一） 高产品种

1. 西农8号

西农8号由西北农业大学育成。全生育期95～105天，果实发育期34～36天。果实椭圆形，果皮浅绿色，上覆墨绿色齿状条带。果肉红色，质细脆甜，果实中心含糖量11%以上。单瓜重7～8千克。适宜长江以北露地或地膜覆盖栽培。

2. 红冠龙

红冠龙由西北农林科技大学园艺学院育成。全生育期100天左右，果实发育期36天左右。果实椭圆形，果皮浅绿色，上覆有不规则深绿色条带。果肉大红色，质细嫩脆爽，风味好，果实中心含糖量11%以上。单瓜重9～10千克。适宜我国各主要西瓜产区露地栽培。

3. 农乐

农乐为中熟一代杂种。全生育期100天左右，果实发育期33天左右。生长势强健，抗病抗逆性强。果实椭圆形，果型指数1.30，果皮绿色，覆13～14条墨绿齿条带，皮厚0.9厘米。果实中心可溶性固形物含量11%，中边糖梯度1.0。瓤色大红，剖面均匀一致，品质佳。平均单瓜重4.5千克左右。

4. 抗病黑巨霸

抗病黑巨霸为中国农业科学院郑州果树研究所选育的中熟大果型品种。高抗枯萎病，全生育期100天左右，果实发育期约33天。植株生长势中等偏上，极易坐果。果实椭圆形，黑皮带有暗条。果肉大红，肉质脆甜，口感极佳。果实中心含糖量12%左右。单瓜重8～10千克。果皮坚韧，耐贮运。

5. 抗病201

抗病201的全生育期为100天，果实发育期30天左右。植株生长稳健，易坐果。果实椭圆形，果皮底色为浅绿色，上有深绿色的不规则条带。果肉大红，肉质脆爽，汁多味正，果实中心糖含量12%，品质上等。果皮薄而韧，耐运输。平均单瓜重7～8千克。种子小。

6. 雪峰黑媚娘

雪峰黑媚娘是湖南农业大学园艺园林学院、湖南省瓜类研究所共同育成的中熟偏早有籽西瓜一代杂种，全生育期90天左右，果实发育期30天左右。植株生长势和抗病抗逆性较强，坐果性好。果实高圆球形，果皮深绿色，覆墨绿色条带；瓤色鲜红，瓤质脆，汁多味甜，爽口，品质优。果实中心可溶性固形物含量约12.0%。单果重6千克左右。果实整齐度高，栽培适应性强，适合于长江中下游地区及相近生态地区露地、保护地多季节栽培。

7. 抗病绿王星

抗病绿王星的全生育期为100天左右，果实发育期32天左右。瓜呈椭圆形，绿皮，薄而韧；瓤色大红，籽小而少，肉质紧密、口感好、风味佳。果实中心含糖量13%左右。抗病性强。

8. 农科大10号

农科大10号由西北农业科技大学园艺学院选育。全生育期105天左右，果实发育期31天左右。果实圆球形，果皮翠绿色，覆墨绿色齿状条纹，有蜡粉，皮厚0.9厘米左右，较韧，耐运输。果肉桃红色，质脆多汁，果实中心含糖量10.5%～11.0%。单瓜重4.7～6.8千克。中抗枯萎病，耐低温弱光，适宜早春设施栽培。

9. 开杂12

开杂12由河南省开封市农林科学研究所育成。全生育期106天，果实发育期34天。果实椭圆形，果皮黑色，上覆有暗黑条带。果肉红色，质脆多汁，果实中心含糖量11%左右。单瓜重8～10千克。适宜华北及长江下游地区露地或地膜覆盖栽培。

10. 鄂西瓜16号

鄂西瓜16号为武汉市农业科学研究所选育的中熟西瓜品种。果实高圆形，果皮绿色，覆墨绿色锯齿状条带；果肉鲜红色。果实中心含糖量11.2%，边含糖量8.36%。肉质细嫩爽口，汁多味甜，风味佳。果皮薄而韧，不易裂瓜。平均单瓜重3.0～3.5千克。抗病性、抗逆性较强，较耐贮运。

11. 庆发黑马

庆发黑马由黑龙江省大庆市庆农西瓜研究所育成。全生育期110～120天，果实发育期35天左右。果实椭圆形，果皮黑色。果肉红色，质脆甜，果实中心含糖量12%左右。单瓜重8～10千克。适宜东北、西北、华北及生态条件类似的地区种植。

12. 美抗8号

美抗8号由河北省蔬菜种苗中心育成。全生育期105～110天，果实发育期32天左右。果实椭圆形，果皮浅绿色，上覆有墨绿色条带。果肉鲜红色，质细脆而多汁，果实中心含糖量12%左右。

单瓜重7～10千克，最大可达28千克。适宜华北春季露地栽培。

13. 庆农5号

庆农5号由黑龙江省大庆市庆农西瓜研究所育成。全生育期105天左右，果实发育期33天左右。果实椭圆形，果皮浅绿色，上覆有浓绿色条带。果肉红色，少籽，瓤质细脆而多汁，果实中心含糖量12%左右。单瓜重8～10千克，最大可达25千克。适宜华北地区春季地膜覆盖栽培。

14. 郑抗8号

郑抗8号由中国农科院郑州果树研究所育成。全生育期95～100天，果实发育期28～30天。果实椭圆形，果皮墨绿色，上有隐形暗网纹。果肉鲜红色，质细脆沙，汁多纤维少，果实中心含糖量11%以上。单瓜重6～8千克。适宜华北地区露地栽培。

15. 聚宝3号

聚宝3号由合肥丰乐种业月份有限公司育成。全生育期95～98天，果实发育期33～35天。果实椭圆形，果皮黄绿色，上覆有深绿色中宽齿条。果肉红色，质脆多汁，纤维少，果实中心含糖量11%左右。单瓜重7～8千克。适宜、华北、西北、华东等各生态区露地栽培。

16. 华蜜8号

华蜜8号由合肥华厦西瓜甜瓜科学研究所育成。全生育期95～100天，果实发育期35天左右。果实椭圆形，果皮绿色，覆有墨绿色齿状条带。果肉红色，质细脆甜，纤维少，风味好，果实中心含糖量12%左右。单瓜重8～9千克。适宜华东、华北及长江中下游地区露地栽培。

17. 豫艺2000

豫艺2000由河南农业大学育成。全生育期105天左右，果实发育期33～35天。果实椭圆形，果皮黑色。果肉红色，瓤质脆甜，果实中心含糖量11%以上。单瓜重10～15千克，宜在北方各省及南方旱季露地栽培。

18. 陕农9号

陕农9号由西北农林科技大学园艺学院育成。全生育期95～

100 天，果实发育期 35 天左右。果实椭圆形，果皮浅绿色，覆有深绿色中宽条带。果肉红色，质细，纤维少，果实中心含糖量 12%以上。单瓜重 8～9 千克，最大可达 20 千克。适宜陕西、河南等地露地栽培。

19. 华西 7 号

华西 7 号由新疆华西种业有限公司育成。全生育期 95 天左右，果实发育期 35 天左右。果实椭圆形，果皮浅绿色，覆有墨绿色条带。果肉朱红色，品质佳，风味佳，果实中心含糖量 11%以上。单瓜重 7～8 千克。适宜新疆、河北等地区露地栽培。

20. 丰乐圣龙

丰乐圣龙由合肥丰乐种业股份有限公司育成。全生育期 95～100 天，果实发育期 33 天左右。果实椭圆形，果皮底色浅绿，上有齿状黑条带。果肉红色，质脆，纤维少，果实中心含糖量 12%左右。单瓜重 6～7 千克。适宜安徽、河南、山东等地区露地栽培。

21. 燕都巨龙

燕都巨龙为中熟一代杂交品种。全生育期 95～100 天，果实发育期 30～32 天。果实椭圆形，果皮绿色，上覆有黑色齿状条带。果肉红色，质脆爽而多汁，果实中心含糖量 12%左右。单瓜重 9～11 千克。适宜辽宁、山东、河南、河北等地露地或地膜覆盖栽培。

22. 大江 2008

大江 2008 为中熟大型果一代杂交种。全生育期 100 天左右，果实发育期 32 天左右。果实椭圆形，果皮纯黑色，果肉朱红，少籽，果实中心含糖量 11%～12%。单瓜重 9～12 千克，最大可达 25 千克。适宜山东、河北、辽宁等地区露地栽培。

23. 其他同类品种

其他同类品种有：丰抗 8 号、西农 10 号、郑抗 1 号、丰乐旭龙、豫艺新墨玉、景龙宝、龙卷风、庆发 12 号、中冠一号、瑞龙一号、抗枯 2 号、新机遇 2 号、浙蜜 3 号、庆发 3 号、早抗 6 号、农科大 6 号、豫凯 8 号、甘抗 9 号、东研 9 号、农科大 10 号、豫艺 15 号、鄂西瓜 16 号、丰收 567、花蜜 586、欣玉、初恋、中原风光、中原华丰、西域星、抗病绿王星、绿巨丰、北青 6 号、绿王星、如意、绿之秀、绿霸王、绿宝、先行者、金花一号、中原瑞龙、真优美、中原花狸虎、大籽黑巴顿等。

（二）高糖少籽品种

1. 金鹤黑美龙

金鹤黑美龙由广江珠海裕友种苗有限公司选育，系黑美人改良品种，极早熟。全生育期85～90天，果实发育期28天左右。果实长椭圆形，果皮墨绿色，上覆有黑色条斑。果肉深红色，肉质细嫩多汁，果实中心含糖量12%～14%，种子少。单瓜重3.5～5千克。适宜广东、广西、云南、贵州等地早熟栽培。

2. 裕友美麒麟

裕友美麒麟由广东珠海裕友种苗有限公司选育。早熟品种，全生育期90～95天，果实发育期30天左右。果实短椭圆形，果皮绿色，上覆有墨绿色至黑色条斑。果肉深红色，质脆，多汁，果实中心含糖量13%～14%。单瓜重3.5～4.5千克。少籽瓜。适宜华南地区露地栽培。

3. 京抗2号

京抗2号由北京农林科技学院蔬菜研究中心育成。全生育期90～95天，果实发育期30天左右。果实圆形，果皮绿色，上覆有深绿色条带。果肉红色，少籽，口感好。果实中心含糖量12%以上。单瓜重4～5千克。适宜北京、河北、山东、辽宁、黑龙江、吉林等地露地栽培。

4. 庆发8号

庆发8号由黑龙江省大庆市农西瓜研究所育成。全生育期100～105天，果实发育期约33天。果实圆形，果皮绿色，上覆有较宽的黑色齿状带。果肉红色，质脆多汁，味纯甜爽口。果实中心含糖量12%左右，高者可达13.5%，中边糖梯度小。单瓜重7～10千克。籽少，每果仅70～120粒。适宜河北、河南、山东、江苏、安徽、湖南等地露地栽培。

5. 新优20号

新优20号由新疆生产建设兵团农六师农业科学研究所育成。

全生育期 90～98 天，果实发育期 29 天左右。果实椭圆形，果皮深绿色，上覆有约 12 条墨绿色条带。果肉桃红色，质脆多汁，纤维少，风味好，果实中心含糖量 12%左右，种子较少。单瓜重 3.5～4.5 千克。不裂果，耐运输。适宜新疆、甘肃等地露地栽培。

6. 甜卫世纪星

甜卫世纪星由黑龙江省青园种业有限公司经销。全生育期95～100 天，果实发育期 28 天左右。果实近椭圆形，果皮绿色，上覆有墨绿色条带。果肉红色，质脆味极甜，果实中心含糖量 13%以上。单瓜重 4～5 千克。适宜东北、华北地区地膜覆盖露地栽培或北方小拱棚覆盖栽培。

7. 平优 5 号

平优 5 号由浙江省平湖市西瓜豆类研究所育成。全生育期95～100 天，果实发育期 32 天左右。果实椭圆形，果皮墨绿色，无条纹。果肉大红色，瓤质松脆，口感好，味甜，果实中心含糖量 12%以上。单瓜重 5～8 千克。适宜江浙一带栽培。

8. 昌农黑冠

昌农黑冠由新疆昌农种业有限公司育成。全生育期 100 天左右，果实发育期35 天左右。果实椭圆形，果皮黑色，有蜡粉。果肉大红，果实中心含糖量 12%左右。单瓜重 10～12 千克，最大 18 千克。长势强，易坐果，适应性广，抗病性强。我国各地均可栽培。

9. 其他同类品种

其他同类品种有：少籽巨宝、黑旋风、巨龙、庆农 5 号、禾山黑金等。

（三）高抗枯萎病的品种

1. 西农 10 号

西农 10 号由天津科润农业科技股份有限公司蔬菜研究所与西北农林科技大学合作育成。全生育期 98～102 天，果实发育期 32 天左右。果实长椭圆形，果皮绿色，上覆有黑色齿状条带。果肉大红色，瓤质细脆，风味好，果实中心含糖量 11%左右。单瓜重 6～

8 千克。高抗枯萎病，可适度连作。适宜陕西、河北、天津等地栽培。

2. 抗病黑旋风

抗病黑旋风由天津科润农业科技股份有限公司蔬菜研究所育成。全生育期 95～102 天，果实发育期 30～33 天。果实椭圆形，果皮黑色。果肉红色，质脆沙，果实中心含糖量 12%左右。单瓜重 9 千克以上，籽少。抗病性强，特抗西瓜枯萎病。适宜河北、天津等地露地栽培。

3. 豫艺 15

豫艺 15 由河南农业大学园艺学院育成。全生育期 95～100 天，果实发育期 32 天左右。果实椭圆形，果皮黑色，上覆蜡质的粉。果肉红色，肉质细脆，果实中心含糖量 12%左右。单瓜重 6～8 千克。抗逆性强，高抗枯萎病，兼抗病毒病。适宜河南、河北、山东等地露地或地膜覆盖栽培。

4. 郑抗 1 号

郑抗 1 号由中国农科院郑州果树研究所育成。全生育期 100 天左右，果实发育期 30～32 天。果实椭圆形，果皮绿色，覆有 8～10 条深绿色不规则条带。果肉大红色，质细，纤维少，果实中心含糖量 11%左右。单瓜重 5～6 千克。抗西瓜枯萎病。适宜河南、山东、河北等地露地栽培。

5. 丰乐旭龙

丰乐旭龙由合肥丰乐种业股份有限公司育成。全生育期 95 天左右，果实发育期 30 天左右。果实椭圆形，果皮深绿色，上覆有黑色齿状条带。果肉红色，果实中心含糖量 11.5%～12.5%。单瓜重 4～5 千克。高抗枯萎病。适宜安徽、江苏等地露地栽培。

6. 新先锋

新先锋由济南三优高科技种业有限公司育成。全生育期 95～100 天，果实发育期 32 天左右。果实近圆形，果皮绿色，上覆有墨绿色齿状条带。果肉红色，质脆多汁，果实中心含糖量 11.5%。单瓜重 5～6 千克。高抗枯萎病。适宜山东、河北等地露地栽培。

7. 美国重茬王

美国重茬王由山东济南学超种业有限公司引进。全生育期100天左右，果实发育期30天左右。果实椭圆形，果皮草绿色，上覆墨绿色双条窄带。果肉大红色，风味佳，果实中心含糖量11%以上。单瓜重10～20千克。高抗枯萎病兼抗疫病、炭疽病。

8. 高抗3号

高抗3号由新疆昌农种业有限公司选育。全生育期100天左右，果实发育期30天左右。果实椭圆形，果皮草绿色，有隐形条带。果肉大红色，质细脆，果实中心含糖量12%左右。单瓜重8～10千克。耐重茬，高抗枯萎病。

9. 墨丰

墨丰由东方正大种子公司推出。全生育期102天，果实发育期32天。果实圆球形，果皮墨绿色至黑色。果肉大红色，质脆多汁，果实中心含糖量12%以上。单瓜重5～8千克。植株耐湿热，抗病性极强。

10. 其他同类品种

其他同类品种有：重茬黑霸王、双抗8号、重茬1号、墨冠1号、黑冠龙、星研7号、高抗9号、特懒大霸王、亚洲王、高抗88号、太空新八号、鲁青抗九号。

（四）新育成的晚熟品种

新育成的晚熟品种有：必胜、仙都、喜都、先行者、农科9号、绿巨丰、晨露182、百臣、雷首、奥霸、卡其黑皮王等。

四、独具特色的西瓜品种

在自然界，西瓜原本就有黑、白、绿、花、黄不同皮色和红、黄、白不同瓤色的品种存在，但由于其产量、品质、抗性及适应性的不同，特别是由于受生产者、消费者的价值取向所影响，有些品种，栽培面积会迅速扩大，而有些品种，栽培面积会越来越小，甚至会绝种。如白皮、白瓤、白籽的“三白”，浅绿网纹皮、白瓤的“冰激凌”等。随着人们生活水平的不断提高，消费市场需要多样化，西瓜品种需要多样化。目前西瓜育种工作者已选育出一部分独具特色的西瓜新品种，现介绍如下：

（一）黄瓤品种

黄瓤品种果肉金黄色，瓤质细嫩多汁，纤维少，有冰糖风味。

1. 冰晶

冰晶由袁隆平农业高科技股份有限公司湘园瓜果种苗分公司育成。全生育期 85 天，果实发育期 27 天左右。果实高圆形，果皮浅绿色，上覆 17 条深绿色条纹。果肉晶黄瓤，质细脆，纤维少，味甜多汁，果实中心含糖量 12%左右。单瓜重 1～1.5 千克。适宜多季棚室栽培。

2. 小兰

小兰由台湾农友种苗公司育成。全生育期 80 天左右，果实发育期 25 天左右。果实近圆形，皮色浅绿，上覆青色细条纹。果肉黄色晶亮，质细脆多汁，果实中心含糖量 12%左右，种子小而少。单瓜重 1.5～2 千克。适宜冬春棚室栽培。

3. 晶迪

晶迪由新疆维吾尔自治区农业科学院园艺研究所育成。全生育期 100 天左右，果实发育期 30 天左右。果实圆形，果皮浅绿色，上有暗绿色条带。果肉金黄色，瓤质细嫩，风味佳，果实中心含糖量 12%左右。平均单瓜重 3 千克左右。

4. 中选 12 号

中选 12 号由中国农科院蔬菜花卉研究所育成。全生育期 90 天左右，果实发育期 29 天左右。果实高圆形，果皮底色浅绿，上覆墨绿色齿状条带。果肉金黄色，质细脆甜，果实中心含糖量 11%以上。皮薄耐贮运。平均单瓜重 3 千克左右。适宜北京、河北、辽宁等省市早熟栽培。

5. 金鹤玉凤

金鹤玉凤由广东珠海裕友种苗有限公司育成。极早熟品种，全生育期 90 天左右，果实发育期 28 天左右。果实高球形，果皮浅绿色，上有深绿色纵横向网纹。果肉晶黄美观，果实中心含糖量

12%左右。单瓜重 1.5 千克左右。瓜皮极薄，高温多雨天气成熟时易裂果。适宜北方地区棚室内早熟栽培。

6. 阳春

阳春由合肥华夏西甜瓜科学研究所育成。全生育期 90 天左右，果实发育期 28 天左右。果实高圆形，果皮翠绿，上覆有墨绿色条带。果肉金黄色，质细爽口，果实中心含糖量 12%～13%，梯度小，品质上等。平均单瓜重 2 千克。耐低温弱光，抗性强。适宜各地早熟栽培。

7. 黄小玉

黄小玉是由湖南省瓜类研究所育成的一代杂交新品种。全生育期 85～90 天，果实发育期 26 天左右。果实高圆形，单瓜重 2 千克左右。果皮厚约 0.3 厘米，不裂果，果肉金黄色略深，果实含糖量 12%～13%，肉质细，纤维少，籽少，品质极佳。抗病性强，易坐果，极早熟。适于大棚早熟覆盖栽培。

8. 其他黄瓤品种

与以上品种大同小异的其他品种有：桔宝、新小兰、甜妞、蜜露、华晶 6 号、春兰、小黄宝、黄冠、京阑、早黄宝、玉蛟龙、玉美人等。

（二）黄皮品种

黄皮品种果皮金黄色，外观美丽。但这类品种一般抗病性较差，产量较低，所以要求较高的栽培技术。

1. 金帅 2 号

金帅 2 号由中国农科院蔬菜花卉研究所育成。全生育期 80～90 天，果实发育期 28～30 天。果实短椭圆形，果皮金黄色，果肉浅黄色，质脆多汁，果实中心含糖量 11%左右。果皮薄而韧，耐贮运。平均单瓜重 4 千克左右。

2. 丰乐 8 号

丰乐 8 号由安徽省合肥丰乐种业股份有限公司育成。全生育期 85～90 天，果实发育期 28 天左右。果实圆形，果皮黄色，覆有深黄色暗条带。果肉红色，质脆，果实中心含糖量 11%左右。果皮薄而韧，耐贮运。单瓜重 3～4 千克。

3. 金福

金福由湖南省瓜类研究所育成。全生育期 75～85 天，果实发育期 23 天左右。果实圆球形，果皮金黄色，油亮，上覆深黄色花纹。果肉桃红色，质脆味甜，果实中心含糖量 11%～12%。单瓜重 1.5～2 千克。

4. 金冠 1 号

金冠 1 号由中国农业科学院蔬菜花卉研究所育成。全生育期 85～90 天，果实发育期 25～28 天。果实高圆至短椭圆形，果皮深金黄色，果肉红色，瓤质细，脆而多汁，果实中心含糖量 11.5% 左右。单瓜重 2～3 千克。

5. 华晶 3 号

华晶 3 号由河南省孟津县西瓜协会育成。全生育期 80～90 天，果实发育期 25～28 天。果实圆形，果皮金黄色，上覆深黄色暗细条带。果肉红色，质脆汁多，口感甜爽，果实中心含糖量 11%左右。单瓜重 1.5 千克左右。皮薄而韧。耐旱、耐涝，易坐果，抗病性较强。

6. 其他黄皮品种

其他黄皮品种有：航兴 3 号、金珠、金兰、金碧、金美人、黄小福、黄珍珠、黄晶一号、黄皮京欣一号等。

（三）白瓤品种

白瓤西瓜原为野生西瓜。在非洲和欧洲的许多国家多用作饲料。19 世纪末开始选育出食用品种，20 世纪初“三白”西瓜品种传入我国德州、菏泽、昌乐等地。近年来，通过引进、选育，育成了我国稀有的珍贵品种。

1. 京雪

京雪由北京市农林科学院蔬菜研究中心育成。全生育期 100 天左右，果实发育期 28～30 天。果实圆形，果皮绿皮，上覆墨绿色中宽条带。果肉白色，着生种子部位常出现粉红色“眼圈”，瓤质酥脆爽口，果实中心含糖量 11%左右。单瓜重 4～5 千克。

2. 冰激凌

冰激凌为从日本引进的一代杂交种。全生育期95～105天，果实发育期30～32天。果实近圆形，果皮浅绿色，上覆有深绿色网状细纹。果肉乳白色，质脆、细嫩、多汁，有冰糖味，果实中心含糖量10.5%～11%。单瓜重3.5～5千克。

3. 其他的白瓤品种

其他的白瓤品种有：德州三白、昌乐埃及、拇指西瓜等。

第三节　无籽西瓜的主要品种

无籽西瓜栽培历史较短，品种较少。我国从20世纪70年代起即投入大量人力物力进行研究，现已育成了不同皮色、不同瓤色及不同果型等多种类型的新品种。

一、黑皮红瓤品种

黑皮红瓤品种果皮硬度大，韧而具弹性。果肉脆，甜度高，抗病性强。

1. 黑蜜2号

黑蜜2号由中国农科院郑州果树研究所育成。中晚熟品种。全生育期100～110天左右，果实发育期36～40天。果实圆球形，皮色墨绿，覆有隐暗墨宽条带。瓜瓤红色，质脆多汁，果实中心含糖量11%以上。果皮厚1.2厘米，硬而具弹性，耐贮运，采收后在室温下贮藏20天风味也不变。单瓜重5～7千克，最大可达10千克。

黑蜜2号是目前国内制种量最大、栽培范围最广的无籽西瓜品种，在南方和北方均有大量栽培。

2. 雪峰无籽304

雪峰无籽304由湖南省瓜类研究所育成。中熟品种，全生育期95～100天，果实发育期35天左右。果实圆球形，果皮黑色，上覆有深黑色暗条纹。果肉红色，肉质脆沙，无着色秕籽。皮厚1.2

厘米。果实中心含糖量12%左右。单瓜重7～8千克。适宜我国南、北各省市露地或小拱棚栽培。

3. 洞庭1号

洞庭1号由湖南省岳阳市农业科学研究院育成。全生育期105天左右，果实发育期34天左右。果实圆球形，果皮墨绿色，上覆有蜡粉。皮厚1.1厘米左右。果肉红色，瓤质脆、细嫩，果实中心含糖量11.5%～12%。单瓜重5～8千克。该品种耐湿热，适宜湖南、湖北等地栽培。

4. 郑抗无籽2号

郑抗无籽2号由中国农业科学院郑州果树研究所育成。中晚熟品种。全生育期105～110天，果实发育期35天左右。果实椭圆形，果皮黑色至墨绿色。果肉红色，质脆细，不空心，不倒瓤，白色秕籽少而小。果实中心含糖量11%～12%。单瓜重6～7千克。适宜我国北方各地栽培。

5. 丰乐无籽3号

丰乐无籽3号由合肥丰乐种业股份有限公司育成。中熟品种，全生育期105～110天，果实发育期35天左右。果实圆形，果皮墨绿色，上覆有黑色暗窄条纹。果肉大红色，质酥脆，纤维少，果实中心含糖量12%左右。单瓜重7～9千克。适宜安徽、江苏、浙江等地区露地栽培。

6. 世纪304

世纪304由新疆昌农种业有限公司选育。全生育期105天，果实发育期32～35天。果实圆形，果皮墨绿色。果肉鲜红色，无着色秕籽，果实中心含糖量13%左右。易坐瓜，适应性广，抗病性强。平均单瓜重8千克左右。适宜全国各地栽培。

7. 黑马王子

黑马王子由湖南省瓜类研究所选育。全生育期105天，果实发育期36天左右。果实近圆形，果皮墨绿色，上有蜡粉。果肉鲜红，质脆风味佳，果实中心含糖量12%以上。果皮硬而韧，耐贮运。单瓜重6～8千克。适宜全国各地栽培。

8. 津蜜2号

津蜜 2 号由天津市蔬菜研究所选育。全生育期 110 天，果实发育期 33～35 天。果实圆形，果皮墨绿。果肉红色，质脆，果实中心含糖量 12%左右，梯度小。单瓜重 6～7 千克。适宜全国各地栽培。

9. 蜜都无籽

蜜都无籽由湖南省瓜类研究所选育。全生育期 100 天左右，果实发育 30 天左右。果实高圆形，果皮墨绿色，有暗条带。皮厚 1.2 厘米，硬而韧，耐贮运。果肉鲜红，质细脆，果实中心含糖量 12%左右。白秕籽小而少。适合长江以南一带种植。

10. 墨丽一号

墨丽一号由新疆昌农种业有限公司育成。全生育期 105～110 天，果实发育期 35 天左右。果实高圆至短椭圆形，果皮黑色，上有隐形细条纹。果肉大红，质脆爽口，果实中心含糖量 12%以上。单瓜重 8～10 千克。长势强，易坐果，适应性广，抗病性强。全国各地均可栽培。

11. 农友新一号

农友新一号由台湾农友种苗公司选育。全生育期 100 天左右，果实发育期 33 天左右。果实高圆形，果皮浓绿色，上覆墨绿色条带。果肉鲜红，品质佳，果实中心含糖量 12%左右。单瓜重 6～8 千克。适宜我国各地栽培。

12. 黑宝6号

黑宝6号的全生育期为 105 天，果实成熟期 35～37 天左右。植株长势强，抗病性好，果实圆形，黑皮，红瓤，含糖量在 11%以上，耐运输，单瓜重 8～10kg。

13. 暑宝

暑宝由北京市农业技术推广站育成。该品种生长势强，易坐果，适应性广，抗病性好，耐渍能力强。全生育期 100 天，果实发育期 32～33 天。果实圆形，暗绿皮有条纹，红瓤，肉质细腻，果实中心含糖量在 12.5%以上，口感极好，单瓜重 7～10 千克。

14. 其他同类品种

其他同类品种有：黑蜜 5 号、蜜宝无籽、墨宝、78366 无籽、昌乐无籽、商道二号、禾山无籽一号、湘育 308、兴科无籽 2 号、庆发无籽 1 号、丝路 1 号、禾山昆仑等。

二、 绿皮红瓤品种

绿皮红瓤品种多数瓜皮较薄，但抗病性和耐贮运性一般不如黑皮品种。

1. 绿宝无籽

绿宝无籽由中国农科院郑州果树所育成。全生育期 100 天左右，果实发育期 30 天左右。果实短椭圆形，绿皮网纹。果肉大红，质脆甜多汁，果实中心含糖量 12%以上。白秕籽少而小。平均单瓜重 5 千克以上。露地、大棚、温室栽培均可。适宜保暖、潮湿气候条件下栽培。

2. 广西 5 号

广西 5 号由广西农科院园艺研究所选育。全生育期 105 天，果实发育期 32 天左右。果实椭圆形，果皮深绿色，坚韧，皮厚 1.1～1.2厘米，耐贮运。果肉鲜红色，质细嫩爽口，果实中心含糖量 12%左右。不空心，不裂果。平均单瓜重 5～6 千克。适宜我国长江以南各地栽培。

3. 春韵二号

春韵二号由东方正大种子公司选育。全生育期 105 天左右，果实发育期 33 天左右。果实圆形，果皮深绿色，略显墨绿细条纹，有较厚蜡粉。果肉大红，口感好，果实中心含糖量 12%左右。单瓜重 7～8 千克。抗病性较强。适宜春季露地和保护地栽培。

4. 商道四号

商道四号由山东鲁青园艺研究所、鲁青种苗有限公司选育。全生育期 98～100 天，果实发育期 32 天左右。果实高圆形，果皮绿色，上有深绿色细网纹。果肉大红，质脆不倒瓤，品质风味佳，果实中心含糖量 12%以上。单瓜重 5～6 千克。适宜露地和保护地栽培。

5. 玉童

玉童由先正大种业集团选育。全生育期 95～100 天，果实发育期 32 天左右。果实圆球形，果皮浅绿，上有青色网纹。果肉鲜红，质细嫩，果实中心含糖量 12.5%～13.5%。单瓜重 3～4 千克。适宜棚室早熟或多茬栽培。

6. 其他同类品种

其他同类品种有：新红宝无籽、风山一号、无籽新秀等。

三、花皮红瓤品种

花皮红瓤品种果型较大，产量高，但瓤质和风味多数不如黑皮类品种。

1. 无籽京欣一号

无籽京欣一号由国家蔬菜工程技术研究中心选育。全生育期 98～100 天，果实发育期 28～30 天。果实近圆形，果皮绿，上覆有黑色中宽条带。果肉桃红色，质脆嫩，果实中心含糖量 12%以上，且梯度小。单瓜重 6～7 千克。耐低温弱光，易坐果。适宜保护地和露地早熟栽培。

2. 国蜜二号

国蜜二号由国家蔬菜工程技术研究中心选育。全生育期 100 天左右，果实发育期 35 天左右。果实近圆形，果皮深绿色，上覆黑色宽条带。果肉红色，品质好，果实中心含糖量 12%左右。单瓜重 7～8 千克。生长势强健，易坐果，抗病性强。适应性广，适宜全国各地露地或保护地区栽培。

3. 京蜜八号

京蜜八号由新疆益海嘉里种业公司选育。全生育期 100 天左右。果实发育期 32 天左右。果实圆形，果皮绿色，上覆墨绿色宽条带。果肉鲜红色，味甜质脆，果实中心含糖量 13%左右。易坐果，单瓜重 8～10 千克。适应性广，抗病性强，全国南北方均可栽培。

4. 花蜜 5 号

花蜜 5 号由新疆昌农种业有限公司选育。全生育期 105 天左右。果实发育期 35 天左右。果实高圆形，果皮浅绿色，上覆深绿色宽条带。果肉大红，质细脆爽口，果实中心含糖量13%左右。适应性广，抗病性强，适宜露地和保护地栽培。

5. 春韵一号

春韵一号由东方正大种子公司选育。全生育期 100 天左右，果实发育期 32 天左右。果实圆形，果皮绿色，上覆墨绿色条带。果肉大红，口感好，甜度高，果实中心含糖量 12.5%。单瓜重 7～8 千克。果型整齐，产量高，适应性广，抗病性强。全国各地均可栽培。

6. 雪峰花皮无籽

雪峰花皮无籽又名湘西瓜 5 号。湖南省瓜类研究所育成。中熟品种，全生育期 95～100 天，果实发育期 35 天左右。果实高圆形，果皮浅绿色，上覆有 17 条深绿色宽条带。果肉桃红色，果实中心含糖量 11.5%。单瓜重 5～6 千克。适宜湖南、贵州等省市露地栽培。

7. 郑抗无籽 3 号

郑抗无籽 3 号由中国农业科学院郑州果树研究所育成。全生育期 95～100 天，果实发育期 31 天左右。果实圆形，果皮浅绿色，上覆有深绿色齿状条带。果肉红色，质脆，果实中心含糖量 11%以上。单瓜重 6～7 千克。适宜河南、河北等省及相同生态区栽培。

8. 丰乐无籽 2 号

丰乐无籽 2 号由合肥丰乐种业股份有限公司育成。中熟品种，全生育期 105 天左右，果实发育期 33 天左右。果实圆球形，果皮浅绿色，上覆有墨绿色齿状窄条带。果皮厚 1.2 厘米。果肉红色，纤维少，果实中心含糖量 11.5%左右。单瓜重 6～8 千克。适宜我国西北、华北、华东等地区露地栽培（铺地膜）。

9. 翠宝 3 号

翠宝 3 号由新疆八一农学院与昌吉园艺场合作育成。中熟品种，全生育期 98 天左右，果实发育期 33～35 天。果实圆形，果皮浅绿色，上覆墨绿色条带，皮厚 1.1 厘米，耐贮运。果肉红色，质脆，果实中心含糖量 12%左右。单瓜重 5～6 千克。适宜新疆、甘肃等地区露地栽培。

10. 花蜜

花蜜由北京市农业技术推广站育成。全生育期100天左右，果实发育期30～35天。果实高圆形，果皮绿色，上覆黑色齿状条带。果肉红色，质脆嫩，果实中心含糖量12%左右。单瓜重6～8千克。适宜我国北方各地区栽培。

11. 新秀1号

新秀1号由广东省农业科学院蔬菜研究所育成。全生育期114天左右，果实发育期35天左右。果实椭圆形，皮底色浅绿，上覆墨绿色条带，皮厚1.1厘米，硬度较大。瓜瓤红色，不空心，果实中心含糖量12%左右。单瓜重6千克左右。适应性广，品质好，耐贮运。

12. 红宝石

红宝石由中国科学院新疆生物土壤沙漠研究所育成。全生育期90天左右，果实发育期30～32天。果实圆球形，皮绿色上覆墨绿色齿状条带。皮厚1.1厘米，有韧性，不裂果。瓜瓤大红色，质细，风味好。果实中心含糖量12%左右，近边部8%。平均单瓜重5千克左右。

13. 广西3号

广西3号由广西农业科学院园艺研究所育成。全生育期95～100天，果实发育期30～32天。果实高圆球形，皮底色浅绿现深绿色宽条带，厚1～1.1厘米。瓜瓤深红色，质细密，果实中心含糖量11.5%～12%，白秕籽小而少，品质好。适合南方早春早熟栽培。

14. 蜜红无籽

蜜红无籽由湖南省瓜类研究所育成。全生育期98～100天，果实发育期32～34天。果实圆球形，果皮浅绿显深绿色齿状条带，皮厚1.2厘米，硬而韧。瓜瓤鲜红色，质脆甜，果实中心含糖量12%左右。平均单瓜重4～5千克。适合南方各地栽培。

15. 其他同类品种

其他同类品种有：鲁青一号B、商道一号、卫得无籽、兴科无籽6号、花露无籽、翠宝无籽、湘育301、郑抗无籽1号、花蜜无籽、翠蜜花霸、帅童等。

四、 黄瓤品种

黄瓤品种包括绿皮黄瓤、花皮黄瓤和黑皮黄瓤品种。

1. 无籽京欣4号

无籽京欣4号由北京市农林科学院蔬菜研究中心育成。中熟品种，全生育期105天左右，果实发育期33天左右。果实圆形，果皮绿色，上覆有墨绿色窄条带。果肉黄色，着色均匀，质地脆嫩，果实中心含糖量11%以上。平均单瓜重约6千克。适宜华北各地小拱棚或露地栽培。

2. 黄宝石无籽西瓜

黄宝石无籽西瓜由中国农业科学院郑州果树研究所育成。中熟品种，全生育期100～105天，果实发育期30～32天。果实圆球形，果皮墨绿色，上覆有黑色暗宽条带。皮厚1.2厘米。果肉黄色，纤维少，无着色秕籽，果实中心含糖量11%以上。单瓜重5～7千克。适宜我国西北、东北、华北、华东等地区露地栽培。

3. 雪峰蜜黄无籽

雪峰蜜黄无籽由湖南省瓜类研究所育成。中熟品种，全生育期95天左右，果实发育期33～35天。果实圆球形，果皮绿色，上覆有深绿色纹状条纹。果肉金黄色，瓤质细脆，果实中心含糖量12%以上。单瓜重4～5千克。适宜湖南及相同生态地区栽培。

4. 洞庭3号

洞庭3号由湖南省岳阳市农业科学研究所育成。中熟品种，全生育期103天左右，果实发育期33天左右。果实圆球形，果皮深绿色。果肉鲜黄色，质脆爽口，果实中心含糖量11.5%以上。单瓜重5～7千克。适宜湖南、湖北等地栽培。

5. 花蜜2号

花蜜2号由北京北农西甜瓜育种中心育成。中熟品种，全生育期100～105天，果实发育期33～35天。果实圆形，果皮浅绿色，上覆有深绿色条带。果肉金黄色，瓤质脆嫩，有清香味，果实中心含糖量12%。单瓜重6～10千克。适宜北京、河北、天津等地区露地栽培。

6. 含金

含金由新疆益海昌农种业有限公司选育。全生育期105天左右，果实发育期32天左右。果实圆球形，果皮墨黑，有蜡粉。果肉金黄，汁多味美，果实中心含糖量12%左右。单瓜重6～7千克。适应性广，抗病性强。皮特硬，耐贮运。凡种过蜜福无籽和黑蜜2号无籽西瓜的地区均可栽培。

7. 其他同类品种

其他同类品种有：洞庭6号、玉黄无籽、黄露无籽等。

五、黄皮品种和小型无籽西瓜品种

黄皮品种和小型无籽西瓜品种属特色品种，要求较高的栽培技术。适宜棚室或露地多季栽培。其果实多作为礼品或高档商品水果投放市场。

1. 金太阳无籽1号

金太阳无籽1号由中国农业科学院郑州果树研究所育成。中熟品种，全生育期110天左右，果实发育期30～32天。果实圆球形，果皮金黄色，果肉大红色，瓤质硬脆，白色秕籽少而小，果实中心含糖量11.5%。单瓜重6～8千克。适宜有无籽西瓜栽培经验的地区栽培。

2. 金蜜1号

金蜜1号由中国农业科学院蔬菜花卉研究所育成。中熟品种，全生育期100天左右，果实发育期35天左右。果实高圆形，果皮深金黄色，果肉深红色，质细脆沙多汁，果实中心含糖量12%左右。单瓜重4～6千克。适宜地区同金太阳无籽1号。

3. 金蜜童

金蜜童由先正达种业有限公司推出。全生育期95～100天，果实发育期30天左右。果实高球形，果皮黄色，上覆深黄色窄条纹。果肉红，质脆嫩，果实中心含糖量12.5%～13.5%。单瓜重2.5～

3 千克。可连续坐果，品质优，耐贮运。适应性广，适合全国各地棚室栽培。

4. 小玉黄无籽

小玉黄无籽由湖南省瓜类研究所育成。早熟品种，全生育期85～87 天，果实发育期 28 天左右。果实高圆形，果皮绿色，上覆有深绿色细纹状条纹。果肉金黄色，口感风味极佳，果实中心含糖量 12.5%～13%。果皮极薄，约 0.5 厘米。单瓜重 1.2～2 千克。适宜华北、华东地区棚室栽培和华中、华南露地栽培。

5. 雪峰小玉红无籽

雪峰小玉红无籽由湖南省瓜类研究所育成。早熟品种，全生育期 88～90 天，果实发育期 28～29 天。果实高圆形，果皮绿色，上覆有深绿色虎纹状细条带。果肉鲜红色，果实中心含糖量12%～13%。单瓜重 1.5～2 千克，每株可结果 2～3 个。适宜华北、华东地区棚室栽培，南方可露地栽培。

6. 金福无籽

金福无籽由湖南省瓜类研究所育成。早熟品种，全生育期86～88 天，果实发育期 28 天左右。果实高圆形，果皮金黄色。果肉桃红色，果实中心含糖量 12%～13%。果皮厚度约 0.5 厘米。单瓜重 1.5～3 千克。适宜华北、华东地区棚室栽培，南方可露地栽培。

7. 蜜童

蜜童由先正达种业公司推出。全生育期 95～100 天，果实发育期 28～30 天。果实高圆球形，果皮绿色，上覆墨绿色宽条带。果肉鲜红，纤维少，汁多味甜，果实中心含糖量 12%以上。皮厚 0.8 厘米，耐贮运。平均单瓜重 2.5 千克。适宜各地棚室栽培。

8. 先甜童

先甜童由先正达种业公司推出。全生育期 100～105 天，果实发育期 32～35 天。果实近圆形，果皮浅绿色，上覆青黑色宽花条带。果肉鲜红，果实中心含糖量 12%左右。品质佳，耐贮运。单瓜重 2.5～3 千克。适宜保护地早熟栽培。

9. 小玉无籽四号

小玉无籽四号由湖南省瓜类研究所选育。全生育期 100 天左右，果实发育期 32 天左右。果实圆球形，果皮深黄色，略显细纹。果肉黄色，风味好，果实中心含糖量 11.5%以上。单瓜重 2～3 千克。适宜棚室保护栽培。

10. 同类品种

同类品种还有：墨童无籽、帅童无籽、玉童无籽、金露无籽、富达无籽、浪潮无籽、福运来无籽、陇蜜无籽、暑宝无籽等。

第四节 籽用西瓜品种

籽瓜生产主要分布在新疆、甘肃、宁夏、内蒙古等地，近年在江西、安徽、湖南、山东等部分地区也开始少量生产。目前，在品种分类标准方面，尚无专人研究。习惯上按种子颜色、大小、生产地区等，可分为黑籽、红籽、大板、中板、小板。由于品种较少，多以产地和种子特征作为品种名称。

一、大板品种

（一）兰州大板

兰州大板是甘肃省兰州市皋兰县农家品种。晚熟，全生育期 120 天以上，果实发育期 55 天左右。生长势较弱，叶小蔓细，叶裂片狭窄。果实高圆形，果形指数 1.1。果皮光滑，浅绿色上覆 10 余条核桃纹带，皮厚 1 厘米左右。果肉黄白色，汁多，味酸，果实中心含糖量 4%。种子周边黑褐色，中间浅黄色，长 1.65 厘米，宽 1.1 厘米，千粒重 260 克左右，单瓜种子 250 粒左右，单瓜产籽 65 克左右。

（二）靖远大板

靖远大板由甘肃省靖远县农业技术推广中心选育。分大板 1 号、大板 2 号两个品种。晚熟，全生育期 120 天左右，果实发育期

1号为55天，2号为50天。果实形状，1号圆，2号椭圆。果皮均为浅黄绿色，上覆暗绿核桃纹条带。瓜瓤淡黄白色，果实中心含糖量4%～6%。大板1号单瓜种子平均229粒，种子边宽黑色，中间黄白色，特大，长1.92厘米，宽1.25厘米，千粒重353克。大板2号单瓜种子平均257粒，种子白皮黑边，长1.9厘米，宽1.2厘米，千粒重325克。

（三）吴城大板

吴城大板为江西省吴城县地方品种。生长势中等，叶片较小。中晚熟，全生育期100天左右，果实发育期45天左右。果实圆形，暗花皮，果肉黄白色，汁多味淡，果实中心含糖量4%～5%。种子黑色，板中间呈“菊花蕊”状，种子长1.6厘米，宽1.0厘米，千粒重250克左右。每公顷产籽约825千克。

二、红籽品种

（一）宁夏红籽瓜

宁夏红籽瓜为宁夏回族自治区农家品种。晚熟，全生育期115天，果实发育期50天左右。分枝力强，结果力强，平均每株可结果2～5个。果实圆形，皮浅绿色，上覆深绿色花条带，瓤色因混杂、变异而出现白、浅黄、粉红、红不同株系。果皮较薄，果肉汁多，味酸，果实中心含糖量4.5%左右。单瓜重1～2.5千克。种子红色，边缘及种脐颜色较深，中等大小，长1～1.2厘米，宽0.82～0.85厘米，千粒重140～170克。单瓜种子数变化较大，最少者20～30粒，最多者500～600粒。可能与品系、气候、土壤和栽培管理技术，特别是与授粉、磷肥使用多少有关。

（二）兰州红板2号

兰州红板2号由兰州市农业科学研究所育成。中熟，全生育期115天，果实发育期46天。生长势、分枝力均强。果实圆形，果皮墨绿色，上有暗条带。果肉黄白色，汁多味淡，果实中心含糖量

4.5%。平均单瓜重3千克，平均单瓜种子258粒。种子鲜红色，长1.56厘米，宽1厘米。

（三）信丰红籽

信丰红籽为江西省信丰县地方品种。早熟品种，全生育期73天左右，果实发育期38天左右。分红瓤和白瓤两个品系，白瓤品系种子较小，长1.2厘米，宽0.75厘米，千粒重140克。种皮紫红色，种胚较饱满。每亩产种子75千克。

三、台湾品种

（一）农友万利

农友万利由台湾农友种苗公司育成。早熟品种，全生育期80天左右，果实发育期40天左右。生长势强壮，坐果率高，一株多果。果实近圆形，果皮青黑色，单瓜重3～4千克。种子黑色，大而厚，单瓜种子400～600粒。

（二）朱香

朱香为台湾农友种苗公司育成的一代杂交种。早中熟品种，全生育期95～100天，果实发育期40天左右。果实圆球形，果皮黑色，种皮朱红色，种子阔大，长1.95厘米，宽1.43厘米，千粒重200克左右。

（三）红富

红富为台湾农友种苗公司育成的一代杂交种。早中熟品种，全生育期100天左右，果实发育期38天左右。适于密植，结果力强。果实圆形，皮墨绿色，单瓜重3～4千克。单瓜种子400粒左右，种皮红褐色，种子阔大，千粒重188克左右。

四、其他地方品种

其他地方品种有：河南省开封市蔬菜研究所调查的通许打瓜、

红籽打瓜、黑籽打瓜；甘肃省兰州市种子公司调查的黑皮籽瓜、核桃皮籽瓜、花皮籽瓜、白皮籽瓜等。

第五节　西瓜种子的检验

一、西瓜种子的贮藏时间与其生命力的关系

种子寿命因贮藏条件的不同而异。一般在低温、干燥的条件下贮藏寿命较长，在温度较高、湿度较大的条件下贮藏寿命较短。据1987年试验，将保存在牛皮纸种子袋内的蜜福西瓜种子，按贮藏时间分别浸种催芽，分别调查发芽率为98%（蜜宝）和99%（乐蜜1号）；贮藏时间在2年以上的，贮藏时间越长，发芽率越低（表1-1）。

表1-1　西瓜种子不同贮藏年限的发芽率　　单位：%

贮藏/年	1	2	3	4	5	6
蜜宝	98	96	72	42	22	7
乐蜜1号	99	95	89	65	38	9

注：成熟、干燥种子，牛皮纸袋包装，放置室内木箱中。

另外，据试验，西瓜种子的贮藏时间不仅影响发芽率和发芽快慢，而且还会影响到幼苗的前期生长（表1-2）。

表1-2　西瓜种子贮藏时间与其发芽及生长的关系

贮藏时间/年	发芽率/%	50%出苗时间/天	播种后20天的幼苗		
			叶片数/枚	叶长/厘米	植株重/克
1	96.4	3.6	2.54	8.15	3.95
3	72.7	5.9	2.21	7.14	3.13
5	21.5	9.4	1.87	6.53	2.37

因此，栽培西瓜还是采用贮藏1年以内的新种子为好。

二、西瓜种子的检验项目

种子检验分为室内检验和田间检验两种。室内检验主要鉴定项

目有发芽率、净度、含水量、千粒重等；田间检验主要鉴定纯度、生育期、抗性、果实性状等。国外进口种子尚需进行病虫检疫项目。一般由农业执法部门和具有管辖权的种子公司具体行使。西瓜种子质量的好坏，是实现高产、优质、高效益的基础。为了保证瓜农购买到质量好的西瓜良种，购买西瓜种子时请注意以下几个方面：

1. 纯度

纯度是指受检种子符合本品种性状特征的种子占全部受检种子的百分率，是评定种子质量的重要指标之一。也就是说，百分率越高，种子质量越好。计算方法：

$$\text{种子纯度（\%）}=\frac{\text{供检品种中标准种子粒数}}{\text{供检种子总粒数}}\times 100\%$$

2. 净度

净度是指除去夹杂物，纯净种子的重量占全部受检种子重量的百分率。计算方法：

$$\text{种子净度（\%）}=\frac{\text{供检种子总重}-\text{杂质重}}{\text{供检种子总重}}\times 100\%$$

3. 千粒重

千粒重是指1000粒西瓜种子的重量。不同品种千粒重不同，但同一品种的种子千粒重是一定的。在标准含水量条件下，种子千粒重反映出种子的饱满度，千粒重高的种子质量就好。计算方法：

种子千粒重＝1000粒供检种子的重量（克）

4. 含水量

种子含水量对种子寿命和保存年限影响较大。在常温下贮存种子含水量应保持在12%～14%以下。也就是说含水量越低，表明种子质量越高。计算方法：

$$\text{种子含水量（\%）}=\frac{\text{供检种子重量}-\text{烘干后供检种子量}}{\text{供检种子重量}}\times 100\%$$

三、品种选择的原则

1. 因地制宜选择

西瓜品种的特征特性多样，如生育期、果形、皮色、瓤色、瓜型大小、抗病性和适应性等千差万别。所以，无论是露地栽培还是设施栽培，都要选用适宜当地气候和其他具体条件的优良品种。如南方露地栽培，应着重选择耐高温、强光、多雨，抗病性强的品种；北方设施栽培，应着重选择耐低温、弱光、易坐果、抗病的品种。

2. 根据市场需求选择

由于各地对西瓜果实大小、形状、皮色、瓤色、种子多少和有无等方面需求有所不同，所以要根据这些差异，面向市场需要，选择适销对路的品种。目前，每个家庭人口一般较少，特别在城市消费中，中小型果或切半果的品种很受欢迎。

3. 根据消费水平选择

在消费水平较低的地区，应选择生产成本低的普通品种；在消费水平较高的地区，应选择高档品种，如无籽西瓜、礼品西瓜、优质稀有品种。

4. 根据运程选择

以外销为主，运程较远的生产者，应选择不裂瓜、果皮硬而韧、耐贮运的品种。

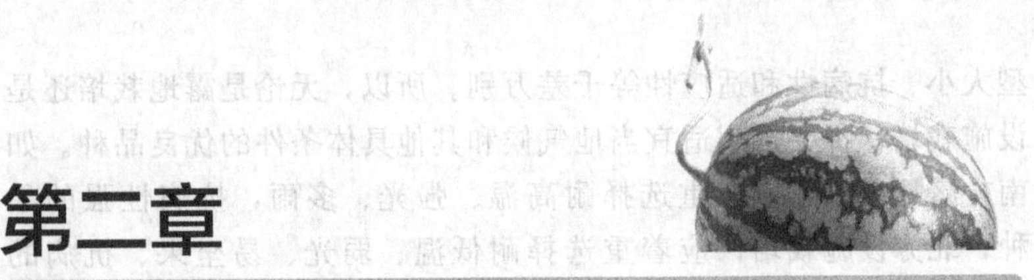

第二章 西瓜育苗技术

第一节 常规育苗设施

一、阳畦

（一）阳畦的结构和性能

阳畦曾经是我国各地农作物育苗普遍采用的主要设施。由于易建造，成本低，至今在某些地区经改良后，仍然是当地西瓜育苗的主要设施之一。阳畦的防寒保暖性能一方面取决于自身结构和覆盖物的性能，另一方面取决于太阳光照时间和光照强度，而后者又与季节和天气阴晴冷暖密切相关。传统阳畦一般由风障、栽培畦和覆盖物组成。多数采用东西走向、南北排列，每个阳畦都要求背风向阳。

用来育苗的阳畦，应选择地势高燥、背风向阳的地段。畦的大小规格不强求一致，但为便于计算播种量、育苗数及施肥量等，有条件时，可做成长 22.2 米、宽 1.5 米的“标准畦”，即每亩做 20 个畦。育苗畦的结构通常由北墙、东墙、西墙和畦面等构成。随着栽培技术的不断提高，各地涌现出许多改良阳畦（图 2-1～图 2-4）。改良阳畦有的是在传统阳畦基础上结合小拱棚的结构改进而成的；有的是在小拱棚的基础上结合传统阳畦的主要优点（向阳、防风、保温）改进而成的。目前，所有的改良阳畦的共同特点是加大了阳畦的跨度和高度，透明覆盖物由玻璃换成了塑料薄膜，且其向阳角度由斜平面改成了斜曲面。这些结构的改进不仅加大了育苗空间，有利于操作管理，更主要的是改善了阳畦内光照、温度、湿度及气体的调控性能。例如，北京传统阳畦宽 1.5 米，畦上覆盖玻璃，畦面角度不超过 10 度；改良阳畦宽达到 2.7 米，高 1.5 米，后墙高 0.9 米，畦上覆盖塑料薄膜，畦面角度可达到 45 度。再如河北、山东、辽宁等地采用小拱棚改进的改良阳畦，畦宽多为 3 米，高 1.5 米，后墙高 1～1.2 米。有竹木结构或钢筋结构之分，竹木结构者多设立柱支撑拱架，钢筋结构者则无立柱。

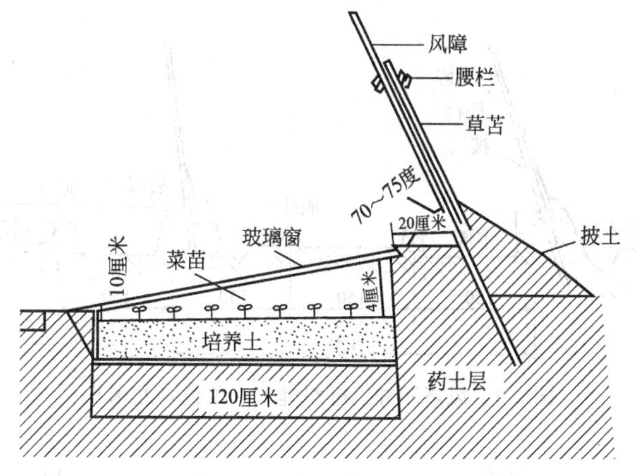

图 2-1　山东经典阳畦结构

有些改良阳畦的外形与土温室或日光温室相似，是接近于日光温室的简易设施。所以其透明和不透明覆盖物，均与日光温室相同，但其温、光、气、湿的调控性能仍不如日光温室。

（二）阳畦的建造

阳畦应选在距栽培地较近、排灌方便、背风向阳的地方。如果在低洼易存水的地方建造阳畦，为防止积水，可使阳畦畦面稍高于地面。

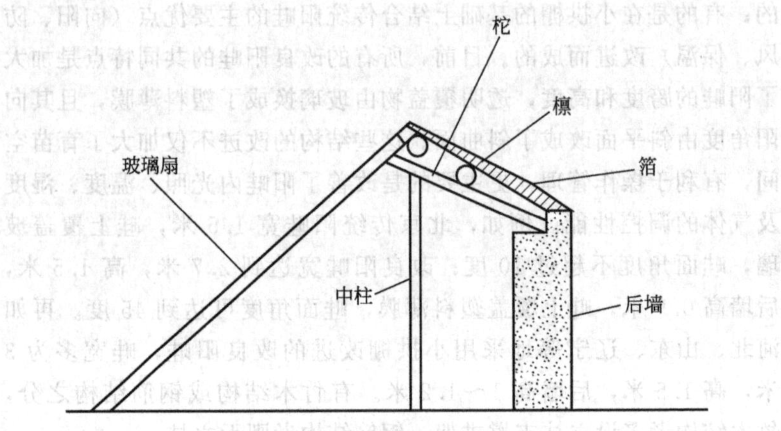

图 2-2 北京传统改良阳畦结构

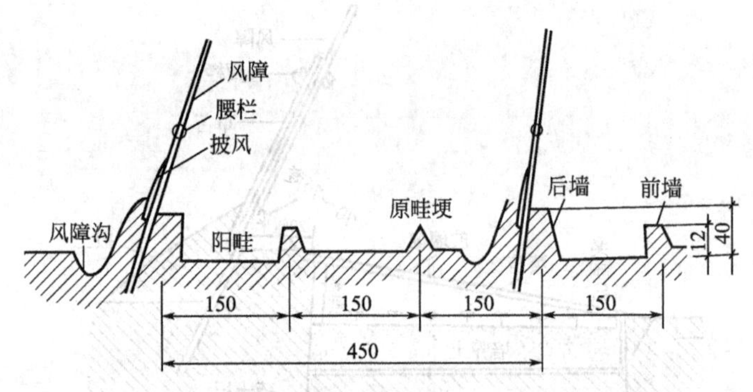

图 2-3 风障阳畦三畦组畦式（单位：厘米）

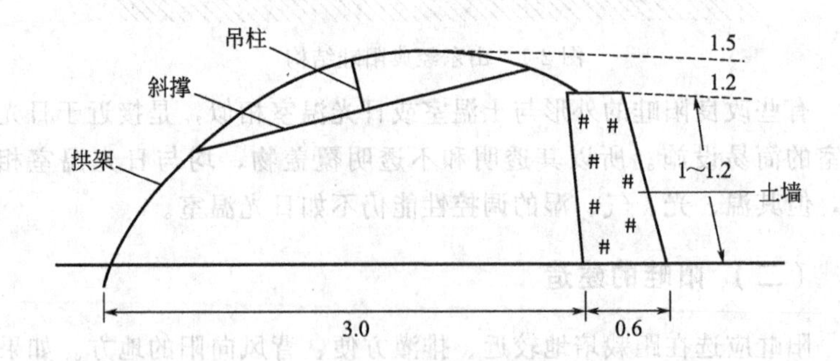

图 2-4 辽宁改良阳畦结构（单位：米）

目前阳畦有两种基本形式：一种是拱形阳畦，多数建成南北走向、东西排列；另一种是斜面阳畦，则全部建成东西走向、南北排列，以便更好地接受阳光和抵御寒风。

阳畦位置和阳畦形式选好后，即可着手建造。在山东、河南北部和河北南部各地，3 月中旬以前育苗的，应在前一年封冻前建好阳畦；3 月中旬以后育苗的，可在春季土壤解冻以后建造。

无论拱形阳畦还是斜面阳畦，建造工序基本相同，只是规格标准和建成形状不同。

1. 挖畦床

建畦时，首先要挖好畦床。挖畦床时先将表面熟土取出，留作配制营养土之用；底层生土挖出后，留作斜面阳畦的北墙和两头斜墙用。拱形阳畦宽 100～120 厘米，斜面阳畦宽 120～150 厘米；畦床深（畦床底至原地面高度）拱形阳畦为 20 厘米，斜面阳畦为 25 厘米；畦床长可根据育苗的多少确定，但为了便于控制温湿度及通风等项管理工作，以 8～10 米长为宜，最多不超过 15 米。畦床四周（畦墙）要光滑坚固，防止塌落。拱形阳畦床沿（床口）呈平面状。斜面阳畦北墙高出原地面 45 厘米（高出床底 70 厘米），畦两头筑起北高南低的斜坡墙，使床沿和塑料薄膜呈斜面状。畦床底要整平、踩实，并铺放一薄层细沙或草木灰（图 2-5）。

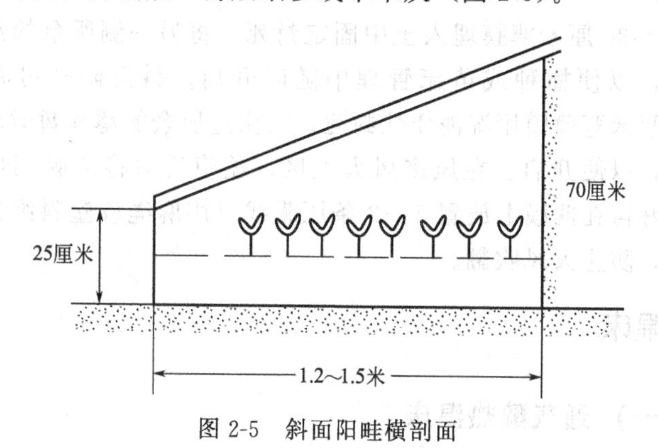

图 2-5 斜面阳畦横剖面

2. 放置营养土

将盛有营养土的营养钵或营养纸袋逐个依次整齐地排列在畦床上，每个钵（纸袋）之间不可挤得过紧，应留出小的空隙，排完后用沙土充填好空隙，以备播种。如果采用营养土块育苗，床底层除先铺一层细沙或草木灰外，还要填入 10～12 厘米厚营养土。

3. 插骨架

拱形阳畦需用 2 米左右长的细竹竿弯曲成弓形，沿阳畦走向每隔 50～60 厘米横插一根，深度以插牢为准。但整个阳畦拱脊应在一条水平线上。另用直竹竿或树条，分别绑在弓形竹竿的拱脊和拱腰上，并与拱杆呈垂直方向，将每个交叉点用塑料纸绳绑紧。斜面阳畦可用 1.5～1.8 米（根据斜面长确定）细竹竿或直树条，沿阳畦走向每隔 60～80 厘米横置一根，南北两端用泥土压住。如果竹竿或树条太细，可将两根并作一处放置，或将竹竿树条间距由60～80 厘米缩小到 40～50 厘米，以保持足够的支撑力。

4. 覆盖薄膜

育苗阳畦应采用 0.08～0.1 毫米厚的聚乙烯薄膜，幅宽 2 米左右为宜，如买不到该规格时，可用电熨斗焊接或剪裁。注意不要使用地膜，以免破损后冻伤瓜苗。覆盖薄膜时，最好由 3 人同时操作，2 人分别将裁好的塑料薄膜两边伸直、拉紧，对准阳畦，盖在骨架上，另 1 人用铁锨铲湿土埋压塑料薄膜的四边。拱形阳畦可将一侧 20～30 厘米薄膜埋入土中固定封死，将另一侧所余的薄膜暂时封住，以便播种或苗床管理中随时开启。斜面阳畦可将北边20～30厘米宽薄膜用湿泥压住封死，将南边所余的薄膜暂时埋入土中封住，以便开启。在风多风大地区，盖膜后除将薄膜四周压住外，最好再在薄膜上放置 1～3 条压膜线（用麻绳或塑料绳）以固定薄膜，防止大风吹翻。

二、温床

（一）通气酿热温床

通气酿热温床是由酿热温床改进而成的。由于它增加了通气道和通气孔，因而其温度比酿热温床提温速度快而平稳，更易于掌握和控制，也更便于管理。

1. 苗床建造

床址选择与阳畦苗床基本相同。通气酿热温床一般宽1.5米，长10～12米。在选好的床址上，按上述尺寸挖一个深40～50厘米的东西向床池，把挖出的大部分土放在床池北侧。在床池北侧建一宽30～40厘米、高40厘米的墙，南侧建同宽、高10厘米的矮墙，东西两端建一与南北墙自然相接的斜墙。垒墙方法与阳畦床相同。剩余的土可推到北墙外侧，起挡风保温作用。再在墙北侧外埋设风障，高1米左右即可。然后，在床池底上挖4～5条“V”形、深7～9厘米东西向的通气道，两端挖上横的通气道，使道道相同，并在两端分别伸出床外，在距床内壁50～60厘米的地方，升到地面，同时垒上0.5米高的通气孔。用树枝或棉秆将通气道盖好。在床池中部南北两侧的通气道上垒一进气孔，以使通气道中的空气进入酿热物。进气孔可用砖或瓦围起，高10厘米左右。最后，在床池中填入酿热物。

2. 酿热物选配与填充

酿热物可用70%的新鲜骡马粪，加入30%的麦秸或稻草（最好先进行粉碎），然后拌入水，将酿热物调湿。一般酿热物含水65%～70%为宜，最好用温水调和，调完后装入床池中，厚度为35厘米左右，在北方地区和气温较低的季节可适当厚一些，反之应薄一些。

酿热物填完后应将表面整平，铺上5厘米左右厚的土并踏实，最后制钵排到床上，或装上营养土并浇透水，采用营养块时应进行切块。按阳畦苗床的方法搭好支架，盖好薄膜，待床温达到要求时即可播种。

3. 酿热温床育苗应注意的问题

（1）酿热物　所用的酿热物，必须是尚未发酵的，如已发酵的陈马粪不能再产生热量了。

（2）酿热物厚度　酿热物必须达到一定厚度（20～45厘米）。如果在冬季所育菜苗为瓜类、茄果类喜温蔬菜，则一般厚度应为30～50厘米。

（3）碳氮比　所用酿热物应有一定的碳氮比。一般采用新鲜马粪与作物秸秆、树叶等按 3∶1 的比例混合均匀即可。

（4）促进发热　为了增加酿热物中细菌数量和氮素营养，以促进发热，在填入酿热物时，可每填一层，泼一次稀人粪尿水。

（5）通气和保温　酿热物填好后，不要踩、压，要保持疏松状态，覆盖塑料薄膜，夜间加盖草苫，使其有良好的通气和保温条件。

（6）不可过干或过湿　酿热物要保持一定的水分（75%左右），不可过干或过湿。

（7）用喷壶喷水　播种前浇底水时，千万不要大水浇。因为大水浇不仅能迅速降低酿热物和床土的温度，而且还会恶化酿热物的通气状况，以致限制甚至破坏细菌活动，停止发热。所以一般多用喷壶喷水。

（二）电热温床

电热温床是现代育苗设施。它装有控温仪，可以实现苗床温度的自动控制，所以，不仅温度均匀，而且温度比较稳定，安全可靠，节约用工，育苗效果较好。但育苗成本较高，而且必须有可靠的电源。

1. 选择电热线

电热线也叫电加温线。可选用北京电线厂生产的 NQ/V0.89 农用电热线，每根长 160 米，功率为 1100 瓦。也可选用上海农业机械研究所实验厂生产的 DV 系列电热线，长度为 60～120 米，功率为 800～1000 瓦。要根据苗床面积来选择电热线，确定电热线的功率。北方地区一般每平方米苗床功率 80～90 瓦即可，南方只要 60～70 瓦就足够了。当苗床的面积确定之后，就可确定所用电热线的功率。为了安全可靠，一般在电热线上接有控温仪，控温仪可选用上海生产的 UMZK 型（能自动显示温度），或选用农用 KWD 型控温仪。

2. 建床

床址的选择与阳畦苗床相同，但必须在靠近电源的地方。在选好的床址上，挖深 25 厘米、宽 1 米的长方形床池，长一般 10～15

米。在池底铺 5～10 厘米厚的麦秸、稻草或草木灰作为隔热材料，铺平踏实，再盖上 2 厘米左右厚的土。苗床最好建成东西向，并在床池北侧建一高 40 厘米、宽 30～40 厘米的床墙，南侧垒 5～10 厘米高的墙，两端呈斜坡形并与南北两墙相连接。

3. 铺设电热线

（1）电热线的种类和型号　电热线全称叫电加温线，是一种电热转换的器件，是具有一定电阻率的特别制造的电线。电加温线外面包有耐热性强的乙烯树脂作为绝缘层，把它埋在一定深度的土壤内通电以后，电流通过阻力大的导体，产生一定的热量，使电能转为热能来进行土壤加温，提高局部范围内的土壤温度。热量在土壤中传导的范围，从电加温线发热处，向外水平传递的距离可以达到 25 厘米左右，15 厘米以内的热量最多，这就是说，越靠近电加温线的土壤温度越高，反之则土壤温度逐渐下降。

DV 系列电加温线，由塑料绝缘层、电热线和两端导线接头构成。塑料绝缘层主要起绝缘和导热作用，并有耐水、耐酸、抗碱等优良性能，电热线是电加温线的发热元件，为电阻系数 0.1241 欧姆·毫米^2/米的合金丝材料，通电发热后的最高温度小于 65℃，在土壤中允许使用温度 40℃左右，在 35℃土壤环境内可以长期工作；接头用来连接电加温线和引出线，是用塑料高频热压工艺制成，接头处耐 17000 伏，不漏电、不漏水。引出线为普通铜芯电线，使用时基本不发热。各种型号电加温线的规格详见表 2-1。

表 2-1　DV 系列电加温线规格

型号	电压/伏	电流/安	功率/瓦	长度/米	允许使用土壤温度/℃	色标
DV20410	220	2	400	100	≤45	黑
DV20608	220	3	600	80	≤40	蓝
DV20810	220	4	800	100	≤40	黄
DV21012	220	5	1000	120	≤40	绿

注：表中 DV20410 型号的 D 表示电加温线，V 表示塑料绝缘层，2 表示电加温线额定电压 220 伏，4 表示电加温线功率 400 瓦，10 表示电加温线长度 100 米。其余型号依次类推可知。

此外，NQ/V0.89 农用电加温线，每根长度 160 米，功率为

1100瓦，加温线表面最高温度能达到50℃，使用时电加温线周围土壤温度也能达到30℃左右。

(2) 电热线的铺设　当苗床面积和电热线长度已知后，便可根据下式计算出布线条数和线距：

$$布线条数=\frac{电热线长-2\times 床宽}{床长}$$

$$线距=\frac{床宽}{布线条数+1}$$

布线条数取偶数。

取10厘米长的小木棍，根据线距插在床池的两端，每端的木棍条数与布线条数相等。先将电热线的一端固定在床池一端最边的一根大棍上，手拉电热线到另一端挂住2根木棍。再返回来挂住2根木棍，如此反复进行，直到布线完毕。最后将引线留在苗床外面。

电热线布完后，接上控温仪，并在床池中盖上2～3厘米厚的土并踏实，以埋住和固定电热线。这时可将两端的木棍拔出。然后通电，证明线路连接准确无误时，可将制钵排放在床池中，或装好床土浇水后切块。

4. 建造电热温床时应注意的问题

(1) 布线时要使线在床面上均匀分布，线要互相平行，不能有交叉、重叠、打结或靠近，否则通电后易烧坏绝缘层或烧断电热线。也不能用整盘电热线在空气中通电。电热线和部分接头必须埋在土壤中，不能暴露在空气中。

(2) 电热线的功率是额定的，不能剪断分段使用，或连接使用。否则会因电阻变化而使电热线温度过高而烧断，或发热不足。

(3) 接线时必须设有保险丝和闸刀，各用电器间的连线和控制设备的安全负载电流量要与电热线的总功率相适应，不得超负荷，否则易发生事故。

(4) 电热线工作电压为220伏，在单相电源中有多根电热线时，必须并联，不得串联。若用三相电源时必须用星形（Y）接法，不得用三角形（△）接法。

（5）当需要进入电热温床内时应首先断开电源。苗床内各项操作均要小心，严禁使用铁锹等锐硬工具操作，以防弄断电热线或破坏绝缘层。一旦断路时，可将内芯接好并用热熔胶密封，然后再用。

（6）电热线用完后，要轻轻取出，不要强拉硬拽，并洗净后放在阴处晾干，安全贮存，防止鼠咬和锈蚀，以备再用。

5. 电热温床育苗的技术要点

电热温床育苗的主要技术是：铺设床土，浇足底水，控制床温，播种出苗，掌握浇水，适时间苗。

（1）铺设床土，浇足底水　苗床内拉好电热线后，在上面铺设事先配制好的疏松、肥沃的培养土做床土。床土太厚，地温升高慢，耗电量大；床土太薄，影响根系的生长，且易烧根。适宜的床土厚度为8～10厘米。床土填入后刮平，并用喷壶浇足底水。因加热地温，床土易干，浇水量应大，一般可分两次浇入，第一次浇后隔半小时，再轻浇第二次，使床土吸足水，达到幼苗出土前不用浇水的要求。床土湿度以持水量的80%为宜。

（2）播种出苗，控制床温　电热温床育苗，可采用催芽播种，或浸种后直接播种。因加温育苗，出苗率高，播种量比冷床育苗少。播后盖土1厘米左右，再覆盖地膜保温保湿。最后盖上薄膜小拱棚密封保温。出苗前的床温控制一般为25～30℃，20%～30%的种子出苗时，降低床温至20～22℃，即将盖在土面上的薄膜揭去，以防秧苗徒长。齐苗后通风降温。

（3）掌握浇水量，及时间苗　电热温床一般设置在日光温室或大棚内，晴天蒸发面大，蒸发水分快，加之床土紧挨电加温线，易变干，因此，需经常补充浇水。浇水少不能满足秧苗生育的需要，浇水多，湿度大，地温高，又易发生病害。故电热温床的浇水量和次数要比冷床育苗多，以经常保持表土发白、底土潮湿为宜。

电热温床育苗，可在二真叶一心叶时移栽瓜苗。移苗前为防止拥挤，要及时间苗，间苗的原则是：匀、稀、早。一般在齐苗后一星期内间苗，使苗间距离达6～8厘米。

三、土温室

土温室升温快，保温性能好，成本低投资少，很适合蔬菜育苗。

建棚前应先根据经济条件、棚型结构和栽培面积等，筹备好建棚所需的各种物料。如建造1亩土温室（水泥柱竹拱单斜面塑料大棚）时，应备好后柱36根、中柱26根、前柱26根、水泥横梁36根、毛竹横梁40根，需水泥2500千克、钢筋500千克、小石子1立方米、铁丝100千克、草帘42块、鸭蛋竹100根、塑料薄膜120千克。建棚时应按以下要求进行：

（一）选好场地

为了更好地接受阳光，建棚场地应选择在避风、向阳的地块，同时最好选在地势平坦、排灌方便、土质肥沃的地块。

（二）建造骨架

单斜面大棚是由后墙、东西侧墙、南屋面和后屋面构成的。一般由水泥预制立柱、横梁及竹拱杆组成屋面骨架，上面覆盖塑料薄膜。大棚跨度为7～8米，棚长30～50米。棚面坡度与地理纬度有关，山东省春用棚的天角为14～15度，地角为20～22度。

建棚时一般先建后墙和侧墙。通常多为土墙或土坯墙。后墙高1.5～1.6米、厚0.4～0.5米。底部打好地基，砌40厘米高的砖或石头底座，以防雨淋倒塌，内外墙面挂一层较厚的泥墙皮，以增加保温效果。侧墙为东西两侧的防风保温墙，厚度与后墙相同，呈不等边屋脊形，后坡高出后屋面10厘米，脊高为2.5米。前坡与南屋面角度一致。在东侧后屋面下方留单扇进出口便门。在后墙上方每隔3米左右（一般在两立柱之间）留一个通风窗，宽0.4～0.5米，高0.5～0.6米。

后墙和侧墙建好后埋立柱（分后立柱、中立柱和前立柱）。立柱是支撑前后屋面的重要支柱，多采用4根直径4毫米的钢筋骨架制成横断面为10厘米×8厘米的水泥柱。后柱长2.6米，埋入地下 0.4 米。后柱距后墙 1.2～1.3 米，东西向排列每隔 2.4 米一根。后柱上架横梁及拱杆。水泥柱顶端呈凹刻状并留有预埋孔，以便穿铁丝固定横梁。中立柱埋于后柱南面 2.5～3 米处，柱长 2.1～2.2 米，埋入地下 0.4 米。中立柱顶端架横梁。中立柱和横梁总高度为 1.8 米。前立柱在中立柱南面 3 米，距大棚前沿 0.8～1.1 米，埋入地下 0.3 米。前立柱顶架横梁，总高度为 0.9 米。

后屋面为不透明覆盖物，宽度一般为 1.7 米。前屋面为透明塑料薄膜及草帘覆盖，由拱杆直接支撑。拱杆一般用直径 4～5 厘米、长 6～8 米的鸭蛋竹制成。横向拱杆间距 80 厘米，上端插到后梁上，中间固定在中柱横梁上，下端置于前柱横梁上。

（三）扣膜压膜

扣膜时最好选用透光好、保温强、耐老化的聚乙烯长寿膜或聚乙烯无滴防老化薄膜，采用“三大块，两条缝”的扣膜方法。具体做法是选无风天气，先从大棚前沿扣第一块薄膜。此膜宽 2 米，上端折回 5 厘米焊成筒状，内穿上粗绳，两端拉紧后固定在侧墙上，下端埋入土中 30 厘米。第二块薄膜宽 6 米左右，上下两端均焊成小筒穿绳，盖后绷紧，压住第一块薄膜 25 厘米左右，以便顺水防漏。第三块薄膜宽 2 米，下端焊成小筒穿绳，压住第二块薄膜 25 厘米，其上端压在后屋顶上用泥土压好。

压膜用尼龙压膜线或 8 号铁丝套上细塑料管压于两道拱杆中间。线上端连接后梁，下端将压膜线拉紧后拴在事先埋好的地锚上，使棚面形成瓦棱形。如用竹竿压膜，通过各条横梁在两拱杆间用铁丝穿孔拉住压杆，最后上好草帘。草帘厚 4 厘米，宽 2 米，长度比屋面长 0.5 米。从东向西安装，西边的草帘要压住东边草帘 20 厘米左右，以便防风保温。每个草帘装两条拉帘麻绳以便卷起和放下。

四、塑料大棚

（一）塑料大棚的种类

塑料大棚的类型很多，按覆盖面积和结构可分为单栋式和连栋式两类；按其棚顶形式可分为拱形和单斜面两类。各类大棚又因棚架材料不同，分为竹木结构、钢材结构、水泥预制件、竹木钢材混合结构及镀锌架装配式等多种。适宜蔬菜育苗的塑料大棚主要有以下几种：

1. 竹木钢材混合结构拱棚

竹木钢材混合结构拱棚为南北走向，棚顶呈拱圆形。大棚的立柱全部用水泥预制：拉杆（花梁）有水泥预制的，也有用钢筋焊接的；拱形是竹木的；压杆有用竹木的，也有用钢筋或铁丝的。其结构形式是：立柱纵向每间隔2～3米一根，横向间隔2米左右一排。面积为1亩（667平方米）的大棚，可设立柱5～6排，一般棚宽10～12米，长60～70米，顶高2.4～2.5米。建1亩这样的大棚需水泥2吨，钢筋0.75吨，拱杆、压杆各50根左右。

这种大棚的骨架比竹木结构大棚耐用，具有抗风能力强，增温、保温性较好，可搬动，建棚材料易筹备等优点；缺点是骨架较沉重，棚内立柱较多，遮光较多。

2. 水泥预制件大棚

全棚骨架除压杆用竹木或钢筋外，其余骨架全部为水泥预制件构成。采用“悬梁吊柱”棚架，可减少立柱或建成无立柱的空心大棚（顶部呈拱型或起脊）。建造1亩水泥预制件大棚，需水泥3吨、钢筋1吨。

这种大棚坚固耐用，抗风性能强。由于立柱少或无立柱，遮光少，透光好，光照强，有利于幼苗生长发育。同时，棚内宽敞，管理方便，并且可以进行双膜覆盖栽培。缺点是棚架笨重，安装费工，不易搬动。

3. 镀锌钢架装配式大棚

镀锌钢架装配式大棚又称钢管大棚，是工厂生产的成套大棚。造型美观，高大宽敞，开棚、关棚容易，操作方便，遮阴少，光照条件好。骨架坚固耐用，大棚增温、保温性能好，是目前最理想的一种塑料大棚。但由于这种大棚全部用镀锌钢管组成，造价很高。

4. 单斜面塑料大棚

单斜面塑料大棚也叫土温室塑料大棚。东西走向。棚面像土温室一样，南低北高，向南倾斜。宽8米左右，长40～60米，脊高（后柱）2～2.2米，东、西、北三面都是土墙或砖墙，北墙高1.6～1.8米，棚南侧肩高（边柱）0.8～1米；南北共三排立柱，离地面高度分别为：后柱2～2.2米，腰柱（也叫中柱）1.7～1.8米，边柱0.8～1米，各柱间距为3米左右，后柱至腰柱为2.5～2.8米，腰柱至边柱为2.5～2.9米，边柱之外为0.6～0.8米。用竹竿压棚膜，通风时可通过北墙开窗、棚顶留通风口，南侧底部向上卷起等办法进行。夜间覆盖草苫。

这种大棚的优点是建造容易，坚固耐用，防风、保温性能好，可加温。

5. 冬暖大棚

冬暖大棚有寿光Ⅲ、Ⅳ型冬暖大棚。寿光Ⅲ型冬暖大棚，适当增大了南北向跨度，提高了棚脊高度，加大了墙体的厚度，加粗了水泥立柱，从总体上增强了抗风、抗震和负载能力，有利于安装自动卷帘机，是目前山东寿光推广的主要棚型（见图2-6）。

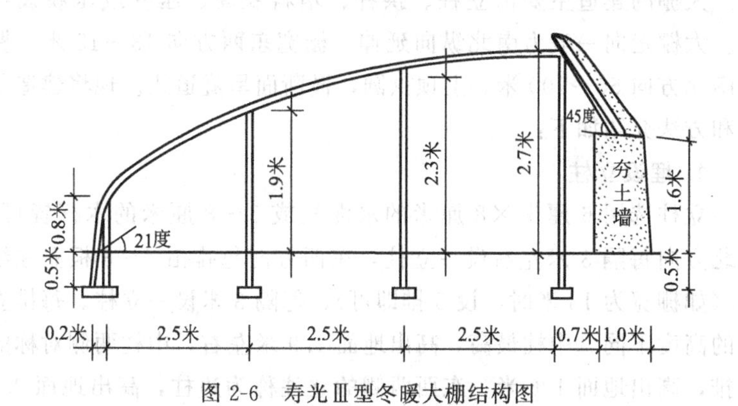

图2-6 寿光Ⅲ型冬暖大棚结构图

寿光Ⅳ型冬暖大棚，系无立柱钢筋骨架结构。其设计目标是：逐步向现代化和工厂化方向发展。温室总宽11.5米，后墙高2.2米，山墙高3.7米，后墙厚1.3米，走道宽0.7米，种植区宽8.5米，仅有后立柱，种植区内无立柱。后立柱高4米。采光屋面参考角平均26.3度，后屋面仰角45度左右。目前多地都推广新型组装结构的大棚，其结构图见图2-7。

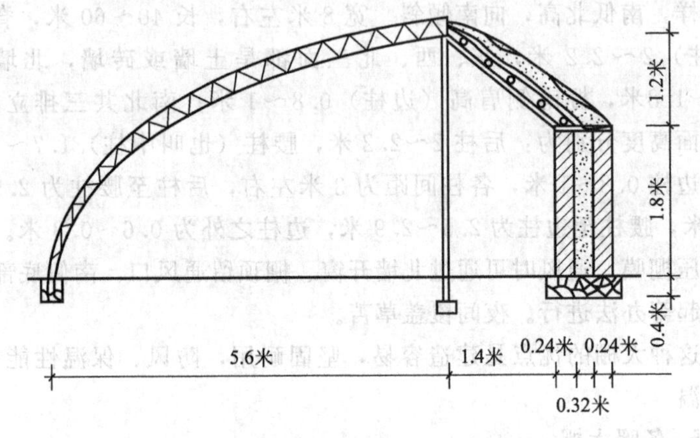

图 2-7　无立柱钢筋骨架冬暖大棚结构图

（二）拱圆型塑料大棚的建造

这种大棚的造型多采用水泥柱和拱圆竹木混合结构。

大棚的建造主要由立柱、拱杆、塑料农膜、压杆或压膜线组成。大棚走向一般为南北纵向延伸。棚宽东西方向 13～15 米，棚长南北方向 50～100 米。上顶拱圆，横断面呈隧道式。现将建造程序和方法介绍如下：

1. 埋设立柱

立柱选用 6 厘米×8 厘米的水泥柱或 5～8 厘米的木杆皆可。南北方向每隔 3 米左右设一立柱，东西方向每排由 4～6 根立柱组成（如棚宽为 13 米时，设 5 排即可），每隔 3 米设一立柱。每排立柱的高度不同。中柱最高，高出地面 1.9 米左右，中柱两侧对称的两排，高出地面 1.6 米，东西两侧的立柱称为边柱，高出地面 0.9 米左右。每根立柱都要埋入地下 40 厘米左右，并且要垫基石，以防灌水后下沉。所有立柱都要定点准确，埋牢、埋直，并使东西成排、南北成行，每个纵排立柱高度一致。

2. 安装拉杆、吊柱和拱杆

拉杆选用细毛竹或粗鸭蛋竹，固定在立柱顶端以下 20 厘米处，拉杆上每隔 1.5 米固定一根 20 厘米高的小立柱构成悬梁吊柱。纵向拉杆连成一体，两端拉紧固定在木桩上。

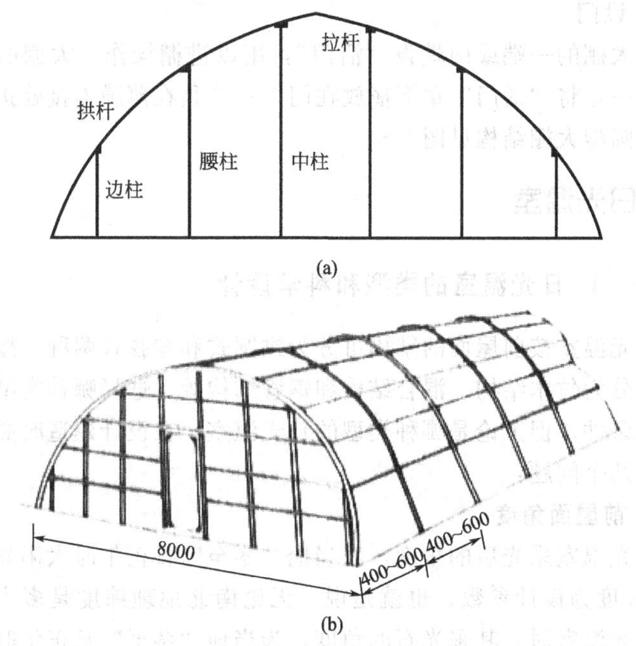

图 2-8 拱圆型大棚结构示意图（单位：毫米）

(a) 拱圆型大棚结构横剖面；(b) 拱圆型大棚立体图

拱杆选用蛋竹，每根拱杆横向间隔 1.5 米，固定到各排主柱和吊柱顶上，用细铁丝牢牢绑住。每根铁丝的剪头都要向下向里，不得高出拱杆上面，以免盖膜时刺破塑料薄膜。

3. 覆盖薄膜

目前市面和厂家销售的农用塑料薄膜品种和规格很多，质量也各不相同。例如仅幅宽一项就有 1 米、2 米、4 米、7 米、9 米等不同规格。因此，要根据大棚跨度（棚宽）选择适宜的幅宽。上述西瓜大棚最好选用 4 米宽的聚乙烯无滴膜或半无滴膜。覆盖时，先从棚的东西两侧开始，沿边柱外侧刨一条深 30 厘米、宽 5~10 厘米的小沟，将薄膜横幅的一侧放于沟内用土埋紧，然后再依次往上覆盖。两幅薄膜边缝相互重叠 20 厘米左右。在棚膜上面，每两根拱杆之间设压膜杆（线）一条，压紧薄膜。压膜杆（线）的两端固定在拉杆或地铺上，将薄膜压紧，使棚面略成瓦棱形。

4. 设门

在大棚的一端或两端设“活门”，用以进棚操作。大棚的通风方法：一是将“活门”拿下横放在门口；二是在薄膜连接处扒口。

拱圆型大棚结构见图 2-8。

五、 日光温室

（一）日光温室的类型和科学设计

日光温室按前屋面的结构可分为拱圆式和琴弦式两种；按建筑材料可分为竹木结构、混合结构和钢管结构等。选择哪种类型要根据当地条件，但无论是哪种类型的日光温室，在设计建造时必须考虑以下几个问题：

1. 前屋面角度

日光温室采光后的角度，以当地“冬至”日正午时太阳光的投影角 56 度为设计参数。也就是说，无论南北地理纬度是多少，在建造日光温室时，其采光石的角度，为当地“冬至”日正午时太阳光投射角达到 56 度，即入射角为 34 度时，太阳光正好垂直照射到采光石上。

2. 加大基角

日光温室当跨度一定时，为了达到理想的太阳入射角，必然是地理纬度越高的地区，其脊高和后墙也越低。同理，当日光温室的高度一定时，其跨度将随着地理纬度的增加而减小。这样都不会建成较理想的日光温室。前者温室低矮，管理不便；后者温室跨度小，保温性能差。只有加大基角，才能克服上述问题。在基角顶点设一个斜面前窗，是加大基角的唯一办法。不同地理纬度，应设不同斜面角度的前窗。

3. 用生土做墙体

不同地理纬度用生土做成不同厚度的土墙体。墙体的最小厚度应为当地最大冻土层厚度再加 50 厘米。

4. 前后坡水平宽度协调

不同地理纬度，前后坡水平宽度是不一样的。越是高纬度地区后坡水平宽度应越大，前坡水平宽度则越小，这样，建造的日光温室的保温性较强。

5. 朝向合理日光温室的朝向

应依据当地纬度和冬季寒冷程度而定。一般说来，我国地处北纬 36 度左右的地区可建成正南向；处于北纬 36 度以上的地区可建成偏西南向；处于北纬 36 度以下的地区可建成偏东南向。

6. 加强防寒性，提高透光率

覆盖物应尽量选择保温防寒性能强、透光率高的类型。此外，尽量减少室内立柱，以铁代竹木、挖防寒沟等，都是加强防寒性、提高透光率的好办法。

（二）日光温室的主要结构

1. 墙体

墙体由东山墙、西山墙和后（北）墙组成。一般用生土或草泥填入模板夯成。

2. 骨架

骨架由立柱、拱杆、拉杆、压杆、门窗等构成。

（1）立柱　是日光温室和塑料大棚的主要支柱，它承受棚架、覆盖物、雨雪负荷以及风沙压力与引力的作用，所以一定要直立并深埋。为了减少室内遮光和占用空间过大，立柱应尽量减少数量和缩小粗度（直径）。立柱基部要用砖、石、混凝土墩等做“柱脚石”以防止主柱下沉。

（2）拱杆　是支撑覆盖物的骨架横向固定在立柱上，呈自然拱形，使屋（棚）面呈一定坡度。拱杆一般每隔 1～1.5 米设一根，其长度略大于屋（棚）面。拱杆南北向南端固定在前窗顶部横梁上，北端固定在后墙或屋脊横梁上。

（3）拉杆　是纵向连接立柱、固定拱杆和压杆的“拉手”（连接杆），可起到棚室整体加固的作用，相当于房屋的檩条。各排主柱之间均应设拉杆，这是加固棚室的关键结构。

(4) 压杆　是用来压住屋（棚）面塑料薄膜，以防止被风吹动、鼓起。一般在每两根拱杆之间设一根压杆，将屋（棚）膜压紧压平。压杆可稍低于拱杆，使屋（棚）面呈瓦垄状，以利于排水和抗风。压杆通常选用光滑顺直的细长竹竿连接而成。为了减少遮光和减少屋（棚）面上的孔眼，近年来，多以 8 号铁丝代替压杆。压杆两端埋入地下，并用“地锚”加固。

(5) 门窗　在棚室两端各设一个活门，需要通风时，可把活门拿下来，横放在门口的底部，防止冷风由底部吹入棚内，侵袭蔬菜作物，或在门的下半部挂塑料薄膜帘，也可起到防风保温的作用。

(6) 通风窗　在屋（棚）顶部的最高点开天窗，南侧开地窗。跨度较高大的棚，要增设腰窗代替天、地窗，以利通风换气，管理也方便。

(7) 准备间　在棚室的东山墙或西山墙外修建准备间，可防止进出棚室时寒风直接侵入室内，并可放置生产工具和供管理人员休息。准备间跨度 3 米左右，东西长 2～2.5 米，南面设门，通向棚室的门要靠温室后墙。

(三) 冬暖式日光温室的建造

冬暖式日光温室，由于升温快，保温性能好，很适合无籽西瓜育苗和极早熟保护栽培。建造日光温室主要程序如下：

1. 选地

建棚场地要求与建造拱圆型大棚相同，但东西向最好为 60～80 米以上。

2. 备料

冬暖式大棚由墙体、立柱、拱杆、铁丝、薄膜和草苫构成。如建造一个 80 米长的冬暖式大棚，需要截面 8 厘米×10 厘米的水泥立柱 134 根，其中长 3.3 米的 45 根、长 3.1 米的 22 根、长 2.2 米的 22 根、长 1.3 米的 45 根，立柱顶部要留孔，以便固定拱杆；宽 3 米、厚 0.10～0.12 毫米的聚氯乙烯无滴膜 120 千克，宽 3 米、厚 0.08 毫米的聚乙烯农膜 8 千克，宽 1.3 米、厚 0.007～0.008 毫米的地膜 5 千克；长 8.5 米、直径 9 厘米的毛竹 22 根，长 6 米、直径7厘米的鸭蛋竹14根，长7米、直径5厘米的鸭蛋竹2根，长2～3米、直径1.5厘米的细竹700根；长2.3米、直径10～15厘米的短木棒49根，长7米、直径8厘米左右的长木棒4根做成木梯；8号铁丝300千克，12号铁丝10千克，18号铁丝15千克，长5～8厘米的铁钉300个；长10米、宽1.2米、厚3厘米的稻草苫92床，长20米、直径0.8厘米左右的拉绳82根；重20千克左右的坠石54块。

3. 建筑墙体

用麦穰泥砌或用湿土打成东、西、北三面墙体，后墙高1.8米，脊高3米，脊顶距后墙1米，前立窗80厘米，总跨度8.2米，墙体下部厚1米，上部厚80厘米。最好从墙外取土，如需从墙内取土，一定要先剥去熟土层，取生土砌墙后再将熟土填回。

4. 埋设立柱

在距后墙根75厘米处埋后排立柱，深埋60厘米，地上部分2.7米，下面填砖防陷，向后稍倾斜，立柱间距1.8米。要先埋两头，然后拉线埋设，使上端整齐一致。埋好后排立柱后再埋前排立柱。前排立柱距后墙6米，与两山墙前端上口齐。每3.6米1根，深埋50厘米，地上部分80厘米，与后排立柱错开10厘米左右。埋好前排立柱后，在前、后两排立柱间按等距离埋第二、第三排立柱，位置与前排立柱冲齐，深埋50厘米左右。前面第二排地上部分1.9米，第三排地上部分2.4米。

5. 埋坠石

在山墙外1.3米处挖1.5米深的沟，将捆好铁丝的坠石排入沟内埋好踏实，铁丝一头（双股）露出地面，每头27块。

6. 上后坡铁丝

在后墙和后排立柱上架斜木棒，间距1.8米，与地面成45度角，用铁丝固定在后排立柱上，并上好两山木梯棒，木棒顶端与山脊齐。在后坡上共上6根铁丝，其中顶部2根，其余均匀分布，两端固定在坠石上，用紧线机拉紧，再用铁钉固定在木棒上。

7. 上后坡

先在后坡铁丝上铺一层塑料薄膜，纵向铺30厘米厚的玉米秸，再包一层薄膜，这样能防止玉米秸腐烂，延长使用寿命。玉米秸上面培土20～30厘米。

8. 上拱杆和横杆

拱杆为粗头直径9厘米、长8.5米的毛竹。将粗头固定在顶部2根铁丝上，小头固定在前排立柱上，然后再固定在第二、第三排立柱上，使其成微弓形，间距3.6米。拱杆与前排立柱割齐后上横杆，横杆用直径7厘米的鸭蛋竹。在前排立柱前或2根前排立柱中间埋戗柱，与前排立柱叉开20厘米，顶在横杆上。

9. 上前坡铁丝

棚前坡有18根8号铁丝，自横杆到顶部均匀分布，东西平行，拉紧固定在坠石上，用铁钉或铁丝固定在拱杆上。另外拱杆下面还有3根，上、中、下各一根，以备吊蔬菜用。

10. 上压膜垫竹

将直径1.5厘米的细竹捆在铁丝上，间距60～80厘米，并割去毛刺，以防扎破薄膜。

11. 上棚膜

用电熨斗或专用黏合剂将3米宽的聚氯乙烯无滴膜3幅粘成一大块，长度略小于棚长。上膜要选无风天气进行，以免鼓坏薄膜。需20～30人，先将众人分为5批，四批从四个方向拉紧薄膜，另一批人先从两山用竹竿缠紧薄膜，固定在铁丝上，再将两边用土压好。要求薄膜平、紧。

12. 上压膜竹

用18号铁丝将压膜小竹固定在压膜垫竹上，上部留20厘米以备放风。完成上述工作，一个冬暖式大棚就基本建好了，然后在棚前挖宽40厘米、深30厘米的防寒沟，用麦秸填好埋实，防止热量从棚前土壤中散失。气温降低时加盖草苫。在一山墙开门建缓冲房。最后上好草帘。草帘一般厚4厘米，宽2米，长度比屋面长0.5米。从东向西安装，西边的草帘要压住东边草帘20厘米左右，以便防风保温。每个草帘装两条拉帘麻绳，以便卷起和放下。

冬暖式大棚（日光温室）结构见图2-9。

图 2-9 各种冬暖大棚结构图

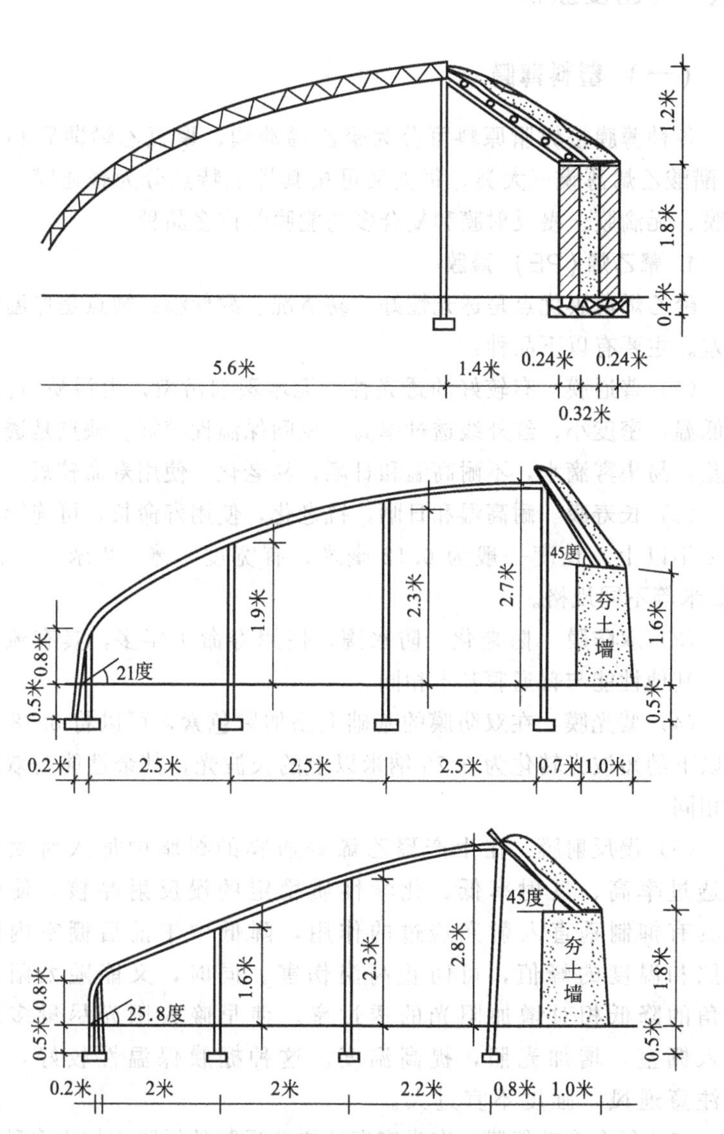

图 2-9 各种冬暖大棚结构图

六、育苗覆盖物

（一）塑料薄膜

各种薄膜按树脂原料可分为聚乙烯薄膜、聚氯乙烯薄膜和乙烯-醋酸乙烯薄膜三大类，每类又可按其性能特点分为普通膜、长寿膜、无滴膜、漫反射膜和复合多功能膜等许多品种。

1. 聚乙烯（PE）薄膜

聚乙烯薄膜优点是透光性好、易清洗、耐低温；缺点是保温性较差。主要有以下品种：

（1）普通膜　有较好的透光性，无增塑剂污染，尘污易清洗，耐低温，密度小，红外线透过率高，夜间保温性较好。缺点是透湿性差，易集雾滴水，不耐高温和日晒，易老化，使用寿命较短。

（2）长寿膜　耐高温和日晒，抗老化，使用寿命长，可连续使用2年以上。长度一般为0.12毫米，有宽度1米、2米、3米、3.5米等不同规格。

（3）双防膜　防老化、防水滴，使用寿命1年多，具有流滴性，其他性能与普通膜基本相同。

（4）紫光膜　在双防膜的基础上添加紫色素，可以将0.38纳米以下的短波光转化为0.76纳米以上的长波光，其余性能与双防膜相同。

（5）漫反射膜　在生产聚乙烯普通膜的树脂中加入对太阳光透过率高、反射率低、化学性质稳定的漫反射晶核，使薄膜具有抑制垂直入射光透过的作用，降低中午前后棚室内的光照和温度的峰值，可防止高温伤害。同时，又能随太阳高度角的降低相对增加阳光的透过率，使早晚太阳光尽量多地进入棚室，增加光照，提高温度。这种棚膜保温性较好，但应注意通风，强度不宜过大。

（6）复合多功能膜　在生产聚乙烯普通膜的树脂中加入多种特殊功能的助剂，使薄膜具有多种功能。该膜可集长寿、全光、防病、耐高温、抗低温、保温性强等于一体。生产复合多功能膜，还可根据购买者的具体要求专门定量定向生产。

2. 聚氯乙烯（PVC）薄膜

聚氯乙烯薄膜保温效果好，易粘补，但易污染，透光率下降快。

（1）普通膜　透光性好，耐高温和日晒，弹性好，透湿性较强，雾滴较轻。缺点是易污染，不易清洗，红外线透过率低，密度大，延伸率低。

（2）无滴膜　在生产聚氯乙烯普通膜的原料中加入一定量的增塑剂和防雾剂，使薄膜的表面张力与水相同或相近，薄膜下面的凝聚水珠在膜面可形成一薄层水膜，沿膜面流入棚室底部土壤，不至于聚集成露滴久留或滴落棚内。该膜抗老化，防水滴。

（3）无滴耐老化防尘膜　在生产无滴膜的工艺中，增加一道表面涂抹防尘工艺，这样既具有抗老化、防水滴的功能，又具有减少吸尘、透光率下降较慢、抗水滴持久等特点。

3. 乙烯-醋酸乙烯（EVA）薄膜

乙烯-醋酸乙烯薄膜保温性和透光率介于聚乙烯薄膜和聚氯乙烯薄膜之间，但其防雾滴效果更好。目前主要产品有多功能复合膜和光转换膜。

（1）多功能复合膜　生产该膜系采用醋酸乙烯共聚树脂，并使用有机保温剂，从而使中间层和内层的树脂具有一定的极性分子，成为防雾滴的良好载体，流滴性能大大改善，透光性强，在冬暖大棚上应用效果最好。

（2）光转换膜　在生产多功能复合膜的树脂中加入光转换助剂，把太阳光中的紫外光变为光合作用的可见光，促进植物的光合作用。其生产工艺与聚乙烯的紫光膜基本相同。

（二）不透明覆盖物

防寒覆盖物主要有草苫、草帘、纸被、无纺布（不织布）和聚乙烯泡沫软片等。遮阴覆盖物主要有遮阳网等。

1. 草苫

草苫依编织材料分，有稻草苫、蒲草苫和蒲苇苫，均由绳筋编织而成。草苫有较好的保温性，主要用来覆盖温室、大棚和中小棚夜间保温或遮挡风雪。

2. 草帘

草帘分稻草帘和蒲草帘两种。稻草帘由绳筋将稻草编织成一薄层；蒲草帘由绳筋将蒲草编织成一薄层。草帘比草苫薄，保温性不如草苫好，一般多用来覆盖小拱棚防寒保温。

3. 纸被

纸被用多层牛皮纸或包装纸制成。一般与草苫配套覆盖。具体使用方法是，先在棚室塑料薄膜上覆盖好纸被，然后再在纸被上覆盖草苫。这样既能提高防寒保温效果，又能减少草苫对棚膜的损伤。

4. 无纺布（不织布）

无纺布常用的是涤纶长丝农用不织布，多用作温室、大棚内覆盖保温，可做成不织布保温幕、不织布小棚等。不织布覆盖不但能在夜间提高棚内温度，还能降低棚室内的空气湿度。

5. 聚乙烯泡沫软片

聚乙烯泡沫软片是用聚乙烯作原料，经发泡工艺生产而成的，轻便、多孔、卷曲自如。一般多为白色，其保温性介于草苫和草帘之间。

6. 遮阳网

遮阳网系用塑料蛇皮丝编织而成。主要用于各种棚室遮阴育苗、防虫隔离和防高温、冰雹、暴雨。

第二节 常规育苗技术

一、育苗营养土的配制

育苗营养土是培育壮苗的基础。它是为满足幼苗生长发育对矿物质营养和水分需求组配而成的。育苗营养土要求疏松、透气、保肥保水特性强、富含各种养分、无病虫害等。

（一）原料

用于配制育苗营养土的原料有园土、河泥、炉灰、厩肥、牛粪、骡马粪、家禽粪、人粪尿等。

（二）配方

苗床营养条件的好坏对幼苗的生长发育起决定作用。苗床营养土的组成不仅要有各种矿物质元素、丰富的有机物质，同时，还要有良好的物理结构。据此可用上述原料因地制宜组合配方。如60％园土＋10％草木灰＋30％人粪尿，或80％园土＋20％鸡粪，或70％园土＋10％河泥＋10％家禽粪＋10％厩肥，或50％园土＋15％沙泥＋25％厩肥＋10％家禽粪混合而成。

（三）调制

营养土按各种原料的配合比例掺匀调好，在每立方米营养土中再加入尿素0.25千克、过磷酸钙1千克、硫酸钾0.5千克，或者加入三元复合肥1.5千克，以增加营养土中的速效肥含量。营养土在育苗或装钵前应充分调匀并过筛。

（四）注意问题

在配制育苗营养土时，应注意：

(1) 原料中的有机肥一定要堆沤腐熟，以免发生烧苗或传播病菌、虫卵。

(2) 加入速效化肥，要严格按比例掺入，并充分调和均匀。

(3) 选用的园田土应与所育幼苗不重茬。

二、育苗容器（营养杯）的选择

（一）营养杯(钵)

营养杯（钵）是在营养土块的基础上创制的育苗容器。目前生产中常用的主要有纸筒、塑料杯（钵）、育苗盘等。

1. 纸筒

纸筒以旧报纸为材料折叠黏合而成。具体做法是：先裁好旧报纸，大张（对开）报纸横八竖二折叠，裁成16小块；小张（四开）报纸横四竖二折叠，裁成8小块。然后将裁好的长条纸短边用糨糊粘住，这样就成为高10厘米、直径约为8～9厘米的圆纸筒。这种规格的纸筒一般用来培育瓜类或其他不分苗的大规格幼苗。对一些苗期根系较小，或根系再生能力较强的蔬菜育苗时，可使用较小规格的纸筒，如可将对开的大报纸横十竖三折叠，裁成30小块；四开的小报纸横五竖三折叠，裁成15小块。然后与大规格的纸筒粘成高约8厘米、直径约6厘米的圆纸筒。

播种前一天装纸筒。装时一人在床畦内摆放纸筒，一人往纸筒里装营养土。装土时先装至三分之二处，用手指或木棒轻轻捣几下，然后再继续装，使其上松下紧。纸筒不可装得太满，以土面与纸筒上口相平为宜。

2. 塑料袋（筒）

利用废旧塑料薄膜剪成长20～30厘米、宽8～10厘米的长条，用缝纫机或订书机将两个短边缝接起来，成为圆筒。这是在过去塑料袋的基础上改进的。过去使用有底的塑料袋育苗，底部需扎上几个渗水眼（小孔），既费工又束缚幼苗根系的伸展。使用直径为6～8厘米的塑料筒更为简便，只要截成8～10厘米高的圆筒即可。将配好的育苗营养土装入筒中即能育苗。装入营养土的方法与1完全相同。

3. 塑料钵

塑料钵是由工厂或作坊生产的，专门用于育苗的成品钵。其形状如小花盆，有多种规格，也可以定做。用塑料钵育苗，虽然一次投资较大，但可以连续使用多次，而且使用方便，育苗效果好，便于运输，且不散、不破钵，是较理想的育苗容器。

用塑料钵育苗，是把营养钵并排在育苗畦面上，装满营养土后用手镐落实，有装不满的再装满，然后用耙子耙平，播种前浇水时，再检查一下畦面（钵内的土）平不平，沉下去的再放上点营养土，把畦面找平。

（二）育苗盘

我国目前采用较多的是塑料片材吸塑而成的美式盘，一般长54.6厘米，宽27.5厘米，深度因孔径大小而异。根据孔径大小和孔数的不同，可分为各种规格。此外，目前市场上还出现韩式盘，读者可根据质量和价格比较后选用。我国北方冬春育西瓜苗多选用50孔盘。

育苗盘可用于工厂化育苗和无土育苗，也可用于棚室内育苗。可常年反复使用，且易于长途搬运幼苗。

三、播种前的种子处理

（一）种子消毒

蔬菜苗期的病害，常因种子带菌传播所致。对可能带有病菌的种子，应进行消毒，以杀死种子上所带的病菌，防止病害的传播。蔬菜种子消毒的方法主要有以下几种：

1. 温水浸种

温水浸种也叫温汤浸种，即将蔬菜种子浸泡于55℃的温水中搅拌15～30分钟，然后自然冷却取出种子进行浸种催芽。或者先将种子浸入冷水中1～3小时，使种皮吸收较多的水分，让种子上的病菌恢复活动，以利于被温水杀死。然后将种子放入55℃的热水中浸泡杀菌。在热水中浸泡的时间长短，以病菌的耐热能力而定。如蔓枯病菌在55℃条件下经10分钟死亡，用热水浸种即可浸15分钟。防治炭疽病可浸种15分钟，防治枯萎病可浸种10分钟，防治病毒病可浸种30～40分钟。在浸种时间内水温一定要始终保持55℃，水温过高会烫伤种子，水温不足起不到杀菌的作用。如水温降低，可加入热水。在浸种时间内，要适当搅拌，防止种子受热不均匀。如种子受热不均匀，有的种子可能被烫伤。浸足时间后，应立即将种子捞出，放入冷水中降温。如采用点播机直播时，浸种后可晾干种皮播种，如果阳畦育苗或人工点播，可接着浸种催芽。

2. 开水快速烫种

开水快速烫种即用 90℃以上的热水快速烫种消毒，并接着浸种。具体方法是先准备好两个水瓢（或塑料水勺），在一个瓢内盛开水，一个瓢内盛种子，将种子倒入盛开水的瓢内，立即迅速往返倒换，直至水温降到 50℃左右时，捞出种子，另换 30～40℃的干净温水，在室温下浸泡 8～10 小时，搓洗数次，然后捞出催芽。注意在烫种时一定要迅速不停地从这个瓢倒入那个瓢，停留时间稍长就可能烫伤种子。

3. 药剂消毒

药剂消毒就是把可能带有病菌的西瓜种子浸入药液中消毒。防治枯萎病和蔓枯病，可用 40%福尔马林水剂 150 倍液，浸种 30 分钟；也可用 50%多菌灵可湿性粉剂 500 倍液，浸种 1 小时；或用 2%～4%漂白粉液，浸种 30～60 分钟。防治炭疽病，除可用上述药剂和浸种同样时间外，还可用硫酸链霉素 100～150 倍液（必须用蒸馏水稀释），浸种 10～15 分钟。此外，10%磷酸三钠浸种 10 分钟可防病毒病；二氯萘醌、福美双（TMTD）、克菌丹等均可进行种子消毒。

西瓜种子用药剂浸种后，必须用清水冲洗净药剂才可进行浸种催芽，否则可能发生药害。

4. 强光晒种

在春夏季节育苗时，可选择晴朗无风天气，把种子摊在布、纸或草席上，厚度不超过 1 厘米，使其在阳光下暴晒，每隔 2 小时左右翻动一次，使其受光均匀。阳光中的紫外线和较高的温度，对种皮上的病菌有一定的杀伤作用。晒种时不要放在水泥地、铁板或石头等物上，以免影响种子的发芽率。晒种除有一定的杀菌作用外，还可促进种子后熟、增强种子活力、提高发芽势与发芽率、打破休眠期等。

（二）种子锻炼

为了增强西瓜幼苗的抗寒力，促进秧苗的生长发育，对萌动的种子可进行低温或变温锻炼。经低温或变温锻炼的种子，可使胚芽的原生质黏度发生适应低温的变化，使原生质的持水力增强。因此，经过锻炼的种子发芽粗壮，生长发育期提早，苗期根系抗低温能力增强。

低温锻炼种子的方法是把萌动的种子放于1～5℃的低温中1～2天，然后再置于适温中催芽。实验证明，用高、低温交替的变温锻炼效果更为显著。变温锻炼的方法是把萌动的种子先置于2～5℃中6～8小时，再置于18～22℃中6～8小时，如此反复直到催芽结束。

（三）浸种

为了加快种子的吸水速度，缩短发芽和出苗时间，一般都应进行浸种。浸种的时间因水温、种子大小、种皮厚度而异，水温高、种子小或种皮薄时，浸种时间短；反之，则浸种时间延长，一般在6～10小时内。将经过灭菌消毒处理的种子，洗去表面的药液和黏质物后，在准备好的水中浸种。

1. 冷水浸种

用室温下的冷水浸种，一般6～10小时即可，浸种期间每隔3小时左右搅拌1次。

2. 恒温浸种

用25～30℃的温水，在恒温条件下浸种，一般浸4～6小时。

3. 温烫浸种

温烫浸种是常用的浸种方法，具体方法见（一）种子消毒1。

4. 浸种注意事项

（1）浸种时间要适当　时间过短时种子吸水不足，发芽迟缓，甚至难以发芽；时间过长则会导致吸水过多，造成浆种，同样影响种子发芽。用冷水浸种时，浸泡时间可适当延长，温水或恒温条件下浸种时，浸泡时间应适当缩短。

（2）不同方法浸种时间不同　利用不同消毒灭菌方法处理的种子，浸种时间应有所区别。如用高温烫种的，由于在温度较高的水中，种子软化的速度快，吸收速度也快，达到同样的吸水量所用浸种时间会大大缩短，若用25～30℃的恒温浸种时，所需时间会更短，一般3个小时即可达到种子发芽的适宜含水量，浸种时间再长，反而会因吸水过多而影响种子发芽，严重者会使种子失去发芽能力。药剂处理时间较长时，浸种时间也应适当缩短。

（3）洗去种子表面的黏附物　浸种完毕，将种子在清水中洗几遍，并反复揉搓，以洗去种子表面的黏附物，以利于种子萌发。

（四）种子催芽

催芽就是在人工控制条件下，促使种子加快发芽的过程。种子吸足水分以后，只要环境条件适宜就会萌动发芽。这时所要求的环境条件主要是温度。只要是在蔬菜种子适宜的温度范围内，随着温度的升高，发芽速度逐渐加快。因此，通过人工控制适宜的温度条件，加快种子萌发过程，促其尽快发芽，对于加快蔬菜出苗保证一播全苗具有重要的作用。

1. 种子催芽的方法

（1）恒温箱催芽法　该种方法最为安全可靠。科研或生产上常用的恒温芽箱或恒温培养箱，因有自动控温装置，能控制恒定的温度。催芽时先将控制盘或控制旋钮调到适宜的刻度上，打开开关通电加热。然后将湿纱布或湿毛巾放在一个盘或其他容器上，把种子平摊在湿纱布上，再盖上1～3层湿纱布，种子要摊匀。最后，将盘放入恒温箱中，令其催芽。每天要将种子取出1～2次，用干净的温水冲洗，沥干水后再重新放入。当胚根露出时即可播种。这种方法温度稳定，发芽条件好，发芽快而整齐。如果没有恒温箱，也可自制温箱进行催芽。自制温箱的方法是，取完整的小纸箱一个，将一只100度的红色电灯泡或白炽灯泡，接通电源并放入纸箱内（电灯线最好用花线，由纸箱上盖穿孔引入），使灯泡吊在纸箱下方正中。然后将经过浸种的蔬菜种子放在离电灯泡下5厘米左右的位置，盖好纸箱保温催芽。要每隔4～5小时检查一次，可取出种子，用温水浸湿纱布后再包好种子，当胚根露出后即可播种。

（2）火炕催芽　在热炕上铺一层塑料薄膜，在薄膜上再铺一层湿布，然后将浸过的蔬菜种子和一支管式温度计用纱布包好，放在湿布上，上面再覆盖一层塑料薄膜，最上面盖棉被等保温。每隔

4～5小时看一下温度计，使催芽温度维持在该菜种发芽的适宜温度下，当胚根露出后即可播种。如温度低时应烧火加温；温度高时可将种子由炕头向炕尾温度较低处移动，也可在放种子的炕面上垫一层隔热物（纸或布等）。尤其是夜间应特别注意观察温度的变化情况。

（3）保温瓶催芽　利用保温瓶催芽是近年来菜农创造的一种简易催芽法。具体做法是先将保温瓶及纱布用开水烫过，然后将浸过种的蔬菜种子用湿纱布包起来放入保温瓶内，瓶口不要加塞，只用纱布或棉花盖一下即可。这种方法催芽时间稍长些。

（4）体温催芽　利用人的体温进行催芽，这是山东、河北、天津、河南等省市老蔬菜产区经常采用的一种催芽方法。其做法是将浸过种的蔬菜种子用湿纱布包好，放在清洁的塑料袋内，使塑料袋敞着口，再放入布袋，缠于腰间即可。由于人的体温十分恒定，而且衬衣外、外衣内的温度均在30℃左右，很适合蔬菜种子发芽所需的温度。

（5）热水催芽　先在较大的盆内放入40～50℃的热水，再将浸过种的蔬菜种子用湿纱布包好放在另外一个小盆内，并将小盆放于盛热水的大盆中，上面用麻袋片盖好。当大盆内水温降低后，及时再加入热水，使温度保持在40～50℃。

2. 催芽时出现种皮开口的原因

瓜类蔬菜种子在催芽过程中，有时会出现种皮从发芽孔（种子嘴）处开口，甚至整个种子皮张开的现象。种皮开口后，水分浸入易造成浆种（种仁积水而发酵）、烂种，胚根不能伸长等。就是暂时不浆不烂的种子，也不能顺利完成发芽过程而夭折。发生这种情况的原因有以下几种：

（1）浸种时间过短　瓜类种子的种皮是由四层不同的细胞组织构成的，其中外面的两层分别是由比较厚的角质层和木栓层组成的，吸水和透水性较差。如果种子在水中浸泡时间短，水分便不能渗透到内层去。当外层吸水膨胀后，内层仍未吸水膨胀，这样外层种皮对内层种皮就会产生一种胀力；但由于内外层种皮是紧密地连在一起的，而且外层种皮厚，内层种皮薄，所以内层种皮便在外层种皮的胀力作用下，被迫从发芽孔的“薄弱环节”处裂开口。

（2）催芽时湿度过小　瓜类种子经浸种后，整个种皮都会吸水而膨胀。在进行催芽时，由于温度较高，水分蒸发较快，如果湿度过小，则外层种皮很容易失水而收缩，但内层种皮仍处于湿润而膨胀的状态。这样一来，内外层种皮之间便产生了胀力差，又因内外层种皮是紧密地连在一起的，加之内层种皮较薄，所以内层种皮便会在外层种皮收缩力的作用下被迫裂开口。

（3）催芽时温度过高　瓜类蔬菜种子催芽温度一般应维持在25～30℃的范围内。如果催芽时，温度超过40℃的时间在2小时以上，就很容易发生种皮开口现象。这是因为高温使西瓜外层种皮失水而收缩，从而出现与催芽时湿度过小相同的原因而使种子裂开口。

四、播种

（一）适宜播期的确定

播种的最佳时间叫做适宜播种期，简称播种适期。西瓜的播种适期应根据品种、栽培季节、栽培方式和苗龄要求等条件来确定。

1. 品种

不同品种有不同的生育期。同时，不同品种之间，在耐低温、抗旱及耐涝等方面也有一些差别。所以，生产中一般将生育期较长的早播种，生育期较短的晚播种；将耐低温的早春播种，将抗旱的品种旱季播种，将耐涝的品种雨季播种。

2. 栽培季节

由于我国地域辽阔，气候复杂，从而形成了不同的栽培季节。在不同的栽培季节里，也都有最适宜的播种期。播种适期根据当地的气温、光照、降雨、霜期等气候条件和栽培方式来确定。春季露地直播栽培，最适宜的播种期是在当地终霜后开始播种。夏季栽培，最早播种时间一般在5月底或6月上旬，最晚的播种时间应考虑西瓜成熟前不受初霜危害，一般可在当地初霜前90～120天（主要根据品种生育期而定）播种。我国秋季栽培和冬季栽培除海南岛外，必须有保护设施，适宜的播种期可因保护设施的不同而异。

3. 育苗方式

西瓜育苗方式主要有露地直播、阳畦育苗、温床育苗、棚室育苗、嫁接育苗、无土育苗及工厂化育苗等。由于各地气候不同，不仅不同的育苗方式其播种适期不同，就是同一育苗方式其播种适期也不尽相同。

4. 苗龄要求

不同的栽培方式对苗龄有不同的要求。苗龄通常以育苗期的天数和相应的幼苗形态标准来表示。如：在阳畦育苗条件下，西瓜苗龄 30 天左右。当定植时间确定后，以适宜苗龄的天数向前推算，即为育苗适宜的播种期。

总之，播种期的确定，要以早熟丰产为目标，以培育适龄壮苗为前提，根据西瓜生长发育特点、育苗设备、育苗技术水平等条件，因地制宜地灵活掌握。要特别防止不顾实际条件，盲目追求早播早成苗，造成适龄壮苗不能及时定植，在苗床中拥挤徒长或因过度靠苗形成小老苗。

（二）播种方法

播种前，育苗畦要浇足底水。冬春育苗时，为了避免因浇水降低土（基质）温，浇水后覆盖保温，当土温升高后再进行播种。播种后出苗前一定不要再浇水。

播种要选晴暖天气，最好能在午前播完，使播种后有一定时间接收阳光，以提升畦温。但遇到天气阴冷不能播种时，决不能凑合下种，一定要等到晴天再播种，否则播后床温提不起来更不好。在这种情况下，可把种子放到冷凉的地方，上面盖上湿布防止根芽干燥，等好天气再播种。提前浇底水的，若畦面不湿润时，播种之前要再喷些温水，以保持畦面湿润；若畦面过湿时，可先在畦面撒一层薄薄的细干土再播种。播种时，让瓜种平放点播。即在营养土块、营养钵或育苗盘基质中浇足底水，当水渗下后，将种子（芽）放于这些育苗容器的中间位置，随播种随用少量细湿土覆盖种子。当全畦播完后再全畦面覆土。覆土厚度 1.2 厘米左右，并要掌握厚薄均匀一致。覆土后，立即把苗床及其加温、保温设施盖好，以利于提高苗床温度，促进幼苗出土。

露地育苗直播时，为了出苗快而整齐，播种后还可分期多次覆土。尤其是无籽西瓜和种粒很小的品种，更适宜分期多次覆土。具体做法是：播种当天进行第一次覆土，覆土厚度 0.5 厘米左右；第二次覆土在播种后 2～3 天幼苗刚刚出土时，覆土厚度 0.3 厘米左右；第三次覆土在幼苗出齐后，子叶展开时，再覆土 0.3 厘米左右。为什么要进行分期覆土？一是先薄覆土易升高土温促进种芽生长，及早出土；二是能把种芽顶土和出苗时破裂的土缝堵严，并有利于种皮脱帽；三是保持床土湿润，有利于保墒和根系发育。

五、 苗床管理

（一） 环境管理

1. 温度管理

苗床在温度的控制与调节上应掌握几个关键时期：从种子萌动到子叶（指 90％子叶，下同）出土前要求床温较高，一般要求晴天 28～30℃，阴天 25℃左右。这时如果床温低，会使出土时间延长，种子消耗养分多，出苗后幼苗瘦弱变黄，子叶出土后应适当降温，晴天 22～25℃，阴天 18～20℃，以防下胚轴过长。当 90％植株的第一片真叶展出后，再逐渐提高床温到 25～27℃。定植前一周应逐渐降温蹲苗，使床温由 27℃降到 20℃左右，直到和外界气温相一致。

苗床温度的控制与调节，因育苗设施的不同而异。阳畦育苗或温床育苗主要靠揭盖草帘和开关通风口来进行。通风口的大小，是靠掀开覆盖苗床塑料薄膜部分的大小来调节（可用两块砖头或石块支起，中间形成通风口），掀开的部分越大，通风量越大。斜面阳畦、温床的通风口，一般都设在南侧和两头；拱形阳畦、温床的通风口，可设在建床覆盖塑料薄膜时没有固定死的临时压膜一侧。子叶出土后，为了加强光照和延长光照时间，除阴雨天外，可于每天上午 10 时至下午 4 时揭开草帘日晒，下午 4 时以后再盖上草帘。

随着天气渐暖，真叶展出后，要及时通风降温，随着气温的回升，通风口由小到大，通风时间由短到长，直到除掉所有覆盖物进行锻炼。

另外，通风口的位置也应及时调换。一般每隔 5 天左右调换一次，以保持苗床内温度、湿度及气体等条件相对一致，促使幼苗健壮而整齐。

温室和塑料大棚内苗床温度的控制与调节，主要依靠天窗的开闭及草帘的揭盖进行。如果属加温温室或大棚，还可通过提高或降低加温温度来进行调节。

电热温床的温度，可通过电热线功率、布线时的线距来控制。电热线功率越大，升温越快，床温越高；线间距越小，升温越快，床温越高。反之，电热线功率越小，升温越慢，床温越低；线间距越大，升温越慢，床温越低。调节电热温床的温度，还可通过控温仪进行。转动控温仪的调节旋钮，可改变通向电热线的电流强度，从而改变电热线功率的大小，以达到调节床温的目的。

2. 湿度管理

苗期要求较高的土壤湿度。一般要求土壤湿度达到田间持水量的 85%～90%（以下简称相对湿度）。尤其是种子萌发时需要更大的湿度，通常为 90%～95%的土壤相对湿度。幼苗期单株需水量虽然不大，但由于根系不甚发达，吸水面积小，而且苗床中瓜苗密挤，温度又常较外界高，地面和叶面总蒸发量很大，所以应当使苗床内土壤经常保持湿润。但为了使西瓜苗根系发达，培育壮苗，减少苗床内病害的发生，床内空气湿度不可过大。

西瓜苗床湿度管理总的要求是：一般应维持 80%左右的空气相对湿度。播种时浇足底水后，直到瓜苗出土前一般可不浇水。子叶展平阶段控制地面见干见湿，以保墒为主。苗床保墒主要是在床面撒一层薄薄的细沙土（俗称描土），以降低土壤水分蒸发量，并可以预防幼苗猝倒病和立枯病。真叶展出后，若地面见干时可用喷壶喷水。喷水一般要在晴天上午进行。以后随着温度的回升及地上部幼苗叶面积的扩大，喷水量可逐渐增加，一般可每隔 3～5 天喷水一次。直到定植前数日停止喷水，进行蹲苗。到幼苗第 3～4 片真叶展出时，即可定植于大田中。

上述湿度的管理，适用于温室、大棚、电热温床及阳畦、温床等设施内的所有苗床，但特别值得注意的是，阳畦苗床喷水时，每次的喷水量以充分湿透营养土块或营养纸袋为限度。如果吸水太大，容易降低苗床温度，根系长期处于温度低、湿度大的环境中，有可能引起沤根。如果每次喷水量很小，必然要增加喷水次数，这样一方面会造成苗床土壤板结，另一方面会影响幼苗根系的正常生长。其他有加温设备或有酿热物的苗床，由于床温较高，每次喷水量可适当多一些（每平方米苗床喷水 10～15 千克）。喷水时最好能将井水晒温或加入少量热水，使水温在 15℃以上。

各种设施内的苗床，分别通过相应的通风设备（如天窗、通风口）及揭盖塑料薄膜部分进行通风换气，使苗床内湿度大的气体与外界湿度小的气体进行交换，从而降低了苗床内的空气湿度。

3. 苗床的光照管理

阳光是幼苗叶片光合作用的能量来源，育苗期间的光照条件好坏直接关系到幼苗的生长和苗的壮弱。因此，出苗后要千方百计增加床内光照。若光照不足，幼苗茎细叶薄，光合产物积累少，容易徒长，并致使根系生长不良，移栽后缓苗慢，生育期延迟，进而还会影响到产量。增加光照的措施主要是及时揭开覆盖物，一般当日出后气温回升（一般在上午 8～9 时）就应及时揭开草苫等覆盖物，使幼苗接受阳光，下午在苗床温度降低不太大的情况下适当晚盖覆盖物，以延长幼苗受光时间。同时，也要经常扫除塑料薄膜上面的污物，如草、泥土、灰尘等，以提高薄膜的透光率。到育苗后期，瓜苗较大，外界气温稳定在 20℃左右时，即可将塑料膜揭开，使幼苗直接接受日光照射，提高叶片光合能力。揭膜要由小到大逐渐进行，循序渐进，使幼苗逐步适应外界环境，防止一次揭开，而使幼苗受害。当揭开薄膜，发现幼苗萎蔫叶子下垂时要立刻盖好，待幼苗恢复正常后，再慢慢揭开。

值得特别注意的是，遇有阴雨天气时，不要因为没有阳光而一直不揭草苫，幼苗长期处于黑暗条件下也会徒长，造成弱苗。所以可在阴雨天气尤其是连阴天的情况下，白天只要床内气温不低于

16℃，也要揭开草苫，靠周围的散射光，幼苗仍可进行一定的光合作用。如果气温较低时，可采取一边揭一边盖的方法，既不降低床温，又可增加光照。

（二）其他管理

1. 西瓜育苗期间的浇水

培育健壮的幼苗，除了揭盖草帘、增加光照、控制床温、适当通风外，浇水是一项十分重要的技术措施。育苗期间，除按幼苗正常生长发育对苗床湿度的要求合理浇水外，苗床浇水时，应注意以下几项具体技术问题：

（1）育苗前期要浇温水　育苗前期，气温、地温均低，瓜苗幼小，浇水时尽量不要浇冷水，以免降低床温，影响幼苗根系的吸收和根毛的生长。确实需要浇水时，可浇15℃左右的水。

（2）要分次浇水　苗床浇水一般采用喷水的方法，为了准确掌握浇水量，要分次喷水，不要对准一处一次喷水过多。对于苗床同一部位要均衡地先少量喷水，等水渗下后再喷第二次，以防止局部喷水过多。

（3）苗床不同部位的浇水量要不同　苗床的中间部分要多喷水，靠近苗床的四周要适量少喷水。这样，可使整个苗床水分一致，能够保证整个苗床内的幼苗生长整齐一致。这是因为，在苗床内靠近南壁的床土，由于床壁挡光，土温较低，蒸发量也较小，依靠由中部床土浸润过来的水分基本上就能满足幼苗生长的需要，故应少喷水或不喷水。苗床的中间部分接受阳光较多，温度较高，蒸发量也很大，故应多喷水。靠近苗床北壁的床土，由于床壁反光反热，温度条件较好，如果浇水量和苗床中部一样多，幼苗就容易徒长（高温高湿幼苗极易徒长）。但也不可浇水过少，因为如果浇水不足，又容易使幼苗老化，所以这一部位可比苗床中部适当少浇水。

2. 松土

在育苗期间，适当进行中耕松土，不仅可以增加土壤中的空气含量，提高土壤的透气性，促进根系生长；还可以调节土壤湿度，提高床土温度。在床土湿度大、温度低的情况下，其效果更为明显，中耕的时间一般可从出全苗后开始。当瓜苗出全以后，将床面松锄一下，但深度要浅，一般1厘米左右为宜，这时松土的主要作用是弥补床面裂缝。当幼苗破心时再锄1次，以促进根系发育，有利于培育壮苗，以后可根据实际情况中耕2～3次。一般是在每次浇水后的1～2天，进行1次松土，可以消灭杂草，破除板结，提高土壤温度，调节其湿度。松锄时开始要浅，以防伤害根系，随着瓜苗的长大，可逐步加深，深度以2～3厘米为宜，但也不宜过深。

3. 追肥

幼苗期视苗情追施1～2次有机肥和氮素化肥，以促进幼苗生长。幼苗长势良好时，追肥1次，在3～4片真叶时进行，在植株南侧20厘米处开沟，深15厘米左右，每亩施腐熟饼肥40～50千克，或人畜粪400～500千克；若幼苗长势较弱，可追肥2次。第一次在二叶期，在瓜苗南侧15厘米处开穴，每亩施入尿素60～70千克。第二次在团棵后，在瓜苗北侧开沟，每亩施腐熟饼肥40千克，或芝麻酱60～70千克。另外，当幼苗生长不整齐时，可对个别小苗、弱苗增施“偏心肥”。施用方法是：在离幼苗基部10厘米处，用木棍捅一直径2～3厘米、深10厘米左右的洞，施入适量尿素后点水盖土；或将尿素溶于水中，配成浓度为0.5%的溶液，在幼苗基部开穴浇施，每株用液量0.5千克左右。

4. 保护好子叶

子叶是发芽后最早长出的营养器官，也是幼小植物株最早能进行光合作用的器官，从而开始由异养阶段走向自养阶段。以后的根、茎、叶等器官的生长发育也都是在此基础上进行的。所以，子叶大而厚，色浓绿，在光照条件下，就意味着有旺盛的光合作用，因而幼苗就会生长健壮。与此相反，当子叶受伤、缺损或子叶小而薄，色淡黄时，同样在光照条件下，就意味着光合作用低下，制造的养分很少，因而幼苗生长就会衰弱。以后的根、茎、叶等器官的生长发育也会受到不良影响：根系细弱，次生根很少；茎细弱，抗逆性差；真叶展出推迟，花芽发育受阻。

在子叶正常发育情况下，经3～4天真叶即可展出，此时光合作用逐渐增强。当子叶展开后10～15天，多数蔬菜幼苗可有2～3片真叶展出，这时，幼苗就主要依靠真叶进行光合作用了。但这时只要子叶还健在，就仍然能对根系和茎叶提高某些特定物质，如氨基酸、生物酶等。同时育苗时一定要保护好子叶。

5. 育苗期间遇不良天气的对策

我国北方冬春育苗期间常受不良天气（如阴天、雨雪天甚至遭受寒流）侵蚀，因此做好不良天气的苗床管理，是育苗成败的关键。

连阴天气温下降时，应尽量早揭晚盖草帘子，使幼苗有一定的见光时间，更不可连续几天不揭帘子。因为幼苗在黑暗环境中，植株体内营养物质消耗大，时间一长叶绿素分解，叶色变黄，幼苗软弱，晴天后突然揭帘，秧苗会萎蔫死亡。当然揭帘子要在外界温度稍高时进行。对于有加温设备的苗床（如温室、电热温床及酿热温床等），应控制苗床内的温度比晴天低3～4℃，切不可在阴天加温过高，造成幼苗徒长。阳畦育苗无加温设备，要增加覆盖物保温。

降雪天气要盖好草帘，雪停后应立即扫雪，以保持草帘干燥，并及时揭开草帘使幼苗见光。

下雨天要防止草帘淋湿而降低保温作用，最好在草帘上再覆盖一层塑料薄膜；白天气温较高时，可揭开草帘，但要防止雨水进入苗床内而降低苗床温度和增加湿度；如夜间有降温可能，还要盖上帘子，以防冻害。

另外，如果连阴天或雨天过后，天气突然转晴，应当逐渐增加幼苗的光照时间。第一次揭帘子后，要对幼苗仔细观察，如果幼苗有萎蔫现象，应当适当盖帘子遮阴，待幼苗恢复正常后再揭去帘子。这样反复进行，直到幼苗不再有萎蔫现象为止。

6. 育苗中的劣苗

徒长苗、僵化苗（小老苗）、伤病苗等均称为劣苗。育苗中应尽力避免这类幼苗出现。

（1）徒长苗　徒长苗的植株形态表现主要是茎细长，节稀疏；叶片薄而色淡，叶柄脆而细长，子叶脱落早，基部叶片易枯黄；主根较浅，侧根较少。凡是徒长苗大多易早衰，且抗性差，不宜早定植。

(2) 僵化苗（小老苗） 植株表现主要是茎细而硬、叶小而黄，根少而色暗，生长缓慢，花芽分化推迟，生长发育迟缓，易衰老。

(3) 伤病苗 伤病苗可以在茎叶上看到各种损伤或病虫斑。有些病苗的地上部分虽然看不出病伤斑，但茎叶生长却表现不正常。这时要仔细观察根部是否有伤病表现，尤其要注意新生根和根毛的生长情况或颜色变化。

壮苗在植株形态上与劣苗有明显差异，主要表现是茎粗短、节紧密、叶肥大、色浓绿、根深须多（根系发达）、无病虫害、无损伤、抗逆性强、生长健壮、发育良好等。生产中对西瓜壮苗的要求标准是：子叶肥大，胚轴粗壮，真叶舒展，根系发达，侧根较多，根毛雪白、新鲜。

以上劣苗的外表形态与壮苗的外表形态是相对比较识别的，这种办法也是生产上通常所采用的一种标准。从植物体的内部结构上看，壮苗体内的厚角组织和木质部都比徒长苗发达，组织较坚韧，能起到好的支持作用，所以壮苗的茎和叶挺直，而徒长苗的茎和叶萎软。壮苗表皮细胞膜的角质化程度比徒长苗的也厚，这对防止病菌侵入和减少水分蒸发都有良好的作用。壮苗细胞内干物质含量较多，水分较少；徒长苗内则都不具备这些条件，含干物质多的幼苗，由于养分充足，生长发育好，抗性强，壮苗内含糖量多，使细胞液的浓度增加，不易结冰，所以壮苗抗寒力强。

总之，徒长苗、僵化苗、病苗都称为劣苗。而壮苗与劣苗是相对而言的，既不能绝对分清，又不能一成不变，劣苗在育苗技术条件较好的情况下也可能变为壮苗，同样壮苗在技术条件不好的情况下也会变成劣苗，这就要看苗期的管理技术水平了。

7. 防止瓜苗徒长

所谓徒长，就是指生长过旺而不健壮的现象。一般由于水分和氮肥过多，温度较高，光线不足或密度过大，茎叶迅速伸长，过分密挤，从而造成形似茂盛、实不健壮的生长现象。秧苗徒长后，因组织变脆嫩细弱，易引起倒伏，推迟花芽分化和发生病虫害。徒长苗茎长而细，叶大而薄，色淡绿；根系少，吸收能力差；机械组织柔嫩，角质层不发达。造成徒长的原因，主要是由于秧苗密度过大，互相拥挤遮阴。光照不足，光合作用减弱，使秧苗体内干物质含量少。此外，床温过高，不通风，呼吸作用强烈，消耗养分较多，植株体内干物质含量迅速减少，使秧苗生长虚弱，在床土氮肥与水分供应充足的条件下，就更易徒长。

防止秧苗徒长的主要办法是，针对发生徒长的原因，反其道而行之，例如：防止秧苗过密拥挤，增加光照；保持适宜的苗床湿度，温度过高湿度过大时，加强通风，控制浇水或撒施草木灰、细干土除湿；移栽定植前加强秧苗锻炼等。

8. 西瓜壮苗标准

壮苗是丰产的基础。无论育子叶苗移栽或育大苗移栽，都选用壮苗。直播栽培，在田间定苗时也应选留壮苗，间掉徒长苗和弱苗。壮苗和弱苗容易区分，而壮苗与徒长苗却容易混淆，这是因为，徒长苗看来似乎比壮苗生长较大的缘故。其实，这只是表面现象。西瓜的壮苗与徒长苗，在形态特征上有明显的不同，通过对1000多株西瓜子叶苗的调查发现，凡是壮苗，其子叶不但肥厚，而且纵径与横径之比平均为1.53；徒长苗不但子叶较薄，而且纵径与横径之比平均为1.72。壮苗下胚轴长与粗之比平均为11.87；徒长苗下胚轴长与粗之比平均为26.17。所以，壮苗子叶宽厚，下胚轴粗短；徒长苗子叶窄薄，下胚轴细长（图2-10）。

（1）壮苗的主要形态特征　在子叶阶段，胚根粗壮，已发生许多一次侧根，下胚轴粗而短，子叶阔大而肥厚，颜色浓绿；在幼苗阶段，根系发达，4片真叶时一般可发生2～3次侧根，主根长可达20～30厘米；叶柄粗短，叶片肥大，叶脉粗壮。

（2）徒长苗的主要形态特征　在子叶阶段，下胚轴细长，而且呈现上部细、基部粗的长锥形；在幼苗阶段，根系不发达，侧根少；叶柄细长，叶片狭长而薄，叶脉细。

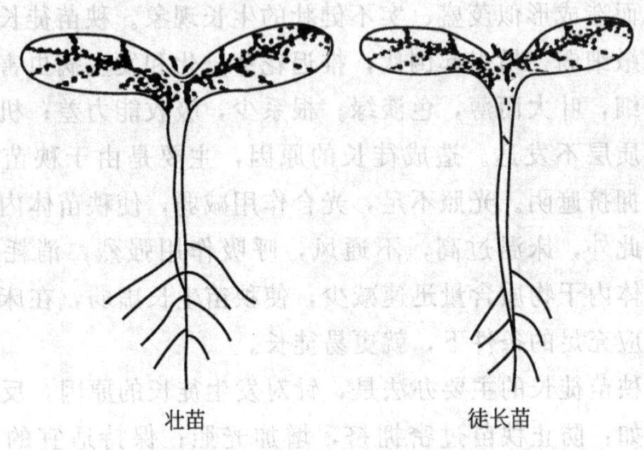

图 2-10　西瓜的壮苗与徒长苗

第三节　嫁接育苗技术

一、嫁接育苗的好处

（一）借根抗病

土传病害是西瓜育苗和栽培中的重大问题。尤其是在设施栽培条件下，因不便轮作换茬，其病害更为严重。而采用抗土传病害强的作物为砧木，进行嫁接换根，就可以有效地防止土传病害的发生。例如瓜类的枯萎病就可采用嫁接换根的办法予以避免。

（二）增强长势

砧木的根系和生长势一般都比接穗强大，因而促进了接穗茎叶的旺盛生长，提高了整个植株的生长势。发达的根系，可以吸收更多的水分和矿物质，供地上部生长和积累所需。生产中亦证实，嫁接栽培作物的施肥量，可比自根栽培同一作物的施肥量少。曾有人对西瓜、黄瓜、茄子嫁接苗进行过研究，认为嫁接苗比对照在株高、茎粗、最大叶面积等方面，均有显著差异（株高增加 40.7%，茎粗增加7.1%，最大叶面积增加36.9%）。笔者在多年的西瓜试验中也得出类似的结果。

（三）提高抗逆性

作物经嫁接后，其耐寒性、耐热性及耐盐性等都有所增强。西瓜是喜温耐热的作物，在冬、春栽培甚易受冻害。但若经新土佐南瓜砧木嫁接后，采用同样栽培设施，则可提前定植而不受冻害；若换用冬瓜或白菊座南瓜作砧木，则可提高接穗的耐热性，而抵御夏季的高温多雨。再如，西瓜是不耐盐碱的作物，但以黑籽南瓜作砧木嫁接后，则其抗盐性大大提高。植株抗盐性的提高，对设施栽培尤为重要。因在棚室栽培条件下，缺乏雨水的淋溶和冲刷，土壤表层易造成盐渍化。

（四）增产

在西瓜生产实践中，已充分证明，凡是苗期经嫁接的，定植后生长发育迅速，果实产量增加。许多地区的试验，更科学、更具体地验证了嫁接栽培的增产潜力。如：中国农科院蔬菜研究所的大棚黄瓜嫁接试验，嫁接苗比自根苗增产46.08%；辽宁省熊岳农校试验，嫁接黄瓜比自根黄瓜增产21%；辽宁本溪市农业技术推广站试验，嫁接黄瓜比自根黄瓜增产31.8%；沈阳市苏家屯区农林局试验，嫁接茄子比自根茄子增产32%；浙江省湖州市农科所的实验，嫁接番茄比自根番茄增产78.6%；笔者多次试验，嫁接西瓜比自根不重茬西瓜增产23.2%～35.8%，比重茬自根西瓜增产1374.4%～1437.1%。

二、砧木的选择

（一）选择原则

嫁接育苗时选择的砧木必须具备根系发达、亲和力强、抗病力特强、抗逆性强及不影响（降低）接穗产品品质的特点。这样的砧木不但嫁接成活率高、幼苗健壮，而且在整个生长发育过程中不发生连作障碍，不降低西瓜品质。现将选择砧木的原则介绍如下：

1. 与接穗应有良好的亲和力

亲和力包括嫁接亲和力和共生亲和力两方面。嫁接亲和力，是指嫁接后砧木与接穗愈合的程度。嫁接亲和力可用嫁接后的成活率表示。嫁接后砧木很快与接穗愈合，成活率高，则表明该砧木与这个接穗亲和力高，反之则低。共生亲和力，是指嫁接成活后砧木与接穗两者的共生状况，包括嫁接苗的生长发育速度、生育是否健壮等。为了在苗期判断共生亲和力，则可利用成活后的幼苗生长速度为指标。嫁接亲和力和共生亲和力并不一定一致。有的砧木嫁接成活率很高，但进入结果期或生长发育的中、后期便表现不良，甚至有些嫁接株突然凋萎，表现出共生亲和力差。

2. 提高接穗的抗病能力

嫁接育苗的主要目的就是利用砧木的抗病能力避免某些土传病害。因此，砧木抗病能力的大小便成为选择是否适宜的重要标准。导致西瓜发生枯萎病的病原菌中，以西瓜菌（株）系和葫芦菌（株）系为最重要。因此，所用砧木必须同时能抗这两种病原菌。但葫芦不抗西瓜菌（株）系的病菌侵染，因而不是绝对抗病的砧木；而南瓜则表现兼抗上述两种病菌，因而南瓜是可靠的抗病砧木。

总之，选用的砧木应能达到100%的植株抗病。

3. 能增强接穗的抗逆能力

在嫁接栽培条件下，接穗的耐寒、耐旱、抗热、抗病、耐湿、耐盐及其他对不良环境条件的适应能力、生长发育速度、生长势强弱等，都受砧木固有特性的影响。不同砧木对接穗的影响各不相同。因此，要根据栽培季节、环境条件和接穗的实际需要，选择最适宜的砧木。例如，在冬春育西瓜苗，就要选抗低温、弱光的新土佐南瓜作砧木；而夏秋栽培的西瓜就要选择耐高温、高湿的白菊座南瓜作砧木。

4. 能使接穗优质高产

优质高产是生产者的最大心愿。优良的砧木也是育苗的基础之一。要育成健壮的幼苗，还须掌握熟练而准确的嫁接技术和配套栽培管理技术。

对于西瓜、甜瓜等瓜类嫁接育苗，品质是选择砧木的重要标准。如果型、果皮厚度、果肉质地、含糖量（包括果实含糖梯度）等都是选择砧木时的考量条件。

（二）目前西瓜嫁接苗的主要砧木

1. 新土佐南瓜

新土佐南瓜为印度南瓜与中国南瓜的一代杂交种，作西瓜嫁接砧木，嫁接亲和力和共生亲和力均强，幼苗低温下生长良好，长势强，发育快，高抗枯萎病；对果实品质无不良影响。

2. 勇士

勇士为台湾农友种苗公司育成的野生西瓜杂交种，为西瓜专用砧木。勇士嫁接西瓜高抗枯萎病，生长健壮，低温下生长良好，嫁接亲和力和共生亲和力均强。坐果良好，果实品质和口味与同品种非嫁接株所结果实完全一样。

3. 长颈葫芦

长颈葫芦果实圆柱形，蒂部圆大，近果柄处细长。作西瓜砧木，嫁接亲和力和共生亲和力都很强，植株生长健壮，根系发达，对土壤环境适应性广，吸肥力强，耐旱、耐涝、耐低温。抗枯萎病，坐果稳定，对西瓜品质无不良影响。

4. 长瓠瓜

长瓠瓜又名瓠子、扁蒲。各地均有栽培。根系发达，茎蔓生长旺盛。与西瓜亲缘关系较近，亲和力强。抗枯萎病、耐低温、耐高温。嫁接西瓜后，表现抗病、耐低温、坐果稳定，对西瓜果实品质无不良影响。

5. 圆瓠瓜

园瓠瓜属大葫芦变种，果实扁圆形，茎蔓生长茂盛，根系入土深，耐旱性强。作西瓜嫁接砧木亲和性好，植株生长健壮，抗枯萎病，坐果好，果实大，品质好。

6. 相生

相生为日本米可多公司培育的瓠瓜杂交种。嫁接亲和力和共生亲和力均强。西瓜嫁接苗植株生长健壮，根系发达，高抗枯萎病，低温下生长良好，优质高产。

三、嫁接方法

嫁接育苗能否在生产中大量推广，关键在于嫁接技术能否做到简便易行，工本低，成活率高。关于嫁接的方法，各地常用的主要是插接、靠接、劈接和贴接。其中插接又可分为顶插接、水平插接、皮插接和腹插接等不同的插接方法。靠接法可分为舌靠接和抱靠接。现将几种最常用的嫁接方法介绍如下：

（一）顶插接

顶插接又称斜插接。此法最好由两人配合，其中一人持特制竹签（用宽、厚与幼苗下胚轴相仿，先端约1厘米削成楔形）负责插接，另一人持刀片负责切割接穗。嫁接前要保证苗床湿润，并喷一次百菌清或多菌灵之类的杀菌剂。首先去掉砧木的第一片真叶和生长点，然后用左手食指和中指夹住砧木的茎上部，拇指和中指捏住砧木内侧一片子叶，右手持竹签从内侧子叶的主叶脉基部插入竹签，尖端和楔形斜面朝下呈45度角向对面插入约5～7毫米，以竹尖透出茎外为宜。与此同时，另一个人用左手中指托住接穗的基部偏上部位，右手用刀片从接穗茎两侧距接穗子叶8～10毫米处斜切断茎，使切口长略大于插入砧木的插口深度。然后插接人拔出竹签，将接穗切口朝下迅速插入砧木，以接穗尖端透出砧木茎外为宜(图2-11)。采用顶插接两人一天可嫁接2000棵以上，成活率一般在90%以上。

（二）腹插接

腹插接又叫侧接，是在胚轴一侧切口嫁接。嫁接时，在砧木下胚轴离子叶节0.5～1.0厘米处无子叶着生的一侧，由上向下斜切，与下胚轴成30～40度斜角，深度约为茎粗的1/3，不能深切至砧木的中心（髓腔）。然后将接穗距子叶0.5～1.0厘米以下胚轴（根茎）斜切，削成楔形，插入砧木切口内，随即用嫁接夹固定。接穗

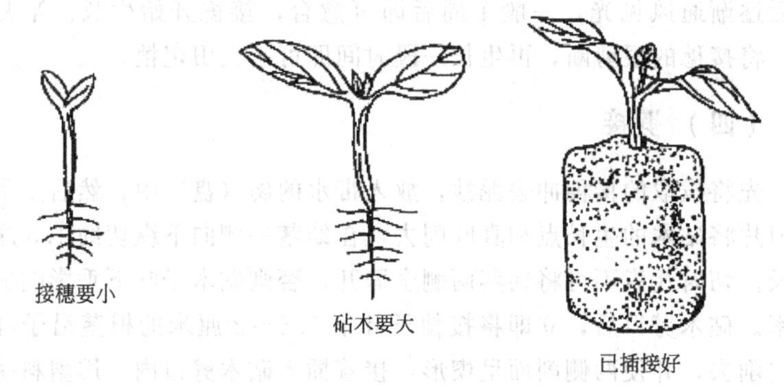

图 2-11　顶插接

顶端要略高于砧木的子叶。

（三）舌靠接

舌靠接是嫁接时先在砧木的下胚轴靠子叶处，用刮脸刀片向下作 45 度角斜切一刀，深达胚轴的 2/5～1/2，长约 1 厘米，呈舌状。再在接穗的相应部位向上作 45 度角斜切一刀，深达胚轴的 1/2～2/3，长度与砧木相等，也呈舌状。然后把砧木和接穗的舌部互相嵌入，用薄棉纸条或塑料嫁接夹夹住，同时栽培在营养钵中，要使基部稍稍离开地面，以免浇水时浸湿刀口，影响成活（图 2-12）。嫁接苗置塑料小拱棚内愈合，要求保持一定的温度和湿度，特别是湿度，在最初 3～5 天应为 95%～99%，同时要加以遮阴，

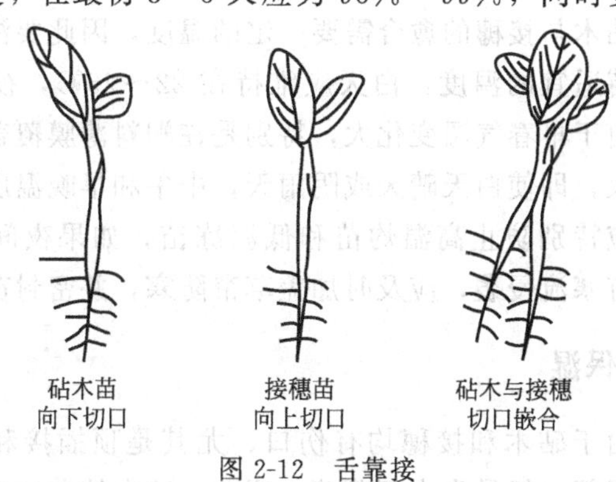

图 2-12　舌靠接

以后逐渐通风见光，一般1周后即可愈合，接穗开始生长。半月后，将接穗的根剪断，再生长一段时间即可于大田定植。

（四）劈接

先将拔取的接穗冲去泥沙，放入带水的碗（盘）中，然后用刮脸刀片将砧木的生长点和真叶削去，在幼茎一侧向下纵切约1.5厘米长。切时注意不可将幼茎两侧全劈开，否则砧木子叶下垂影响成活率。砧木劈口后，立即将接穗子叶下1.5～2厘米的根茎沿子叶方向削去，并使两侧削面呈楔形，接着插入砧木劈口内，用塑料嫁接夹夹住。

（五）贴接

当砧木长到3～4片真叶时进行嫁接。嫁接时将砧木留2片真叶，用刀片在第二片真叶上方斜削，去掉顶端，形成30度左右的斜面，使斜面长约1～1.5厘米。再将接穗取来，保留1～2片真叶，用刀片削成一个与砧木相反的斜面，大小与砧木的斜面一致。然后将砧木的斜面与接穗的斜面贴合在一起，用嫁接夹固定好。

四、嫁接苗的管理

（一）保温

嫁接后砧木与接穗的愈合需要一定的温度，因此要注意苗床的保温。嫁接苗适宜的温度：白天应维持在22～25℃，夜间维持在14～16℃。由于早春气温变化大，特别是在塑料薄膜覆盖下，温度昼夜变化更大，即使白天晴天或阴雨天，中午和早晚温度变化都很大。所以，应特别防止高温灼苗和低温冻苗，如果夜间气温低于14℃，或者有寒流侵袭，应及时加盖草帘防寒，并密封苗床保温。

（二）保湿

嫁接苗由于砧木和接穗均有伤口，尤其是顶插接和劈接的接穗，因失去根部，极易失水而萎蔫。因此，要保持苗床内较高的湿度。一般要求嫁接苗栽植后，随即浇一次透水，盖好塑料薄膜，在2～3天内不必通风，使苗床内相对湿度保持在95%左右。3天以后，可根据苗床内温度和湿度情况适当进行通风。

（三）遮光

为了减少接穗的水分消耗，防止萎蔫，嫁接后应将苗床透光面用草帘遮盖起来。但当嫁接苗成活后，应立即去掉遮光物。嫁接苗的成活与否，一般观察接穗是否保持新鲜，不凋萎，主要应看接穗是否明显生长，并较快地展叶。但应注意，这期间遮光的时间，并不是每日全天遮光，一般是嫁接后2～3日内全天遮光，以后可以上午10时至下午4时遮光，成活前后则只在中午烈日下短时间遮光即可。在遮光期间，如遇阴雨天时，就要揭除遮光物。这样，既可防止接穗因光照强烈而发生萎蔫，不利于成活，又可防止嫁接苗长期不见光致使徒长和叶片黄化，影响以后健壮生长。

（四）除萌

在嫁接时虽然切除了砧木的生长点和已发出的真叶，但随着生长，砧木上还会萌发出新的腋芽。对砧木上的萌芽，应及早抹除，否则将会影响接穗生长。如果砧木上的萌芽保留到结果期还不抹除，不但会影响接穗生长，而且还会使果实品质变劣。

（五）防病虫

嫁接育苗轮作周期短，前作多为秋菜，种类复杂，土壤中病虫害种类也多，因而大大增加了嫁接苗遭受病虫危害的机会，特别是炭疽病、疫霉病、线虫病、蛴螬、地老虎等最易发生。所以，嫁接育苗应从苗期即加强防治病虫害。

（六）其他管理

嫁接苗成活后苗床大通风时，应注意随时检查和去掉砧木上萌生的新芽，以防影响接穗生长；同时，应根据嫁接苗成活和生长状况，进行分级排放、分别管理，使秧苗生长整齐一致，提高好苗率。一般插接苗接后10～12天、靠接苗接后8～10天即可判定成活与否。有时因嫁接技术不熟练，部分嫁接苗恢复生长的速度慢，可单独加强管理，促进生长。靠接苗成活即可切断接穗接口下的接穗苗茎（又称断根），同时取下夹子收存，以备再用。为防止断根过早而引起接穗凋萎，可先做少量断根实验，当确认无问题时再全部断根。

五、 嫁接应注意的问题

嫁接育苗不论采用哪种方法，要想提高成活率，都必须注意接穗的切削方法和砧木与接穗的嫁接适期。此外，还要有清洁的嫁接用具和熟练的嫁接手法。

（一） 接穗的切削方法

接穗切削的方法与嫁接的成活率有一定的关系。两面斜削时，插入砧木后形成层与砧木的接触面大，成活率也较高。至于接穗插入的方向，即接穗子叶与砧木子叶成平行或垂直，则没有明显的差别。

切削时，下刀要直，使切口平直。这样接穗与砧木的接触面也就容易紧密无隙，有利于刀口愈合。

（二） 砧木和接穗的嫁接适期

采用顶插接方法的，砧木的适宜时期是第一片真叶开展时，砧木的下胚轴要粗壮，以便打孔插入接穗。接穗苗以子叶充分长成为宜。有人误认为，子叶面积愈小，蒸发量也少，成活率愈高。实际上子叶幼小时嫁接，成活率虽然较高，但嫁接成活后子叶不能充分展开，真叶的开展也较缓慢。但如接穗过大（真叶开展以后），则又影响了成活。为使砧木、接穗适期相遇，一般先播种砧木，当子叶出土后移入营养钵，与此同时播种催过芽的接穗。这样，当接穗子叶展开时，砧木刚好出现第一片真叶，为砧木与接穗嫁接最适期。采用舌靠接方法的，砧木和接穗的大小应相近，因此接穗要比砧木提前 5～7 天播种。采用劈接方法的，砧木比接穗提前播种，当接穗出苗后即可进行嫁接。如果采用葫芦作砧木时，应较接穗提早 7～10 天播种；如果采用南瓜作砧木时，较接穗提前 5～7 天播种即可。

（三）留叶面积

一般说来，接穗的叶面积越小，其水分蒸发量越少，成活率相对较高。从西瓜嫁接实例看，子叶幼小时嫁接，成活率虽然较高些，但嫁接成活后，子叶迟迟不能充分扩大，真叶的展出也较缓慢。当然，接穗叶面积过大，易失水萎蔫，的确会降低成活率。所以接穗的留叶面积最好根据砧木的种类和根系发育状况来确定，以便使嫁接后植株的地上部与地下部相平衡。

（四）嫁接用具和操作要洁净

嫁接用的刀片、竹签、夹子等要消毒或洗净。嫁接时，手上和秧苗上不能带泥土或沙子。

（五）嫁接手法要熟练

无论采用哪种嫁接方法，在操作中都要求稳、准、快。用手拿苗、拿刀及下刀时，一定要稳。对切口的方向、深度和角度一定要准确。对接穗与砧木的接合，一定要快。这就要求每个操作人员勤学多练。

（六）及时遮阴防止萎蔫

嫁接时不可在露天阳光直射下进行操作，一般都在背风遮阴条件下嫁接。最好采用流水作业，随嫁接随栽植入保温、保湿、防晒、防风的棚室中。

（七）注意接口位置

接口位置低，栽植后易被埋入土中，产生不定根，从而失去嫁接的意义。对某些根茎短的砧木，在嫁接时，需保留 2～3 片真叶。

劈接时，切口的位置应处于砧木茎中间，不要偏向一侧。斜切接时，斜面要削得平整，且应有一定长度，不可过短，否则不易接牢。

（八）选择嫁接方法应灵活

当砧木与接穗茎粗接近时，宜采用斜切接或舌靠接；当砧木较粗、接穗较细时，宜采用劈接。劈接苗初期较斜切接苗愈合牢固，除夹后不易出现问题。但插接操作简单、速度快、效率高，适合于大量嫁接。

第四节 工厂化育苗技术

一、工厂化育苗的意义和主要程序

工厂化育苗是随着现代农业的快速发展，农业规模化经营、专业化生产、机械化和自动化程度不断提高而出现的一项成熟的农业先进技术，是工厂化农业的重要组成部分。它是在人工创造的最佳环境条件下，采用科学化、机械化、自动化等技术措施和手段，进行批量生产优质秧苗的一种先进生产方式。工厂化育苗技术与传统的育苗方式相比具有以下特点：用种量少，占地面积小；能够缩短苗龄，节省育苗时间；能够尽可能减少病虫害发生；提高育苗生产效率，降低成本；有利于统一管理，推广新技术，可以做到周年连续生产。工厂化育苗技术的迅速发展，不仅推动了农业生产方式的变革，而且加速了农业产业结构的调整和升级，促进了农业现代化的进程。工厂化育苗还可以提高种苗的质量和商品性；提高种苗的生产效率；实现精量播种，节约用种；节省能源和资源；机械化程度高，适合大批量生产；适合长距离运输和商品贮运。

工厂化育苗的主要程序是：

种子处理→恒温催芽→送入育苗车间繁育→自动灌溉施肥→筛

选成苗→消毒后装箱→运输销售。

二、 工厂化育苗的主要设施和设备

（一） 播种车间

播种车间占地面积视育苗数量和播种机的体积而定，一般面积为100平方米，主要放置精量播种流水线和一部分基质、肥料、育苗车、育苗盘等，播种车间要求有足够的空间，便于播种操作，使操作人员和育苗车的出入快速顺畅，不发生拥堵。同时要求车间内的水、电、暖设备完备，不出故障。

（二） 催芽室

催芽室是为了促进种子萌发出芽的设备，是工厂化育苗必不可少的设备之一。催芽室可为大量种子浸种后催芽，也可将播种后的苗盘放进催芽室，待种子60%出芽时挪出。一般大型育苗场要建30平方米的催芽室。育苗盘架用角铁焊成，架高1.8米，长2.2米，宽1.1米，每20厘米高一层。具体设计要根据育苗量的大小、催芽室的面积而定。

在建造催芽室时，应考虑以下几个问题：

(1) 催芽室要与育苗规模相匹配。

(2) 催芽室与育苗温室的距离要尽可能地近些。

(3) 催芽时要有较好的保温性，在寒冷季节，白天能维持30～35℃，夜间不低于18～20℃。

(4) 催芽室内应配备水源，播种后当催芽室内空气湿度不足时，可以向穴盘和地面上喷水，最好使用微雾设施以保证雾滴在室内漂移，以保持较高的空气湿度。

(5) 催芽室设有加热、增湿和空气交换等自动控制和显示系统，室内温度在20～35℃范围内可以调节，相对湿度能保持在85%～90%范围内，而且上下温、湿度在允许范围内相对均匀一致。

（三）育苗温室

大规模的工厂化育苗企业要求建设现代化的连栋温室作为育苗温室。温室要求南北走向，透明屋面东西朝向，保证光照均匀。

（四）工厂化育苗的主要设备

1. 穴盘精量播种设备和生产流水线

穴盘精量播种设备和生产流水线包括育苗播种生产线、基质破碎机、基质混料机、斜坡输送带、基质填料机、针式精量播种机、覆料淋水机、平板输送带。

2. 育苗环境自动控制系统

育苗环境自动控制系统主要指育苗过程中的温湿度、光照等环境控制系统。

（1）加温系统　育苗温室内的温度控制要求冬季白天温度晴天达25℃，阴雪天达20℃，夜间温度能保持14～16℃，以配备若干台1.5×10^5千焦/小时燃油热风炉为宜，水暖加温往往不利于出苗前后的温度升温控制。育苗床架内埋设电加热线可以保证秧苗根部温度在10～30℃内任意调控，以便满足在同一温室内培育不同园艺作物秧苗的需要。

（2）保温系统　温室内设置遮阴保温帘，四周有侧卷帘，入冬前四周加装薄膜保温。

（3）降温排湿系统　育苗温室上部可设置外遮阳网，在夏季有效地阻挡部分直射光的照射，在基本满足秧苗光合作用的前提下，通过遮光降低温室内的温度。温室一侧配置大功率排风扇，高温季节育苗时可显著降低温室内的温湿度。通过温室的天窗和侧墙的开启或关闭，也能实现对温湿度的有效调控。在夏季干燥地区，还可通过湿帘风机设备降温加湿。

（4）补光系统　苗床上部配置光通量1.6×10^4勒克斯、光谱波长550～600纳米的高压钠灯，在自然光照不足时，开启补光系统可增加光照强度，满足各种园艺作物幼苗健壮生长的要求。

3. 育苗管理自动控制系统

（1）自动控制系统　工厂化育苗的控制系统对环境的温度、光照、空气湿度和水分、营养液灌溉实行有效的监控和调节，由传感器、计算机、电源、监视和控制软件等组成，对加温、保温、降温排湿、补光和微灌系统实施准确而有效的控制。

（2）灌溉和营养液控制设备　种苗工厂化生产必须有高精度的喷灌设备，要求供水量和喷淋时间可以调节，并能兼顾营养液的补充和喷施农药；对于灌溉控制系统，最理想的是能根据水分张力或基质含水量、温度变化控制调节灌水时间和灌水量。应根据种苗的生长速度、生长量、叶片大小以及环境的温湿度状况决定育苗过程中的灌溉时间和灌水量。苗床上部设行走式喷灌系统，保证穴盘每个孔浇入的水分均匀。

4. 运苗车和育苗床架

运苗车包括穴盘转移车和成苗转移车，穴盘转移车将播完种的穴盘运往催芽室，车的高度及宽度应根据穴盘的尺寸、催芽室的空间和育苗数量来确定。成苗转移车采用多层结构，根据商品苗的高度确定放置架的高度，车体可设计成分体组合式，以利于不同种类园艺作物种苗的搬运和装卸。

育苗床架可选用固定床架和育苗框组合结构或移动式育苗床架。应根据温室的宽度和长度设计育苗床架，育苗床上铺设电加温线、珍珠岩填料和无纺布，以保证育苗时根部的温度，每行育苗床的电加温由独立的组合式控温仪控制。

移动式苗床设计只需留一条走道，通过苗床的滚轴任意移动苗床，可扩大苗床的面积，使育苗温室的空间利用率由60％提高到80％以上。

育苗车间育苗架的设置以经济有效地利用空间、提高单位面积的种苗产出率、便于机械化操作为目标，选材以坚固、耐用、低耗为原则。

三、工厂化育苗的方式

育苗包括播种育苗、扦插育苗、试管育苗等方法，以播种育苗最为常见。

播种育苗方式主要包括穴盘育苗、塑料钵、聚氨酯泡沫育苗块育苗、基非育苗块育苗。

（一）穴盘育苗

穴盘育苗采用塑料片经过吸塑加工制成，在塑料育苗穴盘上具有许多上大下小的倒梯形或圆形的小穴。育苗时将育苗基质装入小穴中，播种后压实，浇水后即可。

（二）塑料钵育苗

育苗用的塑料钵具有两种类型：硬质塑料钵和软质塑料钵。容积600～800毫升，主要用于培育大苗；容积为400～600毫升的可培育较小的瓜苗。

（三）聚氨酯泡沫育苗块育苗

将聚氨酯育苗块平铺在不漏水的育苗盘上，每一块育苗块又分切为仅底部相连的小方块，每一小方块上部的中间有一“X”形的切缝；将种子逐个放入每一个小方块的切缝中，然后在育苗盘中加入营养液，直至浸透育苗块后育苗盘内保持0.5～1.0厘米厚的营养液层为止；待出苗之后，可将每一育苗小块从整个育苗块中掰下来，然后定植到水培或基质培的种植槽中。

（四）基菲育苗块育苗

基菲育苗块育苗是由挪威最早生产的一种有30%纸浆、70%泥炭和混入一些肥料及胶黏剂压缩成圆饼状的育苗小块，外面包以有弹性的尼龙网，直径约4.5毫米，厚度7毫米。育苗时把它放在不漏水的育苗盘中，然后在育苗块中播入种子，浇水使其膨胀，每一块育苗块可膨胀至约4厘米厚。这种育苗方法很简单，但只适用于育瓜果类作物。

四、基质选择与配制

（一）对育苗基质的基本要求

穴盘育苗对基质的总体要求是尽可能使幼苗在水分、氧气、温度和养分供应方面得到满足。

影响基质理化性状主要有：基质的pH值、基质的阳离子交换量与缓冲性能、基质的总孔隙度等。有机基质的分解程度直接关系到基质的容量、总孔隙度以及吸附性与缓冲性，分解程度越高，容重越大，总孔隙度越小，一般以中等分解程度的基质为好。

不同基质的pH值各不相同，泥炭的pH值为4.0～6.6，蛭石的pH值为7.7，珍珠岩的pH值为7.0左右，多数蔬菜幼苗要求pH为微酸至中性。

孔隙度适中是基质水、气协调的前提，孔隙度与大小孔隙比例是控制水分的基础。风干基质的总孔隙度以84%～95%为好，茄果类育苗比叶菜类育苗略高。另外，基质的导热性、水分蒸发蒸腾总量与辐射能等均对种苗的质量产生较大的影响。

（二）工厂化育苗基质选材的原则

（1）尽量选择当地资源丰富、价格低廉的物料。

（2）育苗基质不带病菌、虫卵，不含有毒物质。

（3）基质随幼苗植入生产田后不污染环境与食物链。

（4）能发挥土壤的基本功能与效果。

（5）有机物与无机材料复合基质为好。

（6）密度小，便于运输。

（三）育苗基质的配制

1. 选用基础物料

配制育苗基质的基础物料有草炭、蛭石、珍珠岩等。

草炭被国内外认为是基质育苗最好的基质材料，我国吉林、黑龙江等地的低位泥炭储量丰富，具有很高的开发价值，有机质含量高达37%，水解氮270～290毫克/千克，pH值5.0，总孔隙度大于80%，阳离子交换量700摩尔/千克。这些指标都达到或超过国外同类产品的质量标准。

蛭石是次生云母石在760℃以上的高温下膨化制成，具有密度小、透气性好、保水性强等特点，总孔隙度133.5%，pH值6.5，速效钾含量达501.6毫克/千克。

2. 调制

需特殊发酵处理后的有机物如芦苇渣、麦秸、稻草、食用菌生产下脚料等可以与珍珠岩、草炭等按体积比混合（1∶2∶1或1∶1∶1）制成育苗基质。

3. 消毒

育苗基质的消毒处理十分重要，主要是蒸汽消毒或加多菌灵处理等，多菌灵处理成本低，应用较普遍，每1.5～2.0立方米基质加50%多菌灵粉剂500克拌匀消毒。

4. 加入肥料

在育苗基质中加入适量的生物活性肥料，有促进秧苗生长的良好效果。对于不同作物种类，应根据种子的养分含量、种苗的生长时间配制时加入。

五、优质穴盘苗培育技术

（一）选盘与消毒

1. 选盘

在育苗之前，要按照育苗数量并结合计划苗龄来确定育苗盘的种类和数量。国际上使用的穴盘，外形大小多为54.9厘米×27.8厘米，每个穴盘有50～800个孔，西瓜一次育成成品苗的常用穴盘为50孔和72孔两个规格。夏季育苗要使用孔数少的苗盘，冬季育苗要使用孔数多的苗盘，因为夏季苗子生长较快，冬季苗子生长较慢些，这里主要是考虑到叶面积的因素。孔穴深度对孔穴中空气含量有一定的影响，深盘较浅盘为幼苗提供了较多的氧气，可促进根系的生长发育。小孔穴的苗盘因基质水分变化较快，管理技术水平要求也较高，相反，大孔穴的苗盘管理较为容易。

2. 穴盘使用前的消毒

育苗后的苗盘都应进行清洗和消毒，其方法是，先用清水冲净苗盘，黏附在苗盘上较难冲洗的脏物，可用刷子刷干净。冲洗干净的苗盘可以扣着散放在苗架上，以利于尽快将水控干，然后进行消毒。

（二）育苗基质的选择

育苗基质的选择是穴盘育苗成功与否的关键因素之一，目前用于穴盘育苗的基质材料，主要是草炭、蛭石和珍珠岩。

草炭分为水鲜草炭和灰鲜草炭两种，水鲜草炭多为深位草炭，pH 3.0～4.0，营养成分较低，其氮含量为0.6%～1.4%，表面含有蜡质层，因此亲水性较差；灰鲜草炭为浅位草炭，pH 5.0～5.5，养分含量较高，因为表层蜡质较少，故亲水性较好。蛭石密度小，透气性好，具有很强的保水能力、较高的盐基代换量，钾的含量相当高。育苗时，草炭与蛭石的配比为2∶1或3∶1，播种之后覆盖料全部为蛭石。根据蛭石粒径大小分为很多类型，西瓜无土育苗多选用粒径2～3毫米的蛭石。

珍珠岩是火山灰岩高温发泡制成的，pH 7.0～7.5。珍珠岩不具有保水能力和盐基代换能力，加入基质后增加其透气性，可减少基质水分含量，有些花卉育苗中常加入30%，西瓜育苗中珍珠岩用量不多，一般只加入10%左右，夏季育苗中不加入珍珠岩。

（三）装盘与播种

1. 装盘

首先应该准备好基质，将配好的基质装在穴盘中，装盘时应注意不要用力压紧，因为压紧后基质的物理性状受到了破坏，使基质中空气含量和可吸收的含量减少。正确的方法是用刮板从穴盘的一方刮向另一方，使每个孔穴都装满基质，尤其是四角和盘边的孔穴，一定要与中间的孔穴一样。基质不能装得过满，装满后各个格室应能清晰可见。

2. 压穴

装好的盘要进行压穴，以利于将种子播入其中，可用专门制作的压穴器压穴，也可将装好基质的穴盘垂直码放在一起，4～5 盘一摞，上面放一个空盘，两手平放在盘上均匀下压至达到要求深度为止。

3. 播种

将种子点在压好的穴盘中，或用手动播种，每穴一粒，避免漏播。

4. 覆盖

播种后用蛭石覆盖穴盘，方法是将蛭石倒在穴盘上，用刮板从穴盘的一方刮向另一方，去掉多余的蛭石。覆盖蛭石不要过厚，与格室相平为宜。

5. 浇水

播种覆盖后的穴盘要及时浇水，浇水一定要浇透，目测时以穴盘底部的渗水口看到水滴为宜。

（四）苗期环境条件控制

1. 水分条件

水分是西瓜幼苗生长发育的重要条件，所以，水质的好坏、基质湿度的大小至关重要。穴盘育苗的灌溉水应符合理想的灌溉水要求。供水量应根据具体品种、生育阶段和天气情况而定。

2. 基质肥料条件

适宜的基质条件是培育壮苗的基础，基质不仅对秧苗起着固着作用，而且秧苗的根系除了从基质中吸收养分外，还吸收多种矿物质元素以维持正常的生理活动。基质营养条件和基质酸碱度对秧苗的生命活动影响很大，基质中矿物质元素的多寡影响秧苗的营养生长，而基质酸碱度又影响根系对矿物质元素的吸收，因此，育苗期间应十分注意基质的营养状况和酸碱度。配制好的基质除含有一定量的肥料外，还应有一定的含水量，如用草炭加蛭石作基质，播种时基质的含水量以 40%～45%为宜，基质过干或过湿都会影响到播种质量。

3. 气体条件

气体条件包括育苗温室的气体和育苗基质中的气体。育苗温室的氧气条件是提供秧苗进行呼吸作用的，经常进行通风换气，保持温室内空气新鲜，就可以满足蔬菜幼苗进行呼吸作用所需要的氧气。

育苗基质中的气体是指基质中的氧气含量，当基质中的氧气含量充足时，根系能生成大量的根毛，形成强大的根系。如果基质中水分含量过多，或基质过于黏重，根系就会缺氧窒息，使地上部萎蔫，生长停止。因此，在配制育苗基质时，一定要注意土质疏松、透气性好。

4. 温度条件

温度条件是指育苗温室的气温和幼苗根际周围的地温，以及昼夜温差三个方面。

5. 光照条件

光照条件直接影响秧苗的素质，秧苗干物质的积累90%～95%来自于光合作用，而光合作用的强弱主要受光照条件的影响。对于穴盘育苗来说，由于单株营养较小，幼苗密度大，对光照强度的要求更加严格。

水、肥、气、热、光这五个条件，在育苗生产中要分阶段地抓住主要矛盾，在生产上要不断地总结经验，认真调控好这几个因素，使之协调发展，为西瓜穴盘育苗提供良好的生长发育环境。

第五节　无土育苗技术

一、无土育苗的类型

无土育苗按其消耗能源多少和对环境生态条件的影响，可分为有机生态型和无机耗能型无土栽培；按是否使用基质，以及基质特点，可分为基质栽培和无基质栽培。无基质栽培是指植物根系生长在营养液或含有营养液的潮湿空气中，但育苗时可能采用基质育苗方式，用基质固定根系。这种方式可分为水培和雾培两大类。基质栽培简称基质培，是指植物根系生长在各种天然或人工合成的基质中，通过基质固定根系，并向植物供应养分、水分和氧气的无土栽培方式。根据基质种类不同，基质培分为无机基质栽培、有机基质栽培和复合基质栽培；根据栽培形式的不同分为槽培、箱培和盆培、袋培、立体栽培。

无土育苗分类如图 2-13。

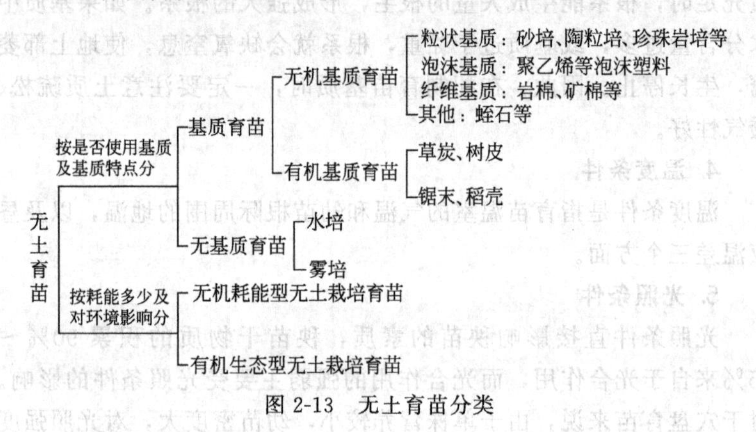

图 2-13　无土育苗分类

二、 无土育苗的方法

无土育苗的方法有水培育苗、雾培育苗、基质育苗。根据栽培形式和容器的不同可分为穴盘育苗、营养钵育苗、槽培、箱培、盆培、袋培、立体栽培等。水培根据营养液液层的深度不同分为营养液膜技术、深液流技术、浮板毛管技术等（表 2-2）。基质培根据基质种类不同分为沙培、陶培、岩棉培、泡沫塑料栽培等。

表 2-2　水培类型

水培类型		英文缩写	液层深度/厘米	营养液状态	备注
主要类型	营养液膜技术	NFT	1～2	流动	
	深液流技术	DFT	4～10	流动	
	浮板毛管水培技术	FCH	5～6	流动	营养液中有浮板，上铺无纺布，部分根系在无纺布
	浮板水培技术	FHT	10～100	流动、静止均可	植物定植在浮板上，浮板在营养液中自然漂浮
其他	潮汐式水培（EFT）、静止曝气技术（SAT）、曝气液流技术（AFT）、各种静止水培				

无土栽培最初是从水栽法开始的，后来又发展出营养液膜法、喷雾法等。栽培形式很多，但在生产上应用的主要有以下三种：

（一）沙砾栽培法

沙砾栽培法是在一定栽培容器中，用沙或砾石作基质，定时定量地供应营养液而进行的栽培。根据其栽培容器不同，又可分为盆栽和槽栽。

1. 盆栽

盆栽以直径 40 厘米左右、深 50～60 厘米的釉瓷钵、瓷瓦钵等作栽培容器，在容器内装入沙砾及石块等作为栽培基质。即先在盆底部装卵石块一层，厚约 10 厘米，其上再铺砾石（直径大于 3 毫米）厚 5 厘米，最上层铺粗沙（直径 2 毫米左右）25 厘米。在盆的上部植株附近安装供液管，定时定量均匀地使营养液湿润沙石，或用勺浇供液。在盆下部安装排液管，集中回收废液，以便循环使用。

2. 槽栽

槽栽原理与盆栽相同，其装置由栽培床、贮液池、电泵和输液管道等部分组成。栽培床多为铁制或硬质塑料做成的三角槽，槽内装入沙砾，营养液由电泵从贮液池中泵出，经供液管输入栽培槽，在栽培槽末端底部设有营养液流出口，经栽培床后的营养液从出口流入贮液池，再由电泵打入注入口，循环使用。

（二）营养液膜法

营养液膜法是在水栽的基础上发展起来的一种栽培形式，这种方法不需要沙砾等物质作栽培基质，其原理是使一层很薄的营养液在栽培沟槽中循环流经根系，而进行育苗栽培。栽培沟槽一般用硬质塑料或其他防水材料制成，可以用塑料布折叠在一起形成一个口袋的样子，边缘用扣子或夹子连在一起，植株由缝固定，使营养液在袋中循环流动。或者在平底长槽中，放上一个微孔的厚塑料覆盖板，其上按一定株行距开种植孔进行播种。由于覆盖板差不多是停放在槽中的，随着根系的生长，覆盖板也可以上升，用电动抽水机使营养液在槽中流动，小规模的也可以用手工操作使之流动，以供植株吸收。

（三）雾栽法

雾栽法又称气培，就是将作物根系悬挂于栽培槽的空气中，用喷雾的方法供应根系营养液，使根系连续或不连续地浸在营养液细滴（雾或气溶胶）的饱和环境中。此法对根系供氧效果较好，便于控制根系发育，节约用水；但对喷雾质量的要求较高，根系温度受气温影响波动较大，不易控制。日本已将喷雾法进一步改进，形成多种形式的喷雾水栽装置，已大面积应用于生产，并取得良好效果。

（四）营养液膜栽培（NFT）

营养液膜栽培又称浅液流栽培，由英国温室作物研究所最早研究推出，是指营养液以浅层流动的形式在种植槽中从较高的一端流向较低的另一端的一种水培方式。营养液在泵的驱动下从贮液池流到种植槽内，不断循环流经作物根系，提供一层很薄的营养液（0.5～1厘米厚的营养液薄层），然后通过回水管回到贮液池内，形成循环式供液体系。

（五）深液流技术（DFT）育苗

深液流技术是指植株根系生长在较为深厚并且是流动的营养液层的一种水培技术。种植槽中盛放5～10厘米有时甚至更深厚的营养液，将作物根系置于其中，同时采用水泵间歇开启供液使得营养液循环流动，以补充营养液中氧气并使营养液中养分更加均匀。

三、无土育苗的基质

基质的作用在于固定幼苗根系、稳定植株，为根系的生长发育提供良好的条件。基质的好坏决定了地下部分水、肥、气三大因素之间的合理调节，尤其是水、气两者之间的调节。国内外选作蔬菜育苗的基质有沙、砾石、泥炭、泥炭藓、煤渣、锯末、炭化砻糠、珍珠岩、蛭石、矿棉（石绒棉）、酚类树脂泡沫颗粒等材料。优良的育苗基质要求容重小、总孔隙度大、大孔隙（空气容积）与小孔隙（毛管容重）有一定比例，引水力、持水力较大，经过消毒不带病虫害，能就地取材，价格便宜，资源丰富。

（一）对优良基质的几项具体要求

1. 容重

经试验认为容重以0.7左右为适当。菜园土容重在1.1～1.5，太重，搬动育苗盘时费力；蛭石、珍珠岩、炭化砻糠等容重在0.15～0.25，太轻，压不住根，浇水时易倒苗。实际使用时，可以用多种基质相互掺和，将容重调整至0.7左右。

2. 总孔隙度

一般育苗盘内总孔隙度应该大于55%。总孔隙度较大有利于水、气储存及根系发育。若田间土壤总孔隙度过大，则播下的种子悬在土粒之间，在这种情况下，土壤失水大、吸水难、出苗慢，应在播种以后镇压表土，以弥补其缺点。但在育苗盘内播种，上有覆盖，下不渗漏，如蛭石等总孔隙达133.5%，出苗仍然很好。

3. 空气容积

试验证明，基质中空气容积应占总孔隙度的25%～30%。如炭化砻糠空气容积占总孔隙的57.5%时，育苗盘中易失水干燥，而珍珠岩及蛭石空气容积只占总容积的25%～30%，持水多，不易干燥。

4. 毛管水

基质的每一颗粒上毛管水含量应大，颗粒之间的毛管水含量应小。这样有利于水分的储存和减少水分的散失。如蛭石、煤渣、珍珠岩的毛管水的含量分别为基质重量的108%、33%与30.75%。

5. 基质中营养元素的含量

采用无土育苗时，基质的主要任务是固定根系、供给氧气。但炭化砻糠、煤渣等基质中含有一定数量的营养元素。南京农业大学会同中国农业科学院土壤肥料系分析室测定结果表明：如炭化砻糠、煤渣等基质中还含有相当多的全氮、速效磷、速效钾及丰富的微量元素锰、硼、锌等，这些元素的含量可为今后使用不同基质、配制不同营养液的依据。试验证明，以煤渣基质育苗时，在营养液中施用微量元素是多余的。

各地在育苗中，可以根据当地基质的资源条件，就地取材，合理选用。

（二）基质的配制

见本章第四节四、基质选择与配制。

四、无土育苗的营养液

（一）营养液的成分和要求

1. 配制营养液的养分要求

营养液是根据作物对各种养分的需求，把一定数量和比例的无机盐类溶解于水中配制而成的。作为无土栽培的营养液，必须达到以下要求：

（1）营养元素要全面　必须含有作物生长发育所必需的全部营养元素，包括大量元素和微量元素。

（2）按适当比例配合　这些矿物质元素应根据不同作物的需要，按其适当比例配合成平衡营养液。

（3）易被作物吸收　所配制的无机盐类，在水中的溶解度要高，并且是离子状态，易被作物吸收。

（4）不含有害有毒成分　适于根系生长，利于养分被吸收的酸碱度和离子浓度。应用的效果要好，能使作物的生长发育良好，且能获得优质高产。

（5）取材容易，成本低　要配制符合要求的营养液，其原料包括水源、含有营养元素的化合物及辅助物质要符合要求。首先，对水质要求，生产中使用的水通常来自雨水、井水和自来水等，其总要求和符合卫生规范的饮用水相当，主要是硬度不能太高，一般以不超过10度为宜，酸碱度（pH）为6.5～8.5，氯化钠含量小于2毫摩尔/升，重金属如汞、镉、铅等及有害健康的元素含量在容许范围之内。对无机盐化合物的要求，由于营养液配方标出的用量是以纯品表示，因此在配制营养液时，要按各种化合物原料实际的纯度来折算出原料的用量，商品标识不明、技术参数不清的原料禁用。如采购到的大批原料缺少技术参数，应取样送检，确认无害时才允许使用。此外，原料的纯度要符合要求，少量的有害元素应不超容许限度，否则均会影响营养液平衡。

2. 配制营养液的肥料选择

营养液的成分包括了作物生长所必需的矿物质养分，由什么肥料来提供这些养分是配制营养液首先要考虑的。由于设施栽培的营养供应是通过全价营养液滴灌到基质中，植物根系从基质中吸收水分养分，因此营养液不能有沉淀，要有合适的酸碱度，各成分间不能发生化学反应。所以，综合考虑肥料的溶解性、酸碱度、稳定性以及所带入的副成分、价格等因素，确定氮源以尿素、硝酸钙为主，硝酸钾为补充；磷源以磷酸二氢钾、磷酸一氢钾为宜；钾源以硫酸钾为主，硝酸钾补充；钙由硝酸钙提供；镁源为硫酸镁；铁源为螯合铁；铜、锌、锰、硼、钼、氯化学性质较稳定，其中铜、锌、锰的硫酸盐溶解性好，且硫也为植物所需，一般用硫酸盐；硼用硼砂，钼用钼酸钠；氯的需要量很少，水源中的氯基本上已够用。

营养液配制既可用单质肥料，如氮肥、磷肥、钾肥和微量元素肥料，也可用配方复合肥。荷兰等温室栽培发达的国家采用单质肥料，营养液的配方比较灵活，营养成分的调整较方便，但肥料种类多，配制过程较复杂。以色列、芬兰等国主要使用高浓度、全溶解的复合肥。笔者建议使用西瓜专用复合肥。

（二）营养液的配制

生产上配制营养液一般分为浓缩储备液（也叫母液）的配制和工作营养液（也叫栽培营养液）的配制两个步骤，前者是为方便后者的配制而设的。配制浓缩储备液时，不能将所有盐类化合物溶解在一起，因为浓度较高，有些阴、阳离子间会形成难溶性电解质，引起沉淀，所以一般将浓缩储备液分成A、B、C 3种，即A母液、

B母液、C母液。A母液以钙盐为中心，凡不与钙作用而产生沉淀的盐都可溶于其中，如 $Ca(NO_3)_2$ 和 KNO_3 等；B母液以磷酸盐为中心，凡不与磷酸根形成沉淀的盐都可溶于其中，如 $NH_4H_2PO_4$ 和 $MgSO_4$ 等；C母液为微量元素母液，由铁（如 $Na_2FeEDTA$）和各微量元素合在一起配制而成。母液的倍数，根据营养液配方规定的用量和各种盐类化合物在水中的溶解度来确定，以不致过饱和而析出为准。如大量元素A、B母液可浓缩为200倍，微量元素C母液，因其用量小可浓缩为1000倍。母液在长时间贮存时，可用 HNO_3 酸化至pH 3～4，以防沉淀的产生。母液应贮存于黑暗容器中。工作营养液一般用浓缩储备液来配制，在加入各种母液的过程中，也要防止局部沉淀的出现。首先在大贮液池内先放入相当于要配制的营养液体积40%的水量，将A母液倒入其中，开动水泵使其流动扩散均匀；然后再将B母液慢慢注入水泵口的水源中，让水源冲稀B母液后带入贮液池中参与流动扩散，此过程所加的水量以达到总液量的80%为好；最后，将C母液也随水冲稀带入贮液池中参与流动扩散。加足水量后，继续流动搅拌一段时间使达到均匀。营养液的配制要避免难溶性物质沉淀的产生。合格的平衡营养液配方配制的营养液应不出现难溶性物质沉淀。配制时应运用难溶性电解质溶度积法则来指导，以免产生沉淀。在称量肥料和配制过程中，应注意名实相符，防止称错肥料，并反复核对，确定无误后才配制，同时应详细填写记录。

（三）调整营养液的pH

大多数作物根系在pH 5.5～6.5的酸性环境下生长良好，营养液pH在栽培过程中也应尽可能保持在这一范围之内，以促进根系的正常生长。此外，pH直接影响营养液中各元素的有效性，使作物出现缺素或元素过剩症状。营养液的pH变化是以盐类组成和水的性质（软硬度）等为物质基础，以植物的主动吸收为主导而产生的。尤其是营养液中生理酸性盐和生理碱性盐的用量比例，其中以氮源和钾源的盐类发挥作用最大。例如，$(NH_4)_2SO_4$、NH_4Cl、NH_4NO_3 和 K_2SO_4 等可使营养液的pH下降到3以下。为了减轻营养液 pH 变化的强度，延缓其变化的速度，可以适当加大每株植物营养液的体积。营养液 pH 的监测，最简单的方法可以用石蕊试纸进行比色，测出大致的 pH 范围。现在市场上已有多种便携式 pH 仪，测试方法简单、快速、准确，是进行无土栽培必备的仪器。

当营养液 pH 过高时，可用 H_2SO_4、HNO_3 或 H_3PO_4 调节；pH 过低时，可用 NaOH 或 KOH 来调节。具体做法是取出定量体积的营养液，用已知浓度的酸或碱逐渐滴定加入，达到要求 pH 后计算出其酸或碱用量，推算出整个栽培系统的总用量。加入时，要用水稀释为 1～2 摩尔/升的浓度，然后缓缓注入贮液池中，随注随拌。注意不要造成局部过浓而产生 $CaSO_4$ 或 $Mg(OH)_2$、$Ca(OH)_2$ 等沉淀。一般一次调整 pH 的范围以不超过 0.5 为宜，以免对作物生长产生影响。

五、营养钵无土育苗

营养钵育苗包括基质准备，建立苗床、播种和苗床管理等项作业，总的要求是实现一播全苗，在苗床培育早苗、壮苗。

（一）基质准备

基质准备同穴盘育苗。

（二）建立苗床

一要根据种植密度和种植面积留足苗床面积；二是尽量建在靠近大田附近以便就地移栽。如移栽面积较小，苗床可选地势较高、背风向阳、水源方便、无病无盐的地方；移栽面积较大，可在定植田内划出一定面积就地建床。苗地要整成高畦，畦宽以能搭塑料小拱棚为度。营养钵装基质时，装半钵稍压实，再装至钵高 9/10，装后按梅花形排列于畦面上，钵与钵之间间隙越小越好。如苗拥挤，可适当加大间隙，在间隙外填满沙土。营养钵排放一定要整齐一致，可略高出地面，钵与钵之间的空隙用细沙填好，苗床四周挖好排水沟，防止雨水渗入苗床。

（三）播种

苗床播种前 2～3 天，要装好营养钵并喷透水，达到墒饱墒足，避免中途揭膜喷水，以免降低苗床温度。播种前进行种子消毒和催芽，然后选好晴天进行苗床播种。播种时在钵的中央点穴，将种子轻放入内，每钵播种数与定植时每穴栽植数相同，然后用蛭石覆盖。播后用塑料薄膜覆盖苗床，膜四周要封好压实。

（四）苗床管理

苗床管理包括温度、水分、养分等的管理，基本同穴盘育苗。

六、岩棉育苗

岩棉育苗是一种采用岩棉块的基质育苗的方式。将作物播种于一定体积的岩棉块中，让作物在其中扎根锚定、吸水、吸肥、吸气。岩棉是由 60%辉绿石、20%石灰石和 20%焦炭混合，在 1500～2000℃的高温炉中熔化，将熔融物喷成直径为 0.005 毫米的细丝，再将其压成容重为 80～100 千克/米^3 的片，然后冷却至 200℃左右时，加入一种酚醛树脂以减少表面张力，形成疏松多孔的能够吸持水分的固体基质。岩棉制造过程是在高温条件下进行的，已进行过完全消毒处理，不含病菌和其他有机物。经压制成形的岩棉块在种植作物的整个过程中不会产生形态变化。岩棉疏松多孔，作物根系很容易穿插进去，透气、持水性能好。质地柔软、均匀，有利于作物根系的生长。

岩棉育苗一般采用小岩棉块，一般为 7.5 厘米见方，其外侧四周包裹黑色或黑白双面薄膜，保水和防止水分散失。在岩棉块上部可进行直播。岩棉板可置于地面或放在栽培架上，岩棉板应向一侧倾斜，在其端部开 2～3 个孔以排除多余营养液。若将许多岩棉块集合在一起，配以灌溉、排水等装置，组成岩棉种植畦，即可进行大规模育苗。岩棉育苗多采用滴灌，其装置包括营养液罐、上水管、阀门、过滤器、毛管及滴头等。贮液罐置于高于地表 1 米处，依其重力落差可自动向滴灌管中供液。大面积生产中应设置营养液浓度、酸度（pH 值）自动检测及调控装置。岩棉块上营养液的电导率为 2.5～3.0 毫西门子/厘米适宜，如果超过可注清水洗盐。

根据营养液利用方式的不同，岩棉育苗主要有开放式岩棉培和循环式岩棉培两种。

开放式岩棉培是指供给作物的营养液不循环利用，滴入岩棉种植块内的营养液，多余的部分从岩棉块底排出栽培系统之外。设施结构简单，施工容易，造价低，管理方便，不会因营养液循环而导致病害蔓延；但不足之处在于营养液消耗较多，排出的废弃液会造成对环境的污染。开放式岩棉栽培系统由种植畦、供液设施和排液设施等组成。种植畦是将设施内地面平整后，做成龟背形的高畦并压实。畦的规格根据育苗场地而定，一般可采用宽 150 厘米、高 10 厘米的畦，畦长约 30 米，畦沟沿长边方向坡降为 1∶100，以利排水。地面畦做好压实后，紧贴地面铺一层 0.2 毫米厚的乳白色塑料薄膜，使栽培系统与土壤完全隔离，防止土壤病虫害和杂草侵染，防止多余营养液渗入土中，同时增加光照反射率，增大设施内作物下部叶片的光照强度。岩棉种植块的规格，涉及每株作物占有的营养面积或单位时间内拥有的营养液量。在实际生产中，大量育苗一般以厚 7～10 厘米、宽 30～50 厘米、长 90 厘米左右的扁长方形较好。在畦背上一个接一个地放两行岩棉种植垫，垫的长边应与畦长方向一致。每一行都放在畦的斜面上，畦背上两行岩棉种植垫的距离要大一些作为行人工作通道，畦沟只放置滴灌毛管及排液之用，不作行人通道。在低温季节或寒冷地区，可在岩棉种植垫底部设根部加温装置。开放式岩棉培都采用滴灌系统供液。设计标准的滴灌系统，要由专门的工程技术人员来担任。滴灌是通过滴头以小水滴的方式慢速地（一个滴头每小时滴水量控制在 2～8 升）向作物供水的一种十分节省用水的灌溉方法。滴灌系统由液源、过滤器及其控制部件、塑料干管和支管、毛管、滴头管组成。液源有两种方式：

其一为设有一个大营养液池，在池内按要求浓度配好直接供给作物吸收的工作营养液，容量要达到能满足一定时间一定面积所需要的液量。这种贮液、供液池可设于一定高度的支架上，靠重力作用供液；也可建造地下式贮液池，由水泵供液，营养液供液时要首先经过100目以上的过滤器，再进入干管，然后分流到各支管以至种植畦内，向植株供液。

其二为只设浓缩营养液贮存罐（分为A、B两种浓缩液），在需供液时，用定量泵分别将A、B罐中的浓缩营养液输入水源管道中，与自来水一起进入肥水混合器中，混合成设定浓度的工作营养液，然后经过滤器进入输送管道分送到畦内。这种液源提供方式关键在于定量泵和水源流量控制阀及肥水混合器，这些设备必须是严密设计的自动控制系统，根据指令能准确输入浓缩液量和水量并混合均匀成指定浓度的工作营养液。干管和支管是营养液通过过滤后，分送到各种植行之前的第一级和第二级管道，均由硬塑料管制成，管径大小与所需的供液量相适应。毛管是进入种植畦的管道，直径通常为12～16毫米，是具有弹性的塑料管。滴头管靠迫紧的方式嵌入毛管，每两行植株间设一条毛管，长度与种植畦一致，放在畦沟内。滴头管是直接向植株滴液的最末一级管，用具有弹性的硬塑料制成，其一端嵌入毛管上，另一端用小塑料棒架住，插在每株的定植孔上，滴液出口离基质圃2～3厘米，滴头流量通常为2～4升/小时，有发丝管和水阻管两种形式。开放式岩棉培的排液设施很简单，在岩棉种植垫的底部将塑料包装戳穿几个小孔，让多余的营养液流出，靠畦面斜坡的作用，使流出的营养液进入畦沟中，然后集中流到设在畦横头的排液沟中，最后将其引出设施外的集液坑。

七、营养液膜育苗

（一）营养液膜育苗的特点

营养液膜育苗的优点是结构简易，造价低廉，设计安装方便，易于实现生产管理自动化。营养液呈薄膜状在种植槽内循环流动，作物根系一部分浸在浅层营养液中，另一部分暴露在空气中，可以较好地解决根系的氧气供应问题，使根系的养分、水分和氧气供应得到协调，有利于作物的生长发育。此外，营养液的供应量小，且容易更换；设备的清理与消毒较方便。其缺点是栽培床的坡降要求严格，如果栽培床面不平，营养液形成乱流，供液不均，尤其是进液处和出液处床内作物受液不均，会使株间生长差异较大，影响育苗质量；营养液的流量小，其营养成分、浓度及 pH 值易发生变化，根际环境稳定性差；因无基质和深水层的缓冲作用，根际的温度变化大；要循环供液，每日供液次数多，耗能大，如遇停电停水，营养液的管理比较困难；种植槽的耐用性较差，后续投资较多；对管理技术和水平要求较高。

（二）营养液膜育苗的装置

1. 供液池

供液池用砖头及水泥砌成。180 平方米标准大棚，供液池的容积为 2.5～3.0 立方米即可。一般置于大棚的中央部分。

2. 供液水泵

供液水泵可选用 WB 型 180 瓦离心水泵或潜水泵。使用离心泵时，进水口应装落水阀，安装位置略低于供液池的水面，以利打水。

3. 栽培床

栽培床用 2 毫米厚 PVC 硬板加工而成，宽 25 厘米、高 8 厘米、长 12 米。每套由 6 个床组成。供液管道和回流管均用硬塑料管配套，供液主管可埋地下，接以支管分流向各栽培床供液，回流管由各栽培床汇至供液池。此外，在简易 NFT 装置中，栽培床还可以用宽 70 厘米、长 12～15 米、厚度为 0.05 毫米的黑色或黑白双面聚乙烯塑料薄膜做成。先在具 1/(75～100) 坡降的平整地面挖一深 5 厘米、宽 15～20 厘米的浅平沟，整平压实后铺上薄膜使其成槽状。上接进液管，下通供液池，即成栽培床。有条件的可在床底里面放一层宽 15～20 厘米的无纺布，以蓄集少量营养液。利于根系生长定植时将带岩棉方块或塑料钵的幼苗放在其中，然后用木夹或订书钉将薄膜封紧，植株用塑料绳固定。供液装置，大面积的可砌水泥供液池、甩水泵及塑料管供液，小面积的可利用水位差的原理供液。

（三）营养液膜育苗的技术关键

1. 品种的选择

利用 NFT 栽培育苗的作物很多，但在实际生产中，既要考虑育苗的难易，更应考虑经济效益，一般可以选择经济效益大的品种，如袖珍西瓜或稀有品种西瓜。

2. 带钵育苗，以利定植

可用蛭石、稻壳熏炭、岩棉、聚氨酯泡沫育苗块或装有适当大粒径基质的塑料钵育苗，以利固定根系，便于定植和管理。

3. 要确保栽培床的适宜坡降

为使栽培床内的营养液能循环流动供液，必须使栽培床保持适宜的坡降。坡降的大小，以栽培作物后水流不发生障碍为度。一般认为 1/(75～100) 为好，即 10 米长的栽培床，两头高差 10 厘米左右。但应注意，栽培床不能太长，床底应整成缓坡状，防止营养液在床内呈蛇形流动。

4. 营养液的供应要及时

NFT 培营养液的供应量少，根系无基质的缓冲作用，因此要做到及时供液，并经常补充，使其维持在规定的浓度范围内，最好定期用电导仪测定电导率（EC 值），根据 EC 值来补充母液。生产上可以根据供液池的减水量，按标准浓度加以调整补充，作物生长旺盛期、高温季节以及白天中午更应注意及时供液。采用间歇供液能有利于增产，浓度可视不同作物和不同的生育期而定。

5. 注意 pH 值的调整

在作物生长过程中，营养液的 pH 值常发生变化，从而破坏营养液的养分平衡和可溶性，影响根系的吸收，引起作物的营养失调，应及时检测予以调整。

6. 注意根际温度的稳定

NFT 培作物的根际温度受外界的影响大，尤其在高温季节和低温季节，应采取措施确保稳定。供液池可设在地下，并加盖保护；栽培床可安装成半地下式，即在地面挖浅沟后铺膜做成，以使作物根际接近表土层。

7. 防治营养失调症及其他生理病害

要经常观察，根据典型症状作出诊断，查明原因，及时采取对策。

八、有机生态型无土育苗

有机生态型无土育苗，是指全部使用固态有机肥代替营养液，灌溉时只浇清水，排出液对环境无污染，能生产合格的绿色幼苗，其应用前景广阔。

有机基质培无土育苗技术是现代育苗栽培技术与传统有机农业相结合的产物，是一个稳定的具有一定缓冲作用的农业生态系统。具有一般无土育苗的特点，同时追施固态有机肥滴灌清水或滴灌低浓度的大量元素营养液，进行开放式栽培，大大简化了操作管理过程，降低了设施系统的投资，节省生产费用，产品洁净卫生，可达到“绿色食品”标准，而且对环境无污染。制作有机基质的原料丰富易得。农产品的废弃物，如玉米、小麦、水稻、向日葵等作物秸秆；农产品加工后的废弃物，如椰壳、酒渣、醋渣、蔗渣等；木材加工的副产品，如锯末、刨花、树皮等；还有造纸工业下脚料、食用菌下脚料等各种各样的工农副业有机废弃物都可用来制作有机栽培基质。这些有机废弃物经粉碎，加入一定量的鸡粪、发酵菌种等辅料，堆制发酵合成有机基质。南京农业大学等单位已利用造纸厂的下脚料合成优质环保型有机苇末基质，并实现了商品化生产，广泛应用于穴盘育苗和无土栽培中。为了改善有机基质的理化性状，在使用时可加入一定量的其他固体基质，如蛭石、珍珠岩、炉渣、沙等。如国际通用的一半泥炭一半蛭石混合，一半椰子壳一半沙混合，7 份苇末基质、3 份蛭石或 3 份炉渣等。总之，混配后的复合基质达到容重 0.5 克/厘米^3 左右，总孔隙度 60%左右，大小孔隙比 0.5 左右，pH 值 6.8 左右，电导率 2.5 毫西门子/厘米以下，每立方米基质内应含有全氮 0.6～1.8 千克，全磷（P_2O_5）0.4～0.6 千克，全钾（K_2O）0.8～1.8 千克。有机基质的使用年限一般为 3 年左右。有机基质培一般采用槽式栽培。栽培槽可用砖、水泥、混凝土、泡沫板、硬质塑料板、竹竿或木板条等材料来制作。建槽的基本要求是槽与土壤隔绝，在作物栽培过程中能把基质拦在栽培槽内。为了降低成本，各地可就地取材制作各种形式的栽培槽。为了防止渗漏并使基质与土壤隔离，应在槽的底部铺1～2层塑料薄膜。槽的大小和形状因作物而异，甜瓜、西瓜、黄瓜等大株型作物，槽宽一般内径为40厘米，每槽种植2行，槽深15厘米。槽的长度可视灌溉条件、设施结构及所需人行道等因素来决定。槽坡降应不少于1∶250，还可在槽的底部铺设粗炉渣等基质或一根多孔的排水管，有利于排水，增加通气性。有机基质培无土栽培系统的灌溉一般采用膜下滴灌装置，在设施内设置贮液（水）池或贮液（水）罐。贮液池为地下式，通过水泵向植株供液或供水；贮液罐为地上式，距地面1米左右，靠重力作用向植株供液或供水。滴灌一般采用多孔的软壁管，40厘米宽的槽铺设1根。滴灌带上盖一层薄膜，既可防止水分喷射到槽外，又可使基质保湿、保温，也可以降低设施内空气湿度。滴灌系统的水或营养液，要经过一个装有100目纱网的过滤器，以防杂质堵塞滴头。

九、无土育苗的基本程序和管理

（一）基本程序

1. 育苗前的准备

（1）选择育苗方式　西瓜育苗可选用50～72穴盘育苗，也可用营养钵或岩棉块育苗。根据当地实际情况因地制宜选择育苗方式和育苗材料。育苗材料使用前要进行消毒。

（2）基质准备　选择草炭、蛭石、珍珠岩等，一般的配比含量为草炭∶蛭石∶珍珠岩＝3∶1∶1。在基质中加入适量的无机肥和有机肥，一般每立方米基质中加入2.6～3.1千克氮磷钾复合肥15∶15∶15及10～15千克脱味鸡粪等，拌匀基质。然后将基质消毒。如果基质过于干燥，应加水进行调节。

（3）装基质　用穴盘或营养钵育苗时，播种前要做好育苗床或育苗畦，并装好基质，码排好育苗盘或育苗钵备用。

2. 播种

（1）种子处理　见本章第二节三（一）、（二）。

（2）催芽　见本章第二节三（三）。

（3）播种　把经过催芽后的种子点播于苗盘、营养钵内或岩棉块上，播种后用蛭石均匀覆盖在种子上，浇透水，然后盖上一层白色地膜，保温保湿。

3. 育苗管理

见本章第二节五。

（二）无土育苗的管理

1. 基质消毒

育苗基质和育苗装置使用前要进行消毒，杀灭残留病菌和虫卵。

2. 水质管理

水质与营养液的配制有密切关系。水质标准的主要指标是电导率（EC）、pH 值和有害物质含量是否超标。无土栽培对水质要求严格，尤其是水培，因为它不像无土栽培具有缓冲能力，所以许多元素含量都比土壤栽培允许的浓度标准低，否则就会发生毒害。一些农田用水不一定适合无土栽培，收集雨水做无土栽培，是很好的方法。电导率是溶液含盐浓度的指标，通常用毫西门子（mS）表示。无土栽培的水，pH 值不要太高或太低，因为西瓜对营养液 pH 值的要求以中性为好，如果水质本身 pH 值偏低，就要用酸或碱进行调整，既浪费药品又费时费工。

3. 营养液的管理

营养液是无土栽培的关键。配制营养液要考虑到化学试剂的纯度和成本，生产上可以使用化肥以降低成本。配制的方法是先配出母液（原液），再进行稀释，可以节省容器，便于保存。需将含钙的物质单独盛在一容器内，使用时将母液稀释后再与含钙物质的稀释液相混合，尽量避免形成沉淀。营养液的 pH 值要经过测定，必须调整到适于作物生育的 pH 值范围，以免发生毒害。营养液配方在使用过程中，要根据西瓜不同生育期、季节或因营养不当而发生的异常表现等，酌情进行配方成分的调整。西瓜苗期以营养生长为中心，对氮素的需要量较大，而且比较严格。因此，应适当增加营养液中的氮量。在氮素使用方面，应以硝态氮为主，少用或不用铵态氮。在日照较长的春季育苗时，可适当增加铵态氮用量。缺氮时往往叶黄而形小，全株发育不良。温室无土育苗易发生徒长，营养液中应适当增加钾素用量。在无土栽培中，由于缺铁而造成叶片变黄等较为多见，缺铁表现叶脉间失绿比较明显，其原因往往是营养液的 pH 值较高，铁化物发生沉淀，不能为植株吸收而发生铁素缺乏。可通过加入硫酸等使 pH 值降低，并适量补铁。

4. 提高供液温度

无土栽培中无论哪一种形式，营养液温度都直接影响幼苗根系的生长和对水分、矿物质营养的吸收。例如，西瓜根系的生长适温为 18～25℃，如果营养液温度长期高于 25℃或低于 18℃，均对根系生长不利。冬春无土育苗极易发生温度过低的问题，可采取营养液加温措施（如用电热水器加温等），以使液温符合根系要求。如果为沙砾盆栽或槽栽方法，可尽量把栽培容器设置在地面以上，棚室内保持适宜的温度，以提高根系的温度。

5. 补充二氧化碳

二氧化碳是幼苗进行光合作用制造营养物质的重要原料。棚室内进行无土栽培，幼苗吸收二氧化碳速度很快，由于基质中不施用有机肥料，因而二氧化碳含量较少。因此，二氧化碳不足是重要限制因子。现在在国外二氧化碳追肥已成为无土栽培中必不可少的一项措施。温室内补充二氧化碳的具体方法有：第一，开窗通气，上午 10 时以后，在不影响室温的前提下，开窗通气，以大气中的二氧化碳补充棚室内的不足；第二，碳酸铵加硫酸产生，方法详见“设施育苗中怎样补充二氧化碳气”；第三，施用干冰或压缩二氧化碳，国外一般用二氧化碳发生机和燃烧白煤油来产生二氧化碳。

6. 其他管理

无土育苗如采用沙砾盆栽法，一般每天供液 2～3 次，上午和下午各 1～2 次，晴朗、高温的中午增加一次，幼苗期量小一些，后期量大一些。营养液膜法和雾栽法两次供液间隔时间一般不超过半小时。

十、 无土育苗的栽培要点

（一） 基质的选择

固体基质作为基质栽培的材料，其性能对作物生长影响较大，对管理技术要求也不同，如基质保水性、通透性和缓冲作用均与基质的物理性质和化学性质有关。不同的基质，其性质和作用不同，如沙、石砾等无机基质，其固定、支持锚定植物作用、透气较好，但保水性、缓冲作用较差，而有机基质如树皮、锯木屑、蔗渣、泥炭等固定、支持锚定植物作用较差，但保水性、缓冲作用好。为了克服单一基质的容重过轻、过重，通气不良或者通气过盛等弊病，要将几种基质混合形成复合基质来使用，一般在配制复合基质时，以两种或三种基质混合而成为宜。基质选择可根据当地基质来源，因地制宜地加以选择，尽量选用原料丰富易得、价格低廉、理化性状好的材料作为无土栽培的基质。基质的化学性状主要指以下几方面：

1. pH 值

pH 值反映基质的酸碱度，非常重要。它会影响营养液的 pH 值及成分变化。pH＝6～7 被认为是理想的基质。

2. 电导率（EC）

电导率反映已经电离的盐类溶液浓度，直接影响营养液的成分和作物根系对各种元素的吸收。

3. 缓冲能力

缓冲能力反映基质对肥料迅速改变 pH 值的能力，要求缓冲能力越强越好。

4. 盐基代换量

盐基代换量是指在 pH＝7 时测定的可替换的阳离子含量。一般有机机质如树皮、锯末、草炭等可代换的物质多；无机基质中蛭石可代换物质较多，而其他惰性基质则可代换物质就很少。

（二）基质消毒

参见本节九（二）1。

（三）水质

参见本节九（二）2。

（四）营养液

参见本节九（二）3。

（五）供液系统

无土栽培供液方式很多，有营养液膜（NFT）法、漫灌法、双壁管式灌溉系统、滴灌法、虹吸法、喷雾法和人工浇灌等。归纳起来可以分为循环水（闭路系统）和非循环水（开路系统）两大类。目前生产中应用较多的是营养液膜法和滴灌法。

1. 营养液膜法

（1）母液贮液罐　备三个：一个盛硝酸钙母液，一个盛其他营养元素的母液，另一个盛磷酸或硝酸，用以调节营养液的pH。

（2）贮液槽　贮存稀释后的营养液，用泵将其液由栽培床高的一端送入，由低的一端回流。液槽大小与栽培面积有关，一般1000平方米要求贮液槽容量为4～5吨。贮液槽的另一个作用就是回收由回流管路流回的营养液。

（3）过滤装置　在营养液的进水口和出水口要求安装过滤器，以保证营养液清洁，不会造成供液系统堵塞。

2. 滴灌系统的灌溉设施

（1）营养液罐　备两个浓缩的营养液罐，存放母液，一个液罐中含有钙元素，另一个液罐中不含钙。

（2）浓酸罐　用以调节营养液的pH。

（3）贮液槽　用来盛按要求稀释好的营养液。一般300～400平方米的面积，贮液槽的容积1～1.5吨即可。贮液槽的高度与供液距离有关，只要高于1米，就可供30～40米的距离。如果用泵抽，则贮液槽高度不受限制。甚至可在地下设置。

(4) 管路系统　用各种直径的黑色塑料管，不能用白色，以避免藻类的滋生。

(5) 滴头　固定在作物根际附近的供液装置，常用的有孔口式滴头和线性发丝管。孔口式滴头在低压供液系统中流量不太均匀，发丝管比较均匀。但共同的问题是易堵塞，所以在贮液槽的进出口处，也必须安装过滤器，滤出杂质。

第六节　试管育苗技术

一、培养材料和培养基

试管育苗也称组织培养，就是利用植物的一部分组织或器官，在无菌条件下培养成完整植株的一种新的无性繁殖方法。此法也是无籽西瓜和其他珍稀名贵品种育苗、实现优良品种快速繁殖的一条有效途径。尤其结合嫁接栽培，借用砧木的较强适应能力和发达的根系，可比常规的试管苗直接生根移栽效果好。这样，既提高了瓜秧质量，保证有较高的成活率和抗病性，又解决了西瓜的连作障碍问题。其具体操作方法如下：

(一) 培养材料

无籽西瓜或其他珍贵品种的种胚、茎尖、根尖、花粉及子房等均可用于组织培养，目前应用最多的是种胚和茎尖组织培养。

(二) 培养基

无籽西瓜组织培养的培养基因所选用的材料及培养阶段的不同而有差异。一般分为种胚培养基、芽团分化培养基和生根培养基三种。

1. 培养基的成分

培养基的成分包括无机盐（常量元素和微量元素）、有机化合物（蔗糖、维生素类、氨基酸、其他水解物等）、螯合剂（乙二胺四乙酸）和植物生长调节剂等。常量元素除氮、磷、钾外，还有碳、氢、氧、钙、镁、硫等。常用的氮素有硝态氮和铵态氮，多数培养基都用硝态氮。微量元素主要有铁、硼、铜、钼、锌、锰、钴、钠等。一定浓度的无机盐有利于保证培养组织发育所需的矿物质营养，使其生长加快。

有机化合物中的糖类是组织培养不可缺少的碳源，并能使培养基保持一定的渗透压。维生素类主要需加维生素 B_1、维生素 B_6、维生素 B_{12}、维生素 PP、生物素等。此外，还有肌醇（环己六醇）、甘氨酸等。

植物生长调节剂对于组织培养中器官形成起着主要的调节作用，其中影响最显著的是生长素和细胞分裂素。使用生长调节剂要注意其种类、浓度以及生长素和细胞分裂素之间的比例。一般认为生长素与细胞分裂素之比值大时，利于根的形成；比值小时，则可促进芽的形成。常用的生长素主要有吲哚乙酸（IAA）、萘乙酸（NAA）、吲哚丁酸（IBA）和 2,4-D（2,4-二氯苯氧乙酸）等。常用的细胞分裂素主要有激动素（KT）、6-苄氨基嘌呤（6-BA）、玉米素（Z）等。

琼脂是常用的凝固剂，系培养基基质，用以固定、着生培养物。通常用量为 0.6%～1%。

2. 培养基的配方及其配制

三种培养基中常量元素、微量元素、维生素类及有机物等完全相同，只生长调节剂类有所不同。无籽西瓜芽团培养基的配方如表 2-3。

表 2-3 无籽西瓜芽团培养基配方

成分	含量/（毫克/升）	成分	含量/（毫克/升）
硝酸铵（NH_4NO_3）	1650	维生素 B_6	0.5
硝酸钾（KNO_3）	1900	肌醇	100.0
氯化钙（$CaCl_2 \cdot 2H_2O$）	440	二乙胺四乙酸铁盐（EDTA-Fe_2）	74.5
硫酸镁（$MgSO_4 \cdot 7H_2O$）	370	甘氨酸	2.0

续表

成分	含量/(毫克/升)	成分	含量/(毫克/升)
磷酸二氢钾(KH_2PO_4)	170	烟酸	0.5
硫酸锰($MnSO_4 \cdot 4H_2O$)	22.3	维生素 B_1	0.4
硫酸锌($ZnSO_4 \cdot 7H_2O$)	8.6	硫酸亚铁($FeSO_4 \cdot 7H_2O$)	55.7
硼酸(H_3BO_3)	6.2	吲哚乙酸(IAA)	1.0
碘化钾(KI)	0.83	6-苄氨基嘌呤(6-BA)	0.5
钼酸钠($NaMoO_4 \cdot 2H_2O$)	0.25	琼脂	7000.0
硫酸铜($CuSO_4 \cdot 5H_2O$)	0.025	蔗糖(或白糖)	30000(50000)
氯化钴($CoCl_2 \cdot 6H_2O$)	0.025	pH 值	5.5～6.4

无籽西瓜种胚培养基的配方中常量元素、微量元素、维生素及有机物等全部与芽团培养基相同，但生长调节剂去掉吲哚乙酸(IAA)和6-苄氨基嘌呤(6-BA)，蔗糖改为每升20克(食用白糖33.3克)，pH值高至6～6.4。

无籽西瓜生根培养基的配方是将芽团培养基中的吲哚乙酸和6-苄氨基嘌呤去掉，换用吲哚丁酸(IBA)(1毫克/升)，其余各类元素不变。

配制培养基时，首先依次按需要量吸取各种成分，并混合在一起。将蔗糖或食用白糖加入熔化的琼脂中，再将混合液倒入，加蒸馏水定容至所需体积。随即用氢氧化钠或盐酸将pH值调至要求值，然后分装于培养容器内。

二、培养方法

(一) 消毒灭菌

将无籽西瓜种子先用70%酒精浸泡5分钟，再用饱和的漂白粉溶液浸泡3小时，用无菌水冲洗3次，然后在无菌条件下剥取种胚，接种到种胚培养基上进行培养。

（二）接种及转瓶

1. 接种

接种一般在超净工作台或接种箱内进行，应严格按无菌操作规程认真进行。每接种一批要及时放入培养室，随接种随培养。使形成工厂化连续生产。在适宜的条件下，胚根首先萌发，2周后两片子叶展开叶缘时，将带子叶的胚芽切下，进行转移培养。以后每隔3～4周切割1次，将顶芽和侧芽分离，植于芽团培养基中进行继代培养。

如果从田间无籽西瓜苗上直接取茎尖或侧芽则应先将取来的材料用自来水冲洗干净，再用70%的酒精消毒10秒钟，然后用0.1%的升汞消毒2分钟，最后用无菌水冲洗4～5次，接种于芽团培养基上进行培养。

2. 转瓶的适宜时间

无论种胚培养基还是芽团培养基所培养的无菌苗，当其增殖到3个芽时，应立即转瓶（分列转移到另一个三角瓶中），特别是在芽团培养基上，时间越晚分化形成的幼芽越多，不仅芽细弱，而且不便于将每个芽完整地分离。

三、培养条件

无籽西瓜组织培养过程中，受温度、光照、培养基、pH值和渗透压等各种环境因素的影响，需要严格控制培养条件。

（一）温度

无籽西瓜种胚培养最适宜的温度为28～30℃，芽（茎尖）培养最适宜的温度为25～28℃。低于16℃，高于36℃，均对生长不利。温度不仅影响细胞增殖，而且影响器官的形成。

（二）光照

光照强度、光照时间及光的成分，对无籽西瓜组织培养中细胞的增殖和器官的分化都有很大的影响。在育苗中，培养室内每100厘米×50厘米的面积安装40瓦日光灯1盏，光照每日10小时，瓜苗生长快而健壮。

（三）pH值

由于培养基的成分不同，要求pH值也有差异。例如，虽然无籽西瓜种胚培养基适宜的pH值为6～6.4，但如果培养基中无机铁源是$FeCl_2$，当pH值超过6.2时即表现缺铁症。如果培养基中改用二乙胺四乙酸铁盐（$EDTA\text{-}Fe_2$）时，即使pH值为7时也不会表现出缺铁症。芽团分化培养适宜的pH值为5.5～6.4。

（四）渗透压

培养基的渗透压对器官的分化有较大影响。例如，适当提高培养基中蔗糖或食用白糖的浓度，对提高无籽西瓜愈伤组织的诱导频率和质量起着重要作用。

（五）气体

愈伤组织的生长需要充足的氧气。在实践中，为了保证供给培养物以足够的氧气，通常用疏松透气的棉花做瓶塞，而且将培养瓶放置在通风良好的环境中。

四、嫁接与管理

当芽团培养基中经分离培养的无根瓜苗长3～4厘米时，可从基部剪断，作为接穗嫁接在葫芦或南瓜砧木上。当砧木子叶充分展开并出现1片小真叶时，切除真叶，用插接法或半劈接法进行嫁接。

嫁接后的管理，主要是保湿、保温。相对湿度维持在95%以上，温度保持在26～30℃的范围内。经过15天左右，当接穗长出3～5片较大叶片时，即可定植于田间。在定植前5～7天，应将嫁接苗放到培养室外进行炼苗。炼苗前1～2天，应将培养温度降至20～24℃，相对湿度降至75%～85%。

五、加快幼苗繁殖的措施

（一）及时调整培养基中生长调节剂的种类和浓度

在无籽西瓜组织培养过程中，芽的分化数量与培养基中所加入的细胞分裂素的种类和数量有关。例如培养基中加入 2 毫克/升 6-苄氨基嘌呤，培养 3～4 周后，能形成 10～15 个芽团，加入 2 毫克/升激动素，只能形成 2～3 个芽团。但是从芽的伸长生长来看，激动素的作用优于 6-苄氨基嘌呤。附加激动素培养 3～4 周后，芽长可达 4 厘米左右，可以剪取芽作继代分株培养，也可直接作接穗用于嫁接栽培。附加 6-苄氨基嘌呤的培养苗，则一直处于丛生芽的芽团状态。因此，为了尽快增加芽的数量，可加入 6-苄氨基嘌呤，以加速芽的增殖。而为了尽快取得足够的嫁接接穗或剪取一定长度的幼芽作继代培养时，可加入激动素。

此外，北京市农林科学院林果所高新一等研究证明，用高浓度的激动素（3～8 毫克/升）加低浓度的吲哚乙酸（1 毫克/升），加赤霉素（GA_3，2 毫克/升），能促进苗的生长。将幼芽转瓶后 2 周，即能长到 3～4 厘米高，带有 4～5 片小叶，且生长健壮，可供嫁接用。

（二）加强管理，保持适宜的培养条件

在培养过程中，要尽量满足无籽西瓜细胞分化和器官形成对环境条件的要求。如果发现培养苗黄化并逐渐萎缩甚至死亡时，可将培养基中的铵盐适当降低并把铁盐增加 1 倍，pH 值调到 6.4。

（三）改生根培养为嫁接培养

按照植物组织培养常规程序，无论利用种胚还是茎尖培养，要形成独立生长的植株，最后均需移植于生根培养基中，待形成一定的根系后才能定植到田间。但培养材料在生根培养基中生根不仅需一定的时间，而且操作较复杂，期间还有感染病菌的危险，根系亦不甚发达。如果将分化形成的无籽西瓜小苗或 2～4 厘米长的无根

丛生苗从基部剪取作为接穗，残留部分仍可继续培养利用。由于接穗幼嫩，嫁接培养除应熟练掌握嫁接技术外，还要注意嫁接的技术要求，选择适宜的砧木，以提高嫁接成活率。长度不足1.5厘米的细弱接穗，嫁接成活率很低，一般只有20%～25%。封顶的芽嫁接成活率更低，即使嫁接成活后也长期不能伸长生长，无法在田间定植应用。这是在嫁接时应避免的。用插接或劈接法嫁接时，砧木应粗壮或达到一定粗度时再嫁接。嫁接后要保持95%以上相对湿度和26～30℃的温度，并注意遮成花荫。嫁接后7～10天愈合成活，15～20天当接穗长出4～5片叶片时即可定植于田间。

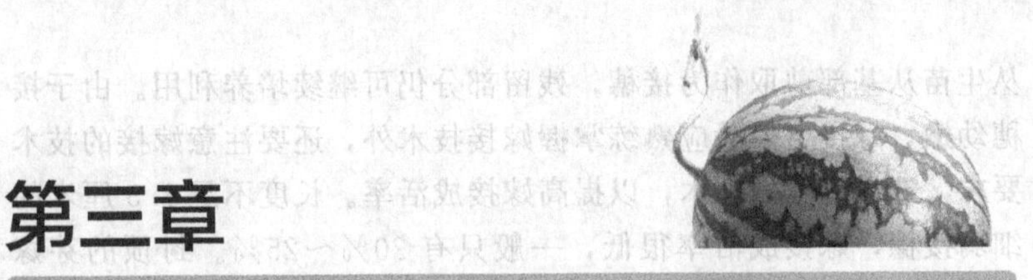

第三章 西瓜常规栽培技术

第一节　露地栽培技术

一、 栽培方式与栽培季节

（一） 栽培方式与栽培季节的划分

西瓜的栽培方式有露地栽培、设施栽培和特殊栽培。

作物在没有保护设施的条件下栽培，称为露地栽培；在有保护设施的条件下栽培，称为设施栽培，也叫保护栽培。露地栽培因灌溉条件或品种生态型不同，又可分为水瓜栽培和旱瓜栽培。水瓜栽培和旱瓜栽培，又因采用直播或育苗移栽的不同，分为早熟栽培和晚熟栽培。设施栽培，因保护设施的不同，可分为温室栽培、塑料大棚栽培、支架栽培、再生栽培、扦插栽培和无土栽培等。

在不同栽培季节里，要根据各地气候特点和栽培方式确定播种适期。

（二） 播种适期的确定

适期播种是西瓜高产的基础。播种期掌握不好，即使有了高产良种，也不会获得最佳生产效益（包括经济效益和社会效益）。

播种的最佳时间叫做适宜播种期，简称播种适期。西瓜的播种适期应根据品种、栽培季节、栽培方式和消费季节等条件来确定。

1. 品种

不同的品种有不同的生育期。同时，不同品种之间，在耐低温、抗旱及耐涝等方面也有一些差别。所以，生产中一般将生育期较长的早播种，生育期较短的晚播种；将耐低温的早春播种；将抗旱的品种旱季播种，将耐涝的品种雨季播种。

2. 栽培季节

由于我国地域辽阔，气候复杂，从而形成了不同的栽培季节。在不同的栽培季节里，也都有最适宜的播种期。这时播种适期根据当地的气温、光照、降雨、霜期等气候条件和栽培方式来确定。春季露地直播栽培，最适宜的播种期是在当地终霜后开始播种。夏季栽培，最早播种时间一般在5月底或6月上旬。最晚的播种时间应考虑西瓜成熟前不受初霜危害，一般可在当地初霜前90～120天（主要根据品种生育期而定）播种。我国除海南省外，秋季栽培和冬季栽培必须有保护设施，适宜的播种期可因保护设施的不同而异。

3. 栽培方式

西瓜的栽培方式主要有露地直播、栽子叶苗、阳畦育苗栽培、地膜覆盖栽培、小拱棚栽培、塑料大棚栽培、温室栽培等。由于各地气候不同，不仅不同的栽培方式其播种适期不同，就是同一栽培方式其播种适期也不尽相同。

4. 消费季节

各地群众对西瓜的消费习惯不同。如有的地区流传着“天不辣（炎热），不吃瓜”的说法，即习惯上不到大暑不吃西瓜。在这样的地区，春季栽培的播种期就要相应地推迟到4月下旬至5月上旬。有些地区立秋以后很少再吃西瓜，播种期就要相应地提早些，一般应在3月上旬至4月上旬播种。总之，要根据消费习惯，将西瓜的成熟时间安排在市场销售旺季。

二、播种前的准备

（一）土地选择

1. 西瓜对土质的要求

西瓜根系的生长，喜欢透气性良好、吸热快、疏松的沙质壤土。为了使西瓜根系向纵深发展，扩大吸收面积，就要深翻土壤，改善土壤结构，增加土壤透水层，加大通气性。西瓜较耐瘠薄，对土壤要求不太严格，在土层较薄，甚至新开垦的荒地内种植，也能生长。但是，为了获得高产优质，最好选择在土层较厚、排灌方便、土质疏松的沙质壤土地块上栽培西瓜。因为沙质壤土通透性良好，能吸收较多的太阳光，而且吸热快、散热快，形成较大昼夜温差，有利于光合产物的积累和西瓜含糖量的提高。沙地也可以种西瓜，但应在种植穴内换上深、宽各20～30厘米的肥沃沙质壤土。沙地种植西瓜的特点是苗子生长快，西瓜成熟早，品质好，但沙土保肥保水能力差，植株因肥水不足，容易早衰，发病也早，故应加强肥水管理和防病措施，争取西瓜高产。春季黏土地的地温回升慢、地温低，西瓜苗期生长缓慢，而且土壤越是黏重，地温回升越慢，地温也就越低；沙质壤土则是沙性越大，地温回升越快，尤其在晴朗白天，黏重土地与沙土地的地温回升差别特别明显。我国北方农民常说“春田沙质土发苗，黏土不发苗”，就是这个道理。但因黏土保肥保水能力强，一般比较肥沃，有后劲，所以虽然黏土早春不发苗，可是一旦地温提高，植株却生长旺盛，不早衰；西瓜成熟虽晚，产量却较高。又因黏土通透性差，昼夜温差小，西瓜的品质大都不如沙土地种植的西瓜好，所以在黏土地种西瓜应深耕细耙，多施有机肥，并加强铺沙、中耕、排水等工作，以改善渗水、通气、调温等性能。西瓜喜弱酸性土壤，但对土壤溶液的反应不太敏感，在pH 5～8（弱酸性→中性→弱碱性）的范围内，生长发育没有多大区别。嫁接栽培时，由于葫芦、南瓜等砧木不耐酸性，而且需磷量高，所以应选择中性且有效磷含量较高的土地。在发生过枯萎病的地区种西瓜，应选择酸性小的土壤种植。在含盐量不超过0.008%的土壤中，西瓜也可以较正常地生长，但是出苗不好，应育苗移栽，并带大土块，以利幼苗生长健壮。在酸性较强的土壤中种西瓜，应增施石灰或碱性较强的肥料，以便中和酸性，利于西瓜生长。西瓜在强酸性（pH 4.2 以下）土壤中生长困难，不宜种植。

2. 重茬地栽培西瓜应注意的问题

一般来说，西瓜最忌重茬。重茬后西瓜植株生长衰弱，易感病，严重时能造成大幅度减产。但在一定条件下，采取某些农业防治措施，西瓜也是可以连作重茬的。根据各地多年经验，在重茬地种西瓜应注意下列几点：

（1）要未发生过枯萎病　如果第一年种西瓜的田间没有枯萎病发生，一般第二年连作时也很少发病。同样，第二年种西瓜的田间仍没有枯萎病发生，第三年还可以连作。一旦西瓜发生枯萎病，则下一年就不能再继续连作西瓜了。

（2）选用抗病品种　在重茬地种西瓜，应特别注意选用抗病品种，如郑抗1号、黑巨冠、西农10号、新先锋、丰乐旭龙、豫艺15号及多倍西瓜。

（3）要错开种植行　选作西瓜的种植行，要与上一年的种植行错开位置，其距离为60厘米以上。在当年西瓜收获后，要及时清理瓜蔓、瓜根。在安排茬口种植其他作物时，最好不要打乱原来的西瓜行向土层。在耕翻土地时，要作好标记，不要使原西瓜行的土壤与留作下年西瓜行的土壤相混合。所有这一切都是防止通过土壤传播病害。

（4）实行早熟栽培　连作西瓜要采用育苗移栽、塑料薄膜覆盖等措施，使西瓜及早成熟。早熟栽培可以避开枯萎病的发病季节。

（5）增加密度　任何作物在生理上均具有所谓“连作障碍”（连作后生长发育不良），瓜类作物特别明显。西瓜连作后生长势减弱，单瓜重变小，产量降低，甚至常常出现缺株死苗情况。加大密度后，可弥补缺苗及减产。

(6) 施用复合肥　连作西瓜应多施复合肥，少施氮素化肥；有条件时要增施磷、钾肥和碱性肥料，少施或不施酸性肥料，以提高西瓜的抗病能力，并抑制枯萎病菌繁殖。

(7) 减少伤口和避免产生不定根　连作西瓜在整枝压蔓时，应尽量减少瓜蔓伤口。压蔓时，以明压或以树条卡子固定瓜蔓，尽量使西瓜茎蔓裸露地面，避免产生不定根（如地面铺草或使用地膜），这样可减少土壤内枯萎病菌侵害西瓜植株的机会。

(8) 嫁接栽培　如果采用南瓜等作砧木、西瓜为接穗进行嫁接栽培，可以防止西瓜枯萎病的传播，故上述（1）～（6）条可以不予考虑。因此，可以说采用嫁接栽培及（7）条中的要求，是西瓜连作的根本出路。

3. 丘陵地种植西瓜应注意的问题

丘陵地的光照充足，昼夜温差较大，同时土壤中所含的微量元素较丰富，种植的西瓜容易获得优良的品质。但是，在丘陵地种植西瓜，要达到早熟、高产、优质栽培的目的，还应注意以下几点：

(1) 地势的选择　丘陵地种植西瓜时，应根据当地气候特点、品种及轮作规划，进行合理布局。例如，采用早熟耐湿品种或北方干旱地区早春栽培西瓜，应选择背风、向阳、温暖、地势低洼处；采用晚熟耐旱品种或南方温暖多雨地区栽培西瓜，则应选择高燥、向阳的坡地栽培。

(2) 防止"水重茬"　在制订轮作计划时，应特别注意"水重茬"。引起西瓜枯萎病（俗称重茬病）的病原菌，可以存活 6～8 年之久。病菌可以通过种子、肥料、水流等传播。特别是水流，如在上水头（上坡地）种瓜发生此病，下水头不种瓜的土壤中亦可存在该病菌，第二年或以后 6～8 年内种植西瓜时仍可发生此病，因此称为"水重茬"。所以在丘陵安排西瓜地一般应是先种低处后种高处，也就是由低而高逐年轮茬。

(3) 防止水土流失　丘陵地种植西瓜应以防止水土流失、保水保肥为主，不能过分强调畦向。生产中一般应使瓜沟与坡向垂直延伸，并提前修好灌水渠和排水沟，以利于灌溉和排涝。

（4）增施有机肥料　丘陵地土壤中有机质的含量少，为了增加土壤中有机质的含量，提高西瓜产量，必须增施有机肥料。除适当增加厩肥和圈肥外，还可就地沤制绿肥、土杂肥等。有条件时，可施用部分饼肥。

（5）加强中耕等田间管理　丘陵地一般水浇条件较差，除应注意选用抗旱西瓜品种外，还应按旱作西瓜的要求加强中耕等田间管理工作。

4. 盐碱地种西瓜应注意的问题

盐碱地一般不太适于西瓜生长，但是，有时由于实际需要，在盐碱地上也可种植西瓜。在盐碱地上种植西瓜时只要能注意以下几点，也能获得较好收成：

（1）增施有机肥料　有机肥料可以改良盐碱地土壤结构，提高土壤肥力，有利于西瓜生长发育。故在盐碱地上种植西瓜要增施有机肥料，尽量少用化肥。

（2）整地做畦要适宜　翻地时不宜过浅，一般40～45厘米；做畦时不宜过深，但可适当将瓜沟挖宽一些。做畦要短，畦面要保持一定坡度，以利于排水。整地、做畦要平，防止返碱。

（3）播前浇透水　直播的西瓜，播种前要浇透底水，播种后覆盖稻草、麦秸等可以减轻返碱。但最好不直播，而采用育大苗移栽的方法。

（4）栽后淡水冲盐　对移栽的瓜苗，定植时要浇足定植水，冲洗盐分，防止返碱。

（5）浇水要合理　浇水要均匀，排水要及时。可采取沟灌洗碱的方法进行浇水。

（6）要勤松土　瓜蔓封垄前要勤松土，防止土壤板结，减少水分蒸发和盐分上升。

（7）盐碱地种西瓜　盐碱程度较重的地区，可在盐碱地上按行距挖深50厘米和宽50厘米的沟，沟内铺上塑料薄膜，填满非盐碱性田间土壤，并混施土杂肥作基肥，然后播种或定植瓜苗，可完全避免盐碱影响。

（二）整地做畦

种植西瓜的地块，应于封冻前进行深翻，使土壤充分风化并积纳大量雨雪。结合深翻可施入基肥。深翻后即可根据当地实际需要做成各种瓜畦。

1. 挖西瓜丰产沟

西瓜丰产沟简称瓜沟，就是在西瓜的种植行挖一条深沟，然后将熟土和基肥填入沟内，以备做畦。春西瓜地最好在上年封冻前挖沟，以便使土壤充分风化，而且沟内可以积纳大量雨雪。挖西瓜沟的好处很多：瓜沟内的土壤全部回填熟土，使疏松层加厚，孔隙增多，提高了储水和透水能力，为西瓜根系的纵横生长创造了良好条件。挖沟可以促进土壤有效养分增加，例如，沟内土壤经过深翻后，土壤内可被西瓜吸引利用的磷和氮的含量均有增加，还可促进好气性微生物活动和繁殖，使土壤内的有机物质易于分解，提高肥料的利用率。此外，沟内土壤经过深翻，还可以将土壤中的越冬害虫翻于地面冻死。西瓜沟多为东西走向、南北排列。这是因为，我国北方各省春季仍有寒冷的北风侵袭，如果瓜沟南北走向，“顺为北风”将会对瓜苗造成严重威胁。挖沟时可以用深耕犁，也可以用铁锨。西瓜沟宽 40 厘米左右、深 50 厘米左右（约两锨宽、两锨深）。先把翻出的熟土放在西瓜沟两边，再把下层生土紧靠熟土放在外侧（图 3-1）。挖沟时要尽量取直，两壁也要垂直，沟宽要求均匀一致。沟底要平整。沟底土壤坚实，应用铁锨翻或镢头刨一遍，以加深疏松和风化土层。

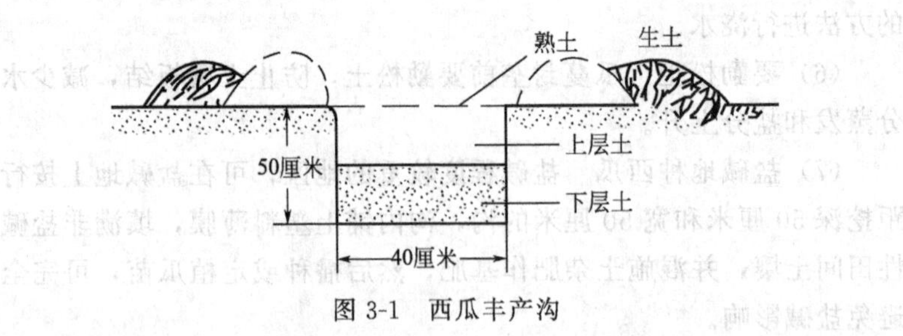

图 3-1　西瓜丰产沟

西瓜沟挖好后不要马上回填土，以利于土壤风化。一般可待做畦时再回填。在做畦前要施基肥、平沟。平沟前先用镢头沿瓜沟两侧各刨一下，使挖沟时挖出的熟土和原处上层熟土落入沟内，然后将应施入的土杂肥沿沟撒入，与土搅拌均匀。从沟底翻出的生土不要填入沟内，留在地面上以利风化。整平沟面后即可做畦。

在长江流域以南地区，因为春季雨水较多，所以多结合挖瓜沟开挖排水沟，具体做法是：每条瓜沟（畦）两边开竖沟，瓜田四周开围沟，围沟与进水沟和出水沟连接，做到沟沟相通。竖沟深30～35 厘米，围沟深 45～50 厘米，出水沟的沟底要低于围沟，以利于排水通畅。

2. 西瓜畦方向的确定

西瓜畦的方向应当依据当地的地势条件、栽培方式及温度条件确定。一般来讲，我国北方各省春季多有寒冷的北风侵袭，冷空气的危害是早春影响西瓜缓苗和生长的主要因素。所以西瓜畦以东西走向为好（表 3-1）。采用龟背形西瓜沟畦，西瓜苗定植于沟底，沟底距离畦顶的垂直高度为 10～20 厘米，那么畦顶便成为西瓜苗挡风御寒的主要屏障。对于早春冷空气较少侵袭的地区，西瓜地北侧有建筑物或比较背风向阳的地方，以及支架栽培或采用塑料拱棚覆盖栽培等，均可采用南北走向的西瓜畦。西瓜的株距比其他作物大，而且西瓜蔓多为爬地生长，所以无论西瓜畦南北向还是东西向，一般不存在植株间相互遮阴的问题。另外，对于坡耕地，应以防止水土流失、保水保肥、便于排灌为主，不能过分强调畦向，应使西瓜畦与坡向垂直延伸。

表 3-1 畦向对瓜苗前期生长的影响

畦向	主蔓长度/厘米	侧蔓数/条	侧蔓总长/厘米	雌花开放植株/%
东西向	1505	3.6	216.2	54.9
南北向	109.9	2.5	116.5	2.0

3. 西瓜畦式的选择与制作

在栽培上，为了便于田间管理，常常先要做成适当的畦式。在播种或定植前半个月左右，将瓜沟两侧的部分熟土与肥料混匀填入沟内，再将其余熟土填入，恢复到原地面高度，整平做成瓜畦。瓜畦的形式有多种，南北方各不相同。常见的有平畦、低畦、锯齿畦、龟背畦、高畦等。北方多采用平畦或锯齿畦，南方则多为高畦。

（1）平畦 分大小两个畦。畦面与地平线相齐，故称平畦。将瓜沟位置整平，做成宽约50厘米的小畦，称为老畦或老沟，用来播种或定植瓜苗。将从瓜沟中挖出的生土在老畦前整平做成大畦，称为加畦或坐瓜畦，作为伸展瓜蔓和坐果留瓜之用。大畦和小畦之间筑起畦埂以利于挡水。

（2）锯齿畦 将原瓜沟整平做成宽50厘米左右的畦底，北侧的生土筑成高30厘米左右的畦埂并整成南高北低的斜坡，从侧面看上去，整个瓜田呈“锯齿”形，故称锯齿形瓜畦。锯齿形瓜畦具有良好的挡风、反光、增温和保温作用，适于我国北方地区早春栽培西瓜用。

（3）龟背畦 把原挖的瓜沟做成畦底，整成宽30厘米左右的平面，再将畦底两侧的土分别向畦背（挖瓜沟时放生土的地方）扒，使两沟间形成龟背形，即成龟背畦。龟背畦的坡度要适宜，因为多在畦底处播种或栽苗，所以畦底的深度应根据地势、土质和春季风向而定。高地宜深些，低洼地宜浅些；沙土宜深些，壤土宜浅些；春季顺沟风多宜浅些，横沟风多宜深些。一般畦底深度为20厘米左右（畦底与龟背之间的高度差）。

（4）高畦 南方春季雨多易涝，故多采用高畦栽培。高畦有两种规格：一种畦宽2米，高40～50厘米，两畦间有一宽30～40厘米的排水沟，在畦中央种1行西瓜；另一种畦宽4米，在畦面两侧各种1行西瓜，使其瓜蔓对爬。同样在畦间开挖排水沟。做高畦前将土壤深翻40～50厘米，施入基肥后整平。瓜田四周要挖好与畦间排水沟相通的深沟，以利于排水。在地下水位特高或雨水特多的地区，常在高畦上再做圆形瓜墩以利于排水通气。

为了便于浇水和田间其他农艺操作，瓜畦均要平整，各种瓜畦长度以不超过30米为宜。

（三）基肥的施用

1. 肥料种类

基肥以肥效较长、养分完全的有机肥料为主，再加入适量速效化肥。西瓜对肥料种类的要求比较严格。各地瓜农普遍认为肥料种类与西瓜品质的好坏关系密切。瓜田常用的有机肥料有厩肥、堆肥、草粪、土杂肥等粗肥以及大粪干、饼肥、鸡肥、鱼肥、骨粉等细肥，而以含磷、钾量高的饼肥、鸡肥和鱼肥为最好。

2. 施肥量

基肥施用量根据土壤的肥力情况而定。在土质瘠薄、肥力较差的土壤上，每亩可施土杂肥 4000～5000 千克或厩肥 3000～4500 千克，加饼肥 150 千克；中等以上肥力的土壤，每亩施土杂肥3000～4000 千克或厩肥 2000～3000 千克，加饼肥 100 千克，在肥料中要注意氮、磷、钾三要素的配合。在北方地区一般土壤缺磷，另外西瓜需钾量较大，因此，基肥中要适当增加磷、钾肥的比例，每亩可以加入过磷酸钙 40～60 千克和硫酸钾 15～25 千克或复合肥 30～40 千克。

3. 施肥方法

基肥的施用方法根据肥料种类和施肥量来确定。土杂肥或厩肥数量较多时，一部分可在耕地前撒施。其余的在做畦时集中沟施；数量较少时，结合做畦一次施入瓜沟即可。沟施时应将肥料和回填的熟土掺和均匀。饼肥和化肥调匀后，在做畦前施入瓜沟表层土壤中。有机肥在施用前必须集中堆沤腐熟，避免在地里发酵烧苗和滋生地下害虫。在定植畦两侧各开一条深、宽各 20～30 厘米的施肥沟，然后将肥料一次性施放沟内，然后整平畦面，瓜苗定植在两条施肥沟的中间，这样有利于植株根系吸肥均匀。

4. 间作套种地块的整地施肥

西瓜与早春蔬菜间作套种，冬前可不挖瓜沟，于早春将基肥撒施于地面。基肥施用量应比西瓜单作时多一些，每亩可施用土杂肥 5000～6000 千克、硫酸铵 40 千克、过磷酸钙 50～60 千克，然后全面深耕 20～30 厘米。整平耙细，按预定行距留出西瓜行。在西瓜行间做成 0.8～1.2 米宽的菜畦，畦埂距西瓜定植行不应少于 40 厘米。西瓜与冬小麦间作套种的，应在小麦播种时留出西瓜沟，一般每 9 行小麦留一个 80 厘米宽的空畦。可在小麦播种前挖西瓜沟时施入基肥。

第二节 露地春播栽培技术

一、整地做畦

详见本章第一节二（二）。

二、播种或定植

（一）播种

为节约篇幅，现将春播栽培、夏播栽培、秋播栽培和设施栽培等各种不同栽培方式的播种方法介绍如下：

1. 播种方法

田间直播和育苗多采用点播的方法，如果没有催芽时，发芽率在85%以上的每穴播1～2粒种子，发芽率在80%左右的最好不少于2粒。进行催芽的种子，一般每穴中播1粒或每穴播1粒有芽种子与1粒无芽种子。既可以在播种处开穴播种，也可以先播在钵面上，播完后再覆盖床土。没出芽或刚露白的种子，播种时可用手拿种子直接播入，但对已出芽尤其是出芽较长的种子，最好用镊子或筷子夹取，用竹木小细棒亦可，不要用手拿种芽播，因为用手取时容易折断幼芽。

2. 播种深度

播种的深度要适当，当过深时出苗时间延长，若遇床土湿度大、温度低时易影响出苗，甚至发生烂种。播种过浅时，虽然出苗较快，但容易发生带壳出土现象，如果床土较硬，严重影响根系的下扎，若床土失水较快很易造成落干。特别在覆盖薄膜的苗床上，更容易发生这种现象，会直接影响到出苗或幼苗生长。据试验，播种深度以1.5～2厘米的出苗率最高；出苗速度快，带壳出土率低；超过3厘米出苗时间延迟。

3. 注意事项

（1）由于西瓜种子出土脱壳，是土壤阻力和胚栓伸长生长共同作用的结果。因此，播种时最好将种子平放，以便使种壳受到土壤的阻力，有利于子叶脱壳，防止戴帽出土。

（2）播种时土壤温度不要低于16℃，否则会大大延迟出苗时间。采用设施育苗时，可以待床温升到25℃左右时播种。

（3）播种时，土壤的湿度要适宜，如果底墒不足，应先浇足水后再播。特别是播催芽的种子，土壤湿度低时，易发生落干而使幼芽干枯，失去出苗能力，造成不应有的损失。另外，土壤墒情不足时，也会使种皮干燥变硬，影响子叶脱壳，引起带壳出土。在适宜的土壤湿度条件下，胚根顺利吸水，并能正常生长发育，子叶也会顺利出壳。当然，土壤湿度过大，空气缺乏，也会影响出苗，甚至发生烂种。如果出苗前或幼苗顶土时，床土过干，可适当喷洒温水。

（4）播种完毕要及时盖上地膜，以保温保湿。

（二）移栽定植

1. 定植前瓜苗的锻炼

适时、适当地进行幼苗锻炼是西瓜育苗过程中不可缺少的环节。通过炼苗可以增强幼苗的适应性和抗逆性，使瓜苗健壮，移栽后缓苗时间短，恢复生长快。西瓜幼苗经过锻炼，植株中干物质和细胞液浓度增加，茎叶表皮增厚，角质和蜡质增多，叶色浓绿。所以这样的瓜苗抗寒抗旱能力强，定植后保苗率高，缓苗速度快。

西瓜苗的锻炼一般从定植前5～7天开始进行。瓜苗锻炼前选晴暖天气浇1次足水（锻炼期间不要再浇水），然后逐渐增大通风量，使床内温度由25～27℃逐渐降到20℃左右。电热温床应减少通电次数和通电时间。在这期间夜间一般不再盖草帘，塑料薄膜边缘所开的通风口夜间也不关闭。随着外界气温的回升，定植前2～3天，当气温稳定在18℃以上时，除掉苗床所有覆盖物（电热温床还应停止通电），使瓜苗得到充分的锻炼。在瓜苗锻炼期间，如果遇到不良天气，例如大风、阴雨、寒流、霜冻等，则应立即停止锻炼，并采取相应的防风、防雨、防寒、霜等保护措施。另外，如果锻炼时间已达到要求，但因天气不良或突然遇到某种特殊情况时，可暂不定植，在瓜苗不受冻害的前提下，继续进行锻炼。

不同栽培方式炼苗时间和炼苗温度可以不同。如果用大棚栽培，又在大棚中育苗的，可以不炼或轻炼；采用地膜覆盖栽培的，可以适当轻炼苗，一般 4～5 天即可。而移栽到大田或行地膜覆盖栽培的，应适当重炼，以使瓜苗充分适应自然环境，保证栽后及早缓苗。炼苗完毕准备移栽时，若遇不良天气或因其他原因而不能定植，应适当采取保护措施，或使瓜苗继续锻炼即可，但也不要拖延很长时间，以免瓜苗过大影响移栽成活率。

锻炼程度取决于锻炼天数的多少和降温、控水的程度。例如由苗床定植到小拱棚内可锻炼 5 天左右，床温降至 20～22℃，停止浇水 4～5 天。如果露地定植，则应锻炼 7 天左右，床温降至 18～20℃，停止浇水 6～7 天。对于采用电热温床或温室育苗，移栽定植到塑料大棚或中棚内的瓜苗，也要锻炼 1～2 天，使温度降至 22～25℃，停止浇水 2～3 天，并加大通风量和延长通风时间。

2. 及时移栽定植

西瓜育苗时，无论采用哪种育苗方式，移栽定植时，都要求一定的苗龄，超过一定苗龄后，成活率及苗期生长都将受到很大影响。这是因为西瓜根系的再生能力较弱，而且一旦组织成熟，根木栓化以后，新根的发生就困难了。因此，当采用育子叶苗的方式时，就要在子叶展平、真叶尚未出现时移栽定植。如果在真叶展出后再移栽定植，不但成活率很低，即使已经成活的瓜苗，生长也很迟缓，往往形成弱苗或小老苗。在不采用营养钵或营养土块等带土移栽的情况下，以子叶展平、二次侧根出现之前移栽定植为宜。如果采用较小的营养钵或营养土块等带土移栽时，以 2～3 片真叶展开、三次侧根刚发生时移栽定植为宜。否则定植过晚，不但在苗床内限制了三次侧根、四次侧根的生长，同时在移栽时还会有大量的三次侧根、四次侧根遭到破坏或损伤。如果采用大规格营养钵或营养纸袋（直径 10～12 厘米）育苗时，也可使苗龄达 40 天、幼苗长出 4 片真叶再移栽定植。但是也不可使苗龄过大，若在苗床中抽蔓后再移栽定植时，将会影响苗的发育，延迟坐瓜。

综上所述，西瓜无论是育子叶苗还是育大苗，都应及时移栽定植，否则将影响移栽成活率和苗期的生长发育，最终导致减产。

3. 西瓜定植适期的确定

早春定植西瓜苗最重要的是考虑地温和霜冻。各地历年的终霜期不一。为了西瓜生产的安全，早春露地栽培和地膜覆盖栽培一般应在终霜期过后定植为宜。定植时的天气情况对定植后的幼苗生长发育有很大影响，如遇连阴雨天或寒流天气，宁肯晚定植几天也比阴雨天、寒流天早定植好得多。中小拱棚覆盖栽培，或地膜加小拱棚双覆盖栽培的定植期，一般可比露地定植提早 20 天左右。塑料大棚保护栽培，或塑料小拱棚夜间覆盖草帘保护栽培，一般可比露地栽培提早 1 个月定植。早春冷风较多的地区和风大的地区，对于适期露地早定植的瓜苗应加强防风措施。

另外，为了提高西瓜生产的经济效益，避免西瓜集中上市，延长西瓜供应期，生产中应当根据自己单位实际情况和条件，尽量使西瓜的品种做到早、中、晚熟合理搭配，分期播种。也可根据天气的变化情况和瓜苗的大小，进行分期定植。

4. 提高西瓜定植成活率的措施

我国北方春季风大，又常有寒流（倒春寒）天气，西瓜苗定植后有时遇到灾害性天气，成活率不高。特别是质量不高或未经充分锻炼的瓜苗，定植成活率更低，影响早熟高产。提高西瓜苗定植的成活率可采取下列措施：

（1）增强瓜苗的抗逆能力　加强苗床管理，提高瓜苗质量，加强定植前的瓜苗锻炼，使植株本身的抗逆能力增强。

（2）提高地温　春季地温低是影响缓苗和成活率低的重要原因。因此要在定植前 15 天整好畦面，以便充分晒土，提高地温。定植时不要灌大水，以免降低地温。最好进行穴灌或开浅沟浇小水，以定植瓜苗根系周围的土壤充分湿润为度，浇水后封埯，定植后要结合封埯将土铲细铲松，既增加土壤透气性，又能提高地温。

（3）定植深浅要适宜　定植深度一般以覆土后子叶距地面 1～2 厘米为宜，切不可过深或过浅。定植过深，土温低，缓苗慢，潮湿地块还易烂根；定植过浅，则表土易干，影响成活。

（4）避免伤苗和伤根　定植时应仔细操作，以免碰伤瓜苗或碰破营养土块。采用营养纸袋育苗者，定植时一般不需将纸撕去；采用营养土块育苗者，应将苗床设在瓜田附近，以尽量缩短运苗距离。采用塑料营养钵育苗者，要在栽苗时才将瓜苗连同培养土一起轻轻从钵中取出，以尽量减少伤根。

5. 西瓜苗定植深度的确定原则

西瓜苗定植时栽植深浅适宜，可使瓜苗迅速恢复生长，从而达到早熟高产栽培目的。如果把瓜苗栽得过深或过浅，一方面会使瓜苗难于成活，即使能够成活也会使瓜苗生长缓慢，影响早熟和降低产量。

适宜的定植深度，应该使营养纸袋（或者营养土块）的上口与地面相齐平（一般子叶距地面 1～2 厘米）。这种深度能够满足瓜苗根系生长对环境条件的各种要求，定植后瓜苗缓苗快，发棵早。

6. 定植方法

定植就是将育成的西瓜苗按一定的株行距栽植于大田中（或栽培设施中）。

在定植前 5～7 天，平整好瓜沟，使其土壤充分日晒，以提高土温。土温高定植后能加速次生根的生长，有利于水分和矿物质的吸收，有利于缓苗。定植时，用瓜铲或瓜苗定植器按株、行距开穴栽植，封土按实，然后浇水。

三、田间管理

（一）直播或定植后的苗期管理

西瓜苗期的田间管理工作主要是查苗间苗补苗、中耕松土、防草防病、控制肥水及防苗徒长等。

1. 查苗补苗

西瓜苗齐、苗全、苗壮是高产的基础。种植西瓜时，如果严格按照播种、育苗和瓜苗定植的技术要求操作，一般不会出现缺苗的现象。但有时由于地下害虫的危害、田间鼠害，或者在播种、育苗和定植时某些技术环节失误，会造成出苗不齐不全或栽植后成活率不高的现象。遇此情况，可采取以下的补救办法：

（1）催芽补种　西瓜直播时，如果播种过深或湿度过大时，会造成烂种或烂芽，而形成缺苗。这时要抓紧将备用的瓜种进行浸种、催芽，待瓜种露出胚根后，用瓜铲挖埯补种。

（2）就地移苗，疏密补缺　把一埯多株的西瓜苗，用瓜铲将多余的带土瓜苗移到缺苗处。栽好后浇少量水，并适时浅划锄，促苗快长。

（3）移栽预备苗　在西瓜播种时，于地头地边集中播种部分预备苗，或者定植时留下部分预备苗。当瓜田出现缺苗时，可移苗补栽。这种方法易使瓜苗生长整齐一致，效果较好。

（4）加肥水促苗　对于瓜苗生长不整齐的瓜田，要在瓜苗长出3～4片真叶时，或定植缓苗后，对生长势弱、叶色淡黄的三类瓜苗，追一次偏心肥。办法是在距瓜苗15～20厘米处，揭开地膜挖一小穴，每株浇施约0.2千克腐熟的人粪尿或0.5％的尿素化肥水0.5千克，待肥水渗下后埋土覆膜，以促使弱苗快长。此外，对个别弱苗，施偏心肥7～10天后，还可距瓜苗15～20厘米处开沟，每株追施尿素20～30克或复合化肥50克，然后覆土，浇0.5千克左右水，待水渗下后盖好地膜。

2. 促进西瓜苗早发棵的几项措施

促进西瓜幼苗的旺盛生长，保障瓜田苗全苗旺，是西瓜早熟、高产栽培的重要环节。早春西瓜苗出土或定植到大田后，可采取如下措施，以促进西瓜苗早发棵：

（1）提高播种或定植质量　西瓜播种或定植前要把瓜沟充分浇透，并结合做畦将畦面整平耙细，使整个瓜畦下实上松。播种和定植瓜苗要选在晴暖天气的上午进行，并要保证播种和定植后有2～3个晴天天气。播种或定植时一定要浇透底水，以利出苗和缓苗。定植瓜苗时要仔细操作，不能碰破或起破营养土块或营养纸袋，不能碰伤瓜苗，播种或定植后应用细土覆盖，并使覆土厚度按照要求保持一致。如果采用地膜覆盖栽培，要适当多施基肥，可将全部用肥量的80%左右作为基肥，将第一次追肥的时间比不覆地膜的推迟10～15天，并要在定植或播种前浇透底水。同时，将畦面整细拉平，以提高覆膜质量。

（2）及时中耕松土　西瓜苗出土或大田定植以后，要经常中耕松土。中耕松土的作用，一方面可切断土壤毛细管，减少水分蒸发，保持墒情；另一方面可使表土层经常保持疏松，以增加土壤透气性能，并能提高地温。因此，中耕松土是促进幼苗根系发育的重要措施。直播西瓜，在苗期一般要中耕6～7次。第一次中耕在瓜苗拉十字阶段前，用锄（或瓜铲）在西瓜苗周围及瓜沟处耥锄，深约5～6厘米，将杂草除掉、土块打碎，并将地面稍拍实整平。以后每隔4～5天中耕1次。方法与第1次相同，但随瓜苗的生长和根系的扩展，中耕深度应较浅，一般3～4厘米即可。移栽定植的瓜苗，中耕次数可以减少，一般3～5次。第一次中耕应在缓苗后进行，方法与直播者相同。以后每隔5～7天中耕1次，深度5～6厘米。最好在浇水和雨后进行中耕。有条件时，最好在西瓜幼苗根部地面铺放一层厚2厘米左右的沙子，可防止土壤板结，保持土壤湿润，减少中耕次数，并且白天能提高地温，促进幼苗生长。此外，覆盖地膜的瓜田，只在地膜外围耥锄除草3～5次即可。

（3）适当加大肥水　选择气温较高的晴天上午加大浇水量，每亩可浇灌30～40立方米水。基肥不足时，可在浇水前先追施尿素，以促进其生长。具体做法是，离弱苗根部20厘米左右，开一3～4厘米浅沟，每株追施尿素20～30克，覆土后浇水。

3. 直播西瓜壮苗与徒长苗的主要区别

西瓜直播栽培，在田间定苗时也应选留壮苗，间掉徒长苗和弱苗。壮苗和弱苗容易区分，但壮苗与徒长苗却容易混淆。这是因为，徒长苗看来似乎比壮苗生长较大。其实，这只是表面现象。壮苗子叶宽厚，下胚轴粗短；根系发达，已发生许多一次侧根，4片真叶时一般可发生2～3次侧根，主根长可达20～30厘米；叶柄粗短，叶片肥大，叶脉粗壮，叶色浓绿。徒长苗下胚轴细长，而且呈现上部细、基部粗的长锥形；根系不发达，侧根少；叶柄细长，叶片狭长而薄，叶脉细，叶色较淡。

4. 防止西瓜植株徒长的主要措施

西瓜蔓叶生长中心转移，营养过分集中到蔓叶生长方面，表现在植株上被称为徒长，俗称跑蔓、疯长、旺长等。西瓜徒长后，一般表现为瓜蔓变细而脆，节间变长；叶柄细而长，叶片薄而狭长，叶色淡；雌花出现延迟，不易坐瓜；雌花开放时，瓜梗细且短，子房纤小，易萎缩而化瓜。生产中一般采用控制肥水和整枝措施控制西瓜徒长。

（1）控制肥水　肥水施用过量，特别是氮肥过量，磷、钾肥不足时，很容易使植株徒长。肥水使用时期掌握不当，也易造成徒长。例如在坐瓜前肥水过大，营养集中供应蔓叶生长，而花果孕育期则得不到足够的营养，即生长中心不能适时由营养生长转至生殖生长故而不能形成生长中心，因而肥者愈旺，弱者愈弱。如果控制肥水，则可抑制营养生长，使生长中心及时转移到生殖生长方面。据试验，雌花出现节位距瓜蔓顶端的距离，是衡量生长中心是否转移的标志。例如鲁瓜 1 号，当雌花开放时，以雌花到生长点距离为 25～30 厘米，生长发育十分协调，证明生长中心已由营养生长转到生殖生长方面；若从雌花到生长点距离大于 60 厘米，则蔓叶生长过旺，节间变长，不易坐瓜，证明生长中心仍在营养生长方面而没有转移；如果从雌花到生长点距离小于 15 厘米，则蔓叶生长过弱，证明生长中心已过早地由营养生长转移到生殖生长方面。

（2）整枝　详见（二）植株调整。

（二）植株调整

在西瓜生产中，对植株进行整枝、压蔓、打杈、摘心等，通常总称为植株调整。其作用可调整或控制西瓜蔓叶的营养生长，促进花果的生殖生长，改善田间或空间群体结构和通风透光条件，提高西瓜产量和品质。

1. 西瓜植株调整的意义

西瓜植株调整，实质上就是调整叶面积系数（指单位面积土地上西瓜全部绿叶面积与土地面积的比值），改善群体结构（指西瓜植株在一定范围内的分布状态），有利于碳水化合物的积累，提高西瓜的产量和品质。因此，整枝、压蔓是西瓜高产栽培的不可缺少的重要措施。但不同品种对植株调整的反应不同，这与其生长结果习性，特别是生长势及分枝性有关，此外与栽培方式和栽植密度也有关。一般晚熟品种较早熟品种、保护地栽培较露地栽培，植株调整有其更重要的意义。

整枝的作用主要是让植株在田间按一定方向伸展，使蔓叶尽量均匀地占有地面，以便形成一个合理的群体结构。压蔓的作用主要是固定瓜蔓，防止蔓叶和幼瓜被风吹动而造成损伤；同时压蔓还可以产生不定根，增加吸收能力。打杈和摘心能够调整植株体内的营养分配，控制蔓叶生长，促进西瓜生长。

植株调整除了调整营养分配，促进坐瓜和瓜发育外，还可缩短生长周期，提早成熟。西瓜是喜光喜温作物，当栽植较密，风光郁闭，或播种较晚，受到温度限制时，生长后期所形成的叶子，不但不能制造养分供应西瓜生长，反而会消耗前期形成的叶片所制造的养分。及时打杈或摘心，就可以减少后期蔓叶，使前期所结的瓜充分吸收营养，缩短生长时间，达到提早成熟的目的。

2. 西瓜的整枝方式

整枝即对西瓜的秧蔓进行适当整理，使其有合理的营养体，并在田间分布均匀，改善通风透光条件，控制茎叶过旺生长，减少养分消耗，促进坐果和果实发育。整枝方式因品种、种植密度和土壤肥力等条件而异，有单蔓式、双蔓式、三蔓式、多蔓式。

（1）单蔓整枝　单蔓整枝俗称“独龙过江”，即只保留一条主蔓，其余侧蔓全部摘除。由于它长势旺盛，又无侧蔓备用，因此，坐果不易，要求技术性强。采用单蔓整枝，通常果实稍小，坐果率不高，但成熟较早，适于早熟密植栽培。东北地区及内蒙古、山西等地有部分瓜田采用这种整枝方式。

（2）双蔓整枝　双蔓整枝俗称“二龙吐须”，即保留主蔓和主蔓基部一条健壮侧蔓，其余侧蔓及早摘除。当株距较小、行距较大时，主、侧蔓可以向相反的方向生长；若株距较大、行距较小时，则以双蔓同向生长为宜。这种整枝方式管理简便，适于密植，坐果率高，在早熟栽培或土壤比较瘠薄的地块较多采用。

（3）三蔓整枝　三蔓整枝俗称“一马双剑”，即除保留主蔓外，还要在主蔓基部选留 2 条生长健壮、长势基本相同的侧蔓，其他的侧蔓予以摘除。三蔓式整枝又可分为老三蔓、两面拉等形式。老三蔓是在植株基部选留两条健壮侧蔓，与主蔓同向延伸；两面拉即两条侧蔓与主蔓反向延伸。此外，还有的在主蔓压头刀后（距根部 30～50 厘米远处）选留两条侧蔓，这种方法晚熟品种应用得比较多。三蔓整枝坐果率高，单株叶面积较大，容易获得高产。各地西瓜栽培中应用较为普遍，也是旱瓜栽培地区应用最广泛的一种整枝方式。

（4）多蔓整枝　多蔓整枝俗称“多子多孙”，即除保留主蔓外，还选留 3 条以上的侧蔓，称为多蔓整枝。如广东、江西等地的稀植地块，每亩仅种植 200～300 株，除主蔓外还选留 3～5 条侧蔓。华北晚熟大果型品种有采用四蔓式或六蔓式整枝两面拉的方法，每亩种植 350 株左右。采用多蔓式整枝，一般表现为结瓜多、瓜个大，但由于管理费工、不便密植，在生产上已很少采用。

另外，还有不打杈、保留所有分枝的乱秧栽培。它适用于生长势较弱、分枝力较差的品种，在籽瓜栽培中应用较多。

各种整枝方式，都有其优点和缺点。单蔓式和双蔓式整枝，可以进行高密度栽植，利用肥水比较经济，西瓜重量占全部植株重量的百分比（称为经济系数）较高，缺点是费工，植株伤口较多，易染病。特别是单蔓式整枝，生长旺盛，成熟较早，但要求技术性强，瓜个小，不易坐瓜，一旦主蔓坐不住瓜或被地老虎截断，没有副蔓备用，就会造成空蔓。三蔓式或多蔓式整枝，管理比较省工，植株伤口少，一旦主蔓受伤或坐不住瓜时，可再选留副蔓坐瓜；同时，只要密度适宜，有效叶面积较大，同样的品种，三蔓式要比单蔓式和双蔓式整枝结瓜多或单瓜重量大、产量高。缺点是不宜高密度栽植，浇水施肥不当时易徒长，留瓜定瓜技术要求较高，瓜成熟较晚。

3. 西瓜的倒秧和盘条

（1）倒秧 又称“板根”，系在西瓜幼苗团棵后，蔓长30～50厘米时，将还处于半直立生长状态的瓜秧按预定方向放倒成匍匐生长，这一作业俗称“倒秧”或“板根”。由于西瓜伸蔓期，瓜秧处于由直立生长转向匍匐生长的过渡时期，此期最容易被风吹摇动而使西瓜下胚轴折断，并且也不便于压蔓，因此需先将瓜蔓向预定一侧压倒，使瓜秧稳定。倒秧的做法各地也不一样。北京大兴有“大板根”和“小板根”两种方法。大板根是在瓜苗一侧用瓜铲挖一深、宽各5厘米的小沟，再将根（下胚轴）部周围的土铲松，一手持住西瓜秧根茎处，另一只手拿住主蔓顶端，轻轻扭转瓜苗，向延伸瓜蔓的方向压倒于沟内，再将根际表土整平，并用土封严地膜破口。同时，在瓜秧根颈处用泥土封成半圆形小土堆、拍实。这种“大板根”，方法较适用于西瓜植株生长势强或沙土地情况下，可防止徒长。“小板根”的做法与“大板根”不同处在于，将瓜秧自地上部近根处扳倒，而根茎部依旧直立，只是地上部压入地下1～2厘米、拍实，留蔓顶端4～7厘米任其继续自然生长，随后用土封住地膜破口。这种“小板根”法适用于植株生长势弱或黏土地情况下，有增强长势、利于坐果的作用。一般在进行“板根”作业前，要先去掉未选留的多余小侧蔓。山东地区西瓜田的植株管理较精细，自古有盘条压蔓习惯，而在“盘条”前也有类似北京大兴的“板根”措施，当地俗称“压腚”或“打椅子”，即当西瓜主蔓长40厘米左右时，扒开瓜秧基部的土，将瓜秧向一侧扳倒，用湿土培成小土堆使其稳定，随后可进行盘条。

（2）盘条 通常所谓“盘条”，是指在“板根”或“压腚”之后，瓜蔓长40～50厘米时，将西瓜主蔓和侧蔓（在双蔓整枝情况下）分别先引向植株根际左右斜后方，并弯曲成半圆形，使瓜蔓龙头再回转朝向前方，将瓜蔓压入土中（但不可埋叶）。一般主蔓较长，弯的弧大些；侧蔓短，则弯的弧小些，使主侧蔓齐头并进。“盘条”作业要及时，若过晚则“盘条”部位的叶片已长大，“盘条”后瓜蔓弯曲处的叶片紊乱和拥挤重叠，且长时间不能恢复正常，对生长和坐瓜不利。

盘条可以缩短西瓜的行距，宜于密植，同时能缓和植株的生长势，使主侧蔓整齐一致，便于田间管理。老瓜区露地栽培的晚熟西瓜品种多进行此项工作。

4. 西瓜的压蔓

用泥土或枝条将秧蔓压住或固定，称为压蔓。压蔓的作用：一是可以固定秧蔓，防止因风吹摆动乃至滚秧而使秧蔓及幼果受伤，影响结果；二是可以使茎叶积聚更多的养分而变粗加厚，有利于植株健壮生长；三是可使茎叶在田间分布均匀，充分利用光照，提高光能利用率；四是压入土中的茎节上可产生不定根，扩大了根系吸收面积，增强了对肥水的吸收能力。压蔓有明压、暗压、压阴阳蔓等方式。

(1) 明压法　明压亦称明刀、压土坷垃，就是不把瓜蔓压入土中，而是隔一定距离（约 30～40 厘米）压一土块或插一带杈的枝条将蔓固定。明压时一般先把压蔓处整平，再将瓜蔓轻轻拉紧放平，然后把准备好的土块或取行间泥土握成长条形泥块，压在节间上。也可用鲜树枝折成倒“V”形或选带杈的枝条、棉柴等将瓜蔓叉住。明压法对植株生长影响较小，因而适用于早熟、生长势较弱的品种。一般在土质黏重、雨水较多、地下水位高的地区，或进行水瓜栽培，多采用明压法。

(2) 暗压法　暗压即压闷刀，就是连续将一定长度的瓜蔓全部压入土内，称为暗压法，又称压阴蔓。具体做法是：先用瓜铲将压蔓的地面松土拍平，然后挖成深 8～10 厘米、宽 3～5 厘米的小沟，将蔓理顺、拉直、埋入沟内，只露出叶片和秧头，并覆土拍实。暗压法对生长势旺、容易徒长的品种效果较好，但费工多，而且对压蔓技术要求较高。在沙性土壤或丘陵坡地栽培旱瓜，一般要用暗压法。

(3) 压阴阳蔓法　将瓜蔓隔一段埋入土中一段，称为压阴阳蔓法。压蔓时，先将压蔓处的土壤松土拍平，然后左手捏住瓜蔓压蔓节，右手将瓜铲横立切下，挤压出一条沟槽，深约 6～8 厘米，左手将瓜蔓拉直，把压蔓节顺放沟内，使瓜蔓顶端露出地面一小段，然后将沟土挤压紧实即可。每隔 30～40 厘米压一次。在平原或低洼地栽培旱瓜，压阴阳蔓较好。

南方种瓜很少压蔓，大多在瓜田铺草，或在西瓜伸蔓后，于植株前后左右每隔 40～50 厘米插一束草把，使瓜蔓卷绕其上，防止风吹滚秧。

西瓜压蔓有轻压、重压之分。轻压可使瓜蔓顶端生长加快，但较细弱；重压后瓜蔓顶端生长缓慢，但很粗壮。生长势较旺的植株可重压，如果植株徒长，可在秧蔓长到一定长度时将秧头埋住（俗称搁顶）。在雌花着生节位的前后几节不能压蔓，雌花节上更不能压蔓，以免使子房损伤或脱落。为了促进坐果，在雌花节到根端的蔓上轻压，以利于功能叶制造的营养物质向前运输，雌花节到顶端的 2～3 节重压，以抑制营养物质向顶端运输，控制瓜秧顶端生长，迫使营养物质流向子房或幼果。北方地区，西瓜伸蔓期正处在旱季，晴天多，风沙大，温度高，宜用重压，使其多生不定根，扩大根系吸水能力，且防风固秧。一般是头刀紧，二刀狠，第三刀开始留瓜，同时压侧蔓。西瓜压蔓宜在中午前后进行，早晨和傍晚瓜蔓较脆易折断，不宜压蔓。

应特别提出的是，采用嫁接栽培的西瓜一定不能压蔓！

（三）浇水

西瓜浇水应根据生育期、天气和土质等情况综合考虑。在生产中瓜农通常是“看天、看地、看苗”浇水。

1. 西瓜定植水的施用

西瓜苗有浇水后定植和定植后浇水两种栽植方法。在西瓜生产中这两种方法都常采用。浇水后定植俗称座水定植，即先在瓜沟内开定植穴或定植沟，然后灌水，等水渗下时栽苗，栽后覆土。定植后浇水是先在瓜沟内开定植穴或定植沟，栽苗后覆土，适当压紧，然后浇水，待水全部渗下去以后，在定植穴的表面铺沙或覆以细干土。

一般来说，浇水后定植能充分保证土壤湿度，栽苗速度较快，定植后可以马上整平整细畦面，这对于覆盖地膜是非常有利的。因此，地膜覆盖栽培和双膜覆盖栽培的西瓜常用这种栽法。定植以后浇水，能使土壤与营养土块或营养纸袋密切接触，利于根系的恢复生长，但为了提高地温，不能一次浇水过多。栽后可先浇少量定植水，第 2 天再浇一次缓苗水，这对提高地温和防止早春的晚霜危害有一定的作用，一般春季露地栽培常用这种方法。

此外，移栽大苗采用先定植后浇水的方法比较方便；移栽小苗，特别是“贴大芽”，则以先浇水后定植的方法较好。

在采用先浇水后定植的方法时，应在水渗下后马上栽植。如栽早了，穴或沟中尚有水，培土按压时可能在根部形成泥块，影响根系生长。如栽晚了，穴或沟中水分已蒸发，培土后根部土壤处于干燥状态，不利于瓜苗发根。

2. 西瓜高产栽培浇水量的确定

西瓜浇水的多少，应根据西瓜不同品种的吸水特点、不同天气条件、不同的生育期以及要求达到的不同产量指标，进行具体的分析。

（1）根据不同品种的吸水特点确定浇水量　西瓜吸收水分的动力来自两方面：一是靠根压（由根系本身的代谢活动而产生的从土壤吸取水分并将水分沿导管向上压送的力量称为根压），将土壤中的水分压送到地上部；二是靠叶子的蒸腾拉力，将植株内的水分散发到空气中，并以此为阶梯，将土壤里的水分不断地“拉”到空气中。不同的品种，其根压和蒸腾拉力的大小均不相同，一般旱瓜生态型品种的根压比水瓜生态型品种大，而蒸腾拉力比水瓜生态型品种小。凡是蒸腾拉较大的品种，需水量也大，不耐旱，浇水量就应多。这就是不同品种需水量和抗旱性不同的根本原因。西瓜的中熟品种对浇水量最敏感。所以，旱瓜生态型品种浇水量可少，水瓜生态型品种浇水量应多；同一类生态型的西瓜，早熟品种浇水可少些，中熟品种浇水量应多。

（2）根据不同天气条件确定浇水量　不同的天气条件如降雨、空气相对湿度和风力大小对蒸腾拉力有很大影响。而蒸腾拉力又是西瓜吸水最主要的动力，根压居次要地位。只有当空气湿度很大而土壤水分又充足时，蒸腾拉力才变得很弱，也只有在这种情况下，根压才成为最主要的吸水动力。因此，愈是在干旱的季节，愈是在空气干燥的情况下，蒸腾拉力愈大，就需大量浇水。

（3）根据不同生育期的耗水量确定浇水　西瓜的耗水量不仅与品种、气候条件有关，而且还与生育期有关。幼苗期浇水宜少。如果土壤较干，瓜苗先端小叶中午时叶片灰暗，叶片萎蔫下垂，是缺水的象征，可以喷浇。移栽的瓜苗应在2～4天内及时浇缓苗水，以促进缓苗和幼苗生长。

伸蔓期植株需水量增加，浇水量应适当加大。瓜苗"甩龙头"以后，在植株一侧30厘米处开沟浇水，浇水量不宜过大，采用小水缓浇，浸润根际土壤。最好在上午浇水，浇完后暂时不封沟，经午间阳光晒暖后，下午封沟，这种方法通常称为暗浇或"偷浇"；以后随着气温的升高，植株已经长大，可以改为畦面灌溉，进行明浇。

结果期植株需水量最大，要保证充足的水分供应。具体见下述"5. 西瓜结瓜期的浇水"。

南方雨水较多，西瓜生育期间一般浇水较少，但长江中下游一带的西瓜生育后期进入旱季，常常要进行补充浇水。浇水方法可利用排水沟进行沟灌，或采用泼浇的方法，有条件可进行喷灌。

（4）根据产量确定浇水量　任何作物产量的形成都需要消耗一定的水分。因此，要求达到的产量指标越高，需要浇水的次数和水量也要越多。一般每生产100千克西瓜，大约需要消耗5600千克水。但实际浇水时，还要考虑到土壤储水或流失以及田间蒸发失水。也就是说，每生产100千克西瓜，实际消耗水量还要大于5600千克水。在生产实践中证实，要获得西瓜高产、稳产，必须保证土壤在0～30厘米土层的含水量为田间最大持水量的70%以上，如果土壤相对湿度低于48%，则引起显著减产。因此，在以产定水时，应结合土壤中的含水量酌情增减。一般可按每生产100千克西瓜需消耗水分10吨（不包括地面蒸发的水分）。

3. 西瓜生产中"三看浇水法"的运用

我国北方各地在春西瓜生产中，大部分时间是处在春旱少雨季节，春天沙质土壤水分蒸发又快，所以及时适量浇水是很重要的。要看天、看地、看苗浇水，简称“三看浇水法”。所谓看天，就是看天气的阴晴和气温的高低。一般是晴天浇水，阴天蹲苗；气温高，地面蒸发量大，浇水量大；气温低，空气湿度大，地面蒸发量小，浇水量也小。早春为防止降低地温应在晴天上午浇水；6月上旬以后，气温较高，以早晚浇水为宜，夏季雨后要进行复浇，以防雨过天晴，引起瓜秧萎蔫。所谓看地，就是看地下水位高低、土壤类型和含水量的多少。地下水位高，浇水量宜小；地下水位低，浇水量应大。黏质土地，持水量大，浇水次数应少；沙质土地持水量小，浇水次数应多；盐碱地则应用淡水大灌，并结合中耕；对漏水的土地，应小水勤浇，并在浇水时结合施用有机肥料。所谓看苗，就是看瓜苗长势和叶片颜色，也就是根据生长旺盛部分的特征来判断。在气温最高、日照最强的中午观察，当瓜苗的先端小叶向内并拢，叶色变深时，表示缺水；若瓜苗的茎蔓向上翘起，表示水分正常；如果叶片边缘变黄，是显示水分过多。植株长大以后，当中午观察时，发现有叶片开始萎蔫，但中午过后尚可恢复，这说明植株缺水。叶片萎蔫的轻重以及其恢复的时间长短，则表明其缺水程度的大小。若看到叶子或茎蔓顶端的小叶舒展，叶子边缘颜色淡时，则表示水分过多。此外，看茎蔓顶端（俗称龙头）翘起与下垂，叶片萎蔫的轻重及恢复的快慢等，都能反映出需水的程度。

4. 西瓜结瓜期的浇水

西瓜进入结瓜期之后，蔓叶的生长仍很旺盛，同时瓜迅速膨大，植株的各种生理活动十分活跃。在这期间合理浇水，对于满足西瓜植株生长的需要、提高西瓜产量和品质都具有重要的意义。

从坐瓜节位雌花的开放到谢花后3～5天，是西瓜植株从营养生长向生殖生长转移的时期。为了促进坐瓜，这一阶段要控制浇水，土壤不过干、植株不出现萎蔫一般不要浇水。幼瓜膨大阶段，即雌花开花后5～6天，要浇膨瓜水。由于此时的蔓叶生长速度仍然较快，所以浇水不要过大，以浇水后畦内无积水为好。当幼瓜鸡蛋大小以后可每隔 2～3 天浇 1 次水。当瓜长到直径 15 厘米左右时，正是果实生长的高峰阶段，需要大量的水分，可开始大水漫灌，一般每 1～2 天浇 1 次水，甚至一天浇 2 次水。始终保持土壤湿润，以满足瓜迅速膨大的需要。到瓜成熟前 7～10 天应逐渐减少浇水，采收前 2～3 天停止浇水，以促进瓜内部各种糖分的转化，利于贮藏和运输。

西瓜进入结瓜期以后，往往已进入当地的高温季节。因此，结瓜期间的浇水应当在每天的早、晚进行。这样可以避免因高温时浇水而引起的根系呼吸作用突然降低，吸水作用减弱以致使地上部蔓叶发生萎蔫；同时，早、晚浇水还能改善田间小气候，人为地造成昼夜温差加大，有利于光合产物的积累以及糖分的运输和转化。

（四）施肥

1. 西瓜的施肥量

种西瓜习惯于大量施肥，例如我国北方大量使用基肥。但实际上并不是肥料越多越好。施肥量不足，减少产量；施肥量过大，不仅浪费肥料，还可能引起植株徒长，降低坐瓜率，造成减产。利用无土栽培测算的结果是，每生产 100 千克西瓜（鲜重），需纯氮（N）0.184 千克、磷（P_2O_5）0.039 千克、钾（K_2O）0.198 千克。我们可以根据不同的产量指标、不同的土壤肥力，计算出所需要的施肥量。

（1）计算程序　首先查阅土壤普查时的档案找出该地块氮、磷、钾的含量；对于没有进行土壤普查的地块，可按相邻地块推算或进行取样实测。然后，再根据预定西瓜产量指标，分别计算出所需氮、磷、钾数量。最后，根据总需肥量、土壤肥力基础、各种肥料的利用率，计算出实际需要施用的各种肥料的数量。

（2）计算公式

$$Q=\frac{KW-T}{RS}$$

式中　Q——每亩所需施用肥料数量，千克；

W——计划每亩西瓜产量，千克；

T——每亩土壤中氮（N）、磷（P_2O_5）、钾（K_2O）数量，千克；

R——所施肥料中氮（N）、磷（P_2O_5）、钾（K_2O）含量，%；

S——所施肥料的利用率（表 3-2）；

K——已知试验常数，$K(N)=0.00184$，$K(P_2O_5)=0.00039$，$K(K_2O)=0.00198$。

表 3-2　西瓜常用肥料氮、磷、钾含量及利用率

肥料名称	全氮/%	磷(P_2O_5)/%		钾(K_2O)/%		利用率/%
		全量	速效	全量	速效	
土杂肥	0.2～0.5	0.18～0.25		0.7～5		15
人粪尿	0.73	0.3	0.1	0.25～0.3	0.14	30
炕土	0.28	0.1～0.2	0.05	0.3～0.8	0.17	20
草木灰		2.5	1.0	5～10	4～8.3	40
棉籽饼	4.85	2.02		1.9		30
豆饼	6.93	1.35		2.1		30
芝麻饼	6.28	2.95		1.4		30
多肽缓控肥	15		8		20	70
控释复合肥	20～26		6～10		8～10	70
多元水溶肥	15		5		30 以上	80
硝基磷酸铵	26		13		0	70
双酶水溶肥	20		10		30	80
双膜控释肥	24		12		12	80
靓果高钾肥	10		8		30	80
新型硝酸钾	13.5		0		46	70
硝酸磷钾	22		9		9	70
硝酸磷肥	26.5		11.5		0	70
磷酸三铵	17		17		17	70
含硫氮肥	25		0		0	70
多肽双脲铵	23		0		10	80
腐殖酸水溶复合肥	13		7		22	80
磷酸二铵	18.0	45～46	20～22			50
尿素	46.3					60
海藻复混肥	13		5		18	70
硫酸钾					50	60

续表

肥料名称	全氮/%	磷(P_2O_5)/%		钾(K_2O)/%		利用率/%
		全量	速效	全量	速效	
氯化钾					60	50
复合化肥	15		15		15	
螯合复合肥	16		9		20	70

2. 以产定肥

以产定肥，不仅可以满足西瓜对肥料的需要，而且还可以做到经济合理用肥。

根据西瓜生产中的肥料试验和我们提出的以产定肥计算公式，制订了下面的西瓜以产定肥参考表（表 3-3），以供西瓜生产者施肥时参考。如果施用的肥料种类与表中不相同，可根据所用肥料的有效成分折算。在计算肥量时，还应根据土壤普查时的化验结果，通过查阅获得，也可在施肥前及时化验取得。

表 3-3　西瓜以产定肥参考表

计划产量/千克	吸收肥量/千克			每亩需补充施肥量/千克					
	氮(N)	磷(P_2O_5)	钾(K_2O)	氮(N)	折尿素	磷(P_2O_5)	折过磷酸钙	钾(K_2O)	折硫酸钾
2000	5.04	1.62	5.72	8.08	17.5	5.5	42.2	7.5	15.0
2500	6.30	2.03	7.15	10.6	22.9	7.2	54.8	9.9	19.8
3000	7.56	2.43	8.58	13.12	28.3	8.8	67.0	12.3	24.6
3500	8.82	2.84	10.01	15.6	34.0	10.4	79.7	14.7	29.4
4000	10.08	3.24	11.44	18.2	39.5	12.0	92.0	17.0	34.1
4500	11.34	3.65	12.87	20.7	44.9	13.6	104.6	19.4	38.9
5000	12.60	4.05	14.30	25.6	55.3	15.2	116.9	21.8	43.6

以产定肥参考表中“计划产量”一栏，系指要求达到的西瓜产量指标；“吸收肥量”一栏，系指要达到某产量指标时，西瓜植株应吸收到体内的氮、磷、钾数量；“每亩需补充施肥量”一栏系指除土壤中已含有的主要肥料量外，每亩还需要补充施用的氮、磷、钾肥量。栏内数据系在土壤肥力为每亩土壤（0～30 厘米）含纯氮 0.15 千克、磷（P_2O_5）0.07 千克、钾（K_2O）0.13 千克的基础上计算出来的。硫酸铵的利用率按 50%、过磷酸钙的利用率按 25%、硫酸钾的利用率按 60%计算。如果施用其他肥料时，请根据表 3-3 中所列数据进行计算。

西瓜以产定肥参考表中所列数据系在山东省中等肥力土壤上的施肥量。为了简便而迅速确定施肥量，也可以不计算土壤肥力基础，而根据当地土壤的肥沃程度参考表中所列数据酌情增减。例如某地块较肥沃时，可比表中用量酌情减少 8%～10%，某地块较瘠薄时，可比表中用量酌情增加 8%～10%。

实际上，在各地的西瓜生产中，由于肥源、肥料的质量、施肥的习惯及经济条件不同，加上肥料的流失、挥发等因素，施肥量往往有较大的差异。北方水瓜栽培，一般每亩用圈肥 4000～5000 千克或大粪干 1000～1500 千克，加上 40～60 千克磷肥、15～20 千克复合肥作基肥，用 50～75 千克饼肥、10～15 千克尿素、10～15 千克硫酸钾或复合肥 30～40 千克作追肥。旱瓜栽培一般重施基肥，追肥数量较少，每亩追施饼肥 40～50 千克，或芝麻酱 80～100 千克，或大粪干 200～300 千克。南方种瓜每亩施人粪稀2500～3000 千克，其中追肥占 70%～80%。

3. 西瓜基肥的施用

西瓜需要较多的肥料，而基肥（特别是有机肥）对于瓜苗的生长发育，形成发达的根系以及抵抗旱、涝、低温等不良条件，具有一定的作用。

西瓜基肥一般分两次施用，方法是沟施和穴施。沟施就是在深翻西瓜沟时，结合平沟做畦将基肥施于将来的播种或定植行地面下 25 厘米左右处，并与土壤掺和均匀。施肥时间应在播种或定植前 15～20 天。这次基肥一般多施用土杂肥，用量为全部基肥数量的 70%～80%。如土杂肥每亩一般施用 4000 千克左右。除土杂肥外，基肥还常常施用猪栏粪、炕土、鸡粪、骨粉及控释复合肥、硝酸磷肥和磷酸三铵等肥料。第 2 次施基肥为穴施，即在定植穴或播种穴内施用肥料。这次施肥多在播种或定植前 10 天左右施用。具体方法是，按株距沿着播种或定植行向挖深 15 厘米左右、直径 15～20 厘米的圆形小穴，每穴施入基肥，并与穴内土壤掺和均匀，上面盖土 3～5 厘米并作好标记，以备定植或播种。这次基肥用量，随所用肥料种类或肥效大小的不同而异，一般为全部基肥用量的 20%～30%。我国北方各地穴施基肥多施用粪干、猪栏粪、饼肥或复合化肥等优质肥料，每穴可施用粪干 0.5 千克左右，或猪栏粪 1～1.5千克，或豆饼 100 克，或花生饼 150 克，或复合化肥 30～50 克。有机肥的施用时间应比化肥提前 10 天左右。穴施基肥后，不要用土块作标记，因土块经浇水或下雨后无法辨认。有经验的瓜农多用小石子或短树条作标记，也有将施肥穴培成小土堆的。

有的地区第一次基肥是撒施，即在西瓜地深翻之前，将肥料均匀地撒在地面，耕地时基肥翻入土内。这种施肥方法简单，肥料在瓜地各处分布均匀，所以也叫全面施肥法。这种施肥方法的缺点是需肥量大，而且由于西瓜株行距较大，根系分布有疏有密，肥料利用率低。所以农谚说："施肥一大片，不如一条线。"

对于瓜粮间作、瓜菜间作基肥的施用，应按西瓜株行和间作物畦行分别施用，即不仅施肥量、肥料种类可以不同，而且施肥方法也不同。西瓜株行仍以上述沟施和穴施方法进行局部施肥，但间作物行一般都按传统的地面撒施方法进行全面施肥。

对于麦茬西瓜，因一般不挖西瓜沟而做成高畦，所以第一次基肥多结合灭茬地面撒施，第二次基肥则大都穴施。

4. 西瓜追肥的施用

西瓜不同生育期的肥料吸收量和需肥种类不同，因而不能一次施足各生育时期的需肥量，同时也无法一次满足不同生育时期对各种不同营养需要的配合比例。因此，在施用基肥的基础上，必须通过分期分量追肥来满足上述各种要求。

西瓜生育期间的追肥原则是根据各个生育时期的吸肥特点，选用适宜的肥料种类，做到成分完全、配比恰当。常用作追肥的有机肥，北方多用大粪干、饼肥（其中又以棉籽饼和花生饼最多）、复合肥、水溶肥等，南方多用人粪稀、水溶肥、冲施肥等。化肥中常用作追肥的有多肽尿素、聚能双酶水溶肥、硝酸铵钙、硝酸磷钾、磷酸三铵及螯合复合肥等。近几年来，不少地区根据当地的土壤肥力基础和西瓜的吸肥规律，进行氮、磷、钾合理配比，并适量加入腐殖酸及各种微量元素等，研制和生产了多种西瓜专用肥，应用效果良好。西瓜的追肥应以速效肥料为主，有机肥与化肥合理搭配，充分满足西瓜各生育期对矿物质元素的需要。

（1）提苗肥　在西瓜幼苗期施用少量的速效肥，可以加速幼苗生长，故称为提苗肥。提苗肥是在基肥不足或基肥的肥效还没有发挥出来时追施，这对加速幼苗生长十分必要。提苗肥用量要少，一般每株施多肽尿素8～10克。追肥时，在距幼苗15厘米处开一弧形浅沟，撒入化肥后封土，再用瓜铲整平地面，然后点浇小水（每株浇水2～3千克）。也可在距幼苗10厘米处捅孔施肥。当幼苗生长不整齐时，可对个别弱苗增施“偏心肥”。

（2）催蔓肥　西瓜伸蔓以后，生长速度加快，对养分的需要量增加，此期追肥可促进瓜蔓迅速伸长，故称催蔓肥。追施催蔓肥应在植株“甩龙头”前后适时进行，每株施用腐熟饼肥100克，或腐熟的大粪干等优质肥料500克左右。如果施用化肥，每株可施多肽尿素10～15克、硝酸磷钾15克。其施用方法是：在两棵瓜苗中间开一条深10厘米、宽10厘米、长40厘米左右的追肥沟，施入肥料，用瓜铲将肥料与土拌匀，然后盖土封沟踩实。如果施用化肥，追肥沟可以小一些，深5～6厘米、宽7～8厘米、长30厘米左右即可。施后及时浇1次水，以促进肥料的吸收。

（3）膨瓜肥　当正常结瓜部位的雌花坐住瓜，幼瓜长到鸡蛋大小后，即进入膨瓜期，此时是西瓜一生需肥量最大的时期。因此，膨瓜期是追肥的关键时期。此期追肥可以促进果实的迅速膨大，故称之为膨瓜肥。膨瓜肥一般分2次追施：第一次在幼瓜为鸡蛋大小时，在植株一侧距根部30～40厘米处开沟，每亩施入磷酸三铵15～20千克或双膜控释肥10～15千克，也可结合浇水追施人粪尿7500千克。；第二次在瓜长到碗口大小时（坐瓜后15天左右），每亩追施多元水溶肥10～15千克，或双酶水溶肥8～12千克，或靓果高钾硫酸钾10～15千克，或螯合复合肥12～15千克，可以随水冲施，或撒施后立即浇水。

此外，在西瓜生长期间，可以结合防治病虫害，在药液中加入0.2%～0.3%的尿素和磷酸二氢钾（二者各半），进行叶面喷肥，每隔10天左右喷1次，也可以单独喷施。

南方西瓜追肥，以速效性的人粪尿为多，故均用泼施法。施肥次数和施肥时期与北方相似，但各期追施的肥料浓度不同。幼苗期追施1～2次，浓度为20%～30%；伸蔓期追施一次，浓度为30%～40%；结瓜期追施1～2次，浓度为50%左右，施用数量也比较多。上海金山的西瓜，一般采用连续结果连续施肥的方法，促进多次结瓜。

5. 西瓜常用的有机肥料

西瓜生产用肥，应以有机肥为主、化肥为辅，尤其是基肥。因为有机肥料来源广，成本低，同时增施有机肥不仅能满足西瓜对各种营养元素的需要，还能改善土壤的理化性状，提高西瓜品质。种植西瓜常用的有机肥除饼肥外，还有以下几种：

(1) 土杂肥　土杂肥是农村中来源最广泛使用最普通的一种基肥。由于其肥甚“杂”，所以有效成分含量也差异甚大，从而施用量各地出入很大。据测定，土杂肥含全氮0.2%～0.5%、含磷(P_2O_5) 0.18%～0.25%、含钾(K_2O) 0.7%～5.0%，植株利用率约为15%。每亩用量通常为4000～5000千克。一般在播种或定植前15～20天施入瓜沟内，也可在深翻前撒于地面，以便深翻时翻于地下。

(2) 大粪干　我国北方习惯以大粪干作西瓜的基肥或追肥。大粪干系人粪尿掺少量土晒制而成，一般含全氮0.8%～0.9%、速效磷0.03%～0.04%、速效钾0.3%～0.4%，植株利用率约为30%。每亩用量基肥通常为2000千克左右，追施一般为1000～1500千克。基肥多在定植前施于穴与土掺匀；追肥多在植株团棵后至伸蔓时开沟追施，施后封土、浇水。

(3) 人粪尿　人粪尿含氮(N) 0.5%～0.8%、磷(P_2O_5) 0.2%～0.4%、钾(K_2O) 0.2%～0.3%。人粪尿虽然是有机肥，但很容易发酵分解，植株吸收利用也比较快，所以主要用于追肥。作追肥常在西瓜生长期间结合浇水冲施，每亩每次用量400～500千克。

积攒人粪尿要使用加盖的粪池或泥罐等，以免影响环境卫生，同时在贮存过程中，人粪尿不要与碱性物质如草木灰、石灰等混合，以免失效。另外，人粪尿一定要充分腐熟后才能施用。

(4) 草木灰　草木灰是含钾量很高的一种有机肥。西瓜需钾肥量较多，在硫酸钾等无机钾肥缺少的地区，草木灰是十分宝贵的钾肥。据测定，草木灰中含钾（K_2O）8.3%～8.5%，6千克草木灰的含钾量相当于1千克硫酸钾。此外，草木灰中还含有约60毫克/千克的速效磷。草木灰的利用率为40%。草木灰既可以作基肥，也可以作追肥，但作追肥效果最好。开沟穴施，施后封土浇水。每亩用量100～150千克。追肥时为了防止风吹和散落叶面上，应将草木灰中洒上少量水拌和一下，并尽量在追肥沟沿地面追施。

（5）鸡粪　鸡粪是氮磷钾含量很高的一种有机肥。据测定，含有机质25.2%、氮1.63%、磷1.54%、钾0.85%。此外，还有较多的中微量元素。养分多，易发热，肥效长，是栽培西瓜的好肥料。一般结合深翻或整畦施入土下20厘米左右。每亩施用量2000～3000千克。

6. 西瓜常用的化肥

随着西瓜栽培面积扩大和有机肥料的不足，施用化肥种西瓜的越来越多。西瓜经常施用的化肥有以下几种：

（1）氮素化肥　常用的有尿素、多肽尿素、多肽双脲铵、含硫氮肥、硝酸铵钙和磷酸二铵等。尿素是含氮很高的一种化肥，目前国内外生产的尿素，含氮量为45%～46%。尿素通常作追肥施用，每次每亩西瓜用量为15千克左右。由于尿素易溶于水，所以施入土壤后不要立即浇大水，以免尿素被淋溶到土壤深层而降低肥效。另外，尿素还可以作根外追肥，常用浓度为0.3%～0.5%。多肽尿素、多肽双脲铵、含硫氮肥等是新型复合氮肥，既具有速效又具有缓释、长效功能。磷酸二铵含氮18%，易溶于水，并易被西瓜吸收。硝酸铵钙转化快、利用率高、易吸收，尤其在高温、高湿条件下吸收更快。上述肥料可作基肥，也可作追肥。作追肥时要比尿素施用深些，一般要求施用深度为5厘米以上，施后及时浇水。

（2）磷素化肥　西瓜常用的磷素化肥主要有硝基磷酸铵、硝酸磷肥、磷酸三铵和磷酸二铵。磷酸二铵含磷45%～46%，其中20%～22%为碱性速效肥。硝基磷酸铵含速效磷13%，硝基磷肥含速效磷11.5%，磷酸三铵含速效磷17%。西瓜每亩用量30～40千克左右。为了提高肥效，多与有机肥（如土杂肥、猪栏粪等）混合施用。此外，在西瓜雌花开放前或坐瓜后，如果发现植株缺磷时，可以用硝基磷酸铵水溶液进行根外追肥，常用浓度为0.4%～0.5%，在上午或下午喷洒叶面，可促进幼瓜发育，提高西瓜含糖量和种子质量。

（3）钾素化肥　目前钾肥主要有硫酸钾、新型硫酸钾、靓果高钾、多元水溶肥、双酶水溶肥、黄腐酸钾水溶肥等。硫酸钾含钾50%，易溶于水，西瓜吸收利用率较高（可达60%以上）。硫酸钾、新型硫酸钾、黄腐酸钾既可以作基肥，也可以作追肥。基肥每亩用量20～30千克，追肥每次每亩15～20千克。硫酸钾不能与碳酸氢铵等碱性肥混合施用。靓果高钾、双酶水溶肥、多元水溶肥等以追肥较好，每次每亩15～20千克。

（4）复合化肥　复合化肥是含有两种或两种以上主要营养元素的化学肥料。它们的有效成分含量高，养分比较齐全，有利于西瓜的吸收利用。同时还可以减少单一化肥的施肥次数，对土壤的不良影响也比单一化肥小。种植西瓜常用的复合化肥主要有氮磷钾复合肥、多肽缓控复合肥、控释复合肥、双膜控释肥、磷酸三铵、螯合复合肥、磷酸二氢钾及多美施、奥林丹、黄金搭档等多元复合肥。

氮磷钾复合肥含氮、磷、钾各10%～15%，为淡褐色或灰褐色颗粒化肥，可溶于水，但分解较慢，肥效迟缓，西瓜主要用于穴施基肥或第一次追肥，每亩用量30～40千克。

磷酸三铵含氮17%、磷17%、钾17%。螯合复合肥含氮16%、磷9%、钾20%。磷酸二氢钾含磷24%、钾1%，易溶于水，酸性。磷酸二氢钾可作根外追肥，一般配成0.2%～0.3%的水溶液叶面喷洒，每亩每次喷70～80千克水溶液。在西瓜生长中期和后期连续喷2～3次，可防止西瓜植株早衰，提高西瓜产量，改善品质。

（5）西瓜专用肥　西瓜专用肥，是根据西瓜的需肥特点及土壤营养水平，专为西瓜栽培而研制的肥料，因此，具有促进西瓜茎叶粗壮、增强抗病能力、增加含糖量、改善品质、提早成熟及提高产量等作用。根据各地的土壤肥力和施用时期（基肥或追肥），可施用不同型号的专用肥。

7. 西瓜常用的饼肥

(1) 饼肥的种类　饼肥是西瓜生产中传统的优质肥料，主要种类有大豆饼、花生饼、棉籽饼、菜籽饼、芝麻饼、蓖麻饼等。

饼肥属细肥，养分含量较高，富含有机质、氮、磷、钾及各种微量元素。一般含有机质 70%～85%、氮（N）3%～7%、磷（P_2O_5）1%～3%、钾（K_2O）1%～2%以及少量的钙、镁、铁、硫和微量的锌、锰、铜、钼、硼等。主要饼肥中的氮、磷、钾含量见表 3-4。

表 3-4　主要饼肥氮、磷、钾的平均含量

饼肥种类	氮(N)/%	磷(P_2O_5)/%	钾(K_2O)/%
大豆饼	7.00	1.32	2.13
花生饼	6.32	1.17	1.34
芝麻饼	5.80	3.00	1.30
菜籽饼	4.60	2.48	1.40
棉籽饼	3.41～5.32	1.62～2.50	0.97～1.71
蓖麻饼	5.00	2.00	1.90
桐籽饼	3.60	1.30	1.30
茶籽饼		0.37	1.23

饼肥中的氮、磷多呈有机态存在，钾则大都是水溶性的。这些有机态氮、磷不能直接被西瓜所吸收，必须经过微生物的分解后才能发挥肥效。一般来讲，大豆饼、花生饼、芝麻饼施到土壤中分解速度较快；棉籽饼、菜籽饼的分解速度则较慢。

饼肥肥效持久，对土壤无不良影响，并且适用于各种土壤。施用饼肥种西瓜，对提高产量，特别是对改进西瓜品质有较显著的作用。

(2) 西瓜饼肥的施用方法及用量　饼肥可作西瓜基肥，也可作追肥施用。为了使饼肥尽快地发挥肥效，在施用前需进行加工处理。作基肥时，只要将饼肥粉碎后即可施用；但作追肥时，必须经过发酵腐熟，才能有利于西瓜根系尽快地吸收利用。饼肥一般采用与堆肥或猪栏粪混合堆积的方法，或者粉碎用清水浸泡 10～15 天，待发酵后施用。

饼肥作基肥，可以沟施，也可以穴施。如果数量较多时，可以 1/3 沟施、2/3 穴施；如果数量不多时，应全部穴施。沟施就是在定植或播种前 20 天左右施入瓜沟中，深度为 25 厘米左右。穴施就是按株距沿着行向分别挖深 15 厘米、直径 15 厘米的小穴，每穴施入 100 克左右，和土壤掺和均匀，再盖土 2～3 厘米。

饼肥作追肥，宜早不宜迟，一般当西瓜苗团棵后即可追施。如果追施过晚，饼肥的肥效尚未充分发挥出来，西瓜已经成熟了，这样对饼肥的利用就不经济了；但如果追施过早，饼肥的肥效便主要用在西瓜蔓叶的生长方面，当西瓜需要大量肥料时，饼肥的肥效却已“过劲”了。饼肥的追施方法，一般是在西瓜植株一侧，距根部 25 厘米左右，开一条深 10 厘米、宽 10 厘米的追肥沟，沿沟每棵西瓜撒上 100 克豆饼或 150 克花生饼，与土抖匀，再盖上 2～3 厘米封严踩实。

（3）西瓜施用饼肥应注意的问题　随着西瓜栽培面积的扩大，饼肥的供应越来越不能满足西瓜生产的需要，同时，施用饼肥的成本也较高，所以并不提倡大量施用饼肥。但在大豆、花生、棉花、油菜、蓖麻等油料作物集中产区，肥源充足，又有长期施用饼肥的习惯，掌握正确的施用饼肥方法以及在施用中应注意的一些问题是十分必要的。

① 施用时间应适时　无论作基肥还是作追肥，都要适时施用。基肥施用过早，对幼苗前期生长尚未发挥作用时已失去肥效；施用过晚，对幼苗后期生长继续发挥作用，引起徒长，延迟坐瓜，使坐瓜率降低。正确的施用时间应在定植前 10 天左右施入穴内。追肥过早，是造成植株徒长的重要原因之一。例如催蔓肥追施过早，则可使节间伸长过早过快，使叶柄生长过长，同时当开花坐瓜需肥时，肥效却早已过去。追肥施用过晚，是造成早衰和减产的主要原因之一。因为饼肥不像化肥那样施后能很快发挥肥效，需要一段时间在土壤里进行分解和转化，才能被根系吸收利用。

② 需粉碎及发酵　饼肥在压榨过程中形成坚硬的饼块，需粉碎成小颗粒才能施用均匀，并尽快地被土壤微生物分解。由于饼肥在被分解过程中能产生大量的热，可使附近的温度剧烈升高。所以，在作追肥施用时，一定要经过发酵分解后再追施，以免发生“烧根”。

③ 用量要恰当　饼肥是一种经济价值较高的细肥，尽量做到经济合理地施用饼肥，用量一定要恰当。根据对山东德州、潍坊、烟台、济宁、菏泽等地区及河南、河北、辽宁、内蒙古、黑龙江等省（自治区）的部分西瓜产区的调查，用饼肥作基肥，每亩用量一般不超过 30～50 千克，作追肥的用量一般不超过 60～100 千克。试验结果证明：每株施用 100 克、150 克及 200 克的单瓜重差异不大，而施用 50 克和 250 克的则均减产（表 3-5）。

表 3-5　豆饼追肥用量与西瓜单瓜重的关系

每株用量/克	50	100	150	200	250
单瓜重/克	3.5	4.8	5.9	6.1	4.3

④ 深浅远近要适宜　饼肥的施用深度应比化肥稍深一些，基肥为 25 厘米左右，追肥为 15 厘米左右。追肥时，不可距根太近，以免引起“烧根”；也不可距根太远，以免根系吸收不到。一般催蔓肥距根25 厘米左右，膨瓜肥距根 30 厘米左右。

⑤ 施用后不可马上浇水　追施饼肥后一般不可马上浇水，以免造成植株徒长。通常在追饼肥后 2～3 天浇水为宜。如果在追施饼肥后 2 天以内遇到降雨，应在雨后及时中耕锄，以降低土壤湿度。

⑥ 其他　在饼肥较少时，可以与其他有机肥料混合施用。但一般不可与化肥混合施用。特别不能与速效化肥混合施用，以免造成植株徒长或引起“烧根”。

8. 新型有机肥

有机肥是以有机质为原料，经多种微生物发酵、低温干燥新技术生产的有机质肥料。它以养分全、肥效长、抗病增产、施用方便、特效无公害等特点受广大农民的欢迎。目前，应用较多的有机肥主要有豆粕蛋白有机肥、豆粕有机肥、水解油渣有机肥、海藻生物有机肥、金大地复合微生物肥、农溢富鱼蛋白有机液态肥、坤乐多元营养素有机肥、奥世康水剂有机肥、洁特粉状有机肥及别施曼等。

9. 西瓜化肥的正确施用

化肥是化学肥料的简称，也叫无机肥料。由于化肥有效成分含量较高，一般都易溶于水，能直接为作物吸收利用，而且运输、使用方便，所以早就成为普遍使用的肥料。但在瓜类栽培中，对化肥认识不一，效果也很不一致。通过多地调查和试验研究，我们认为化肥种西瓜完全可以，但在具体施用中应掌握下列要点：

（1）成分完全，配比恰当　在施用单元素化肥时，必须做到氮、磷、钾三种元素配合使用，而且还要根据西瓜不同生育时期对主要元素的需要量提供与之相适应的配合比例。西瓜坐瓜前以氮为主，坐瓜后对钾的吸收量剧增。瓜的褪毛阶段吸收氮、钾量基本相等；瓜的膨大阶段达到吸收高峰；瓜的成熟阶段氮、钾吸收量大大减少，磷的吸收量相对增加。氮、磷、钾三要素的比例，幼苗期应为3.8∶1∶2.8；抽蔓期应为3.6∶1∶1.7；果实生长盛期应为3.5∶1∶4.6。

（2）熟悉性质，品种对路　各种化肥都有不同性质，即使各元素配合比例恰当，品种不对路，同样不能很好地发挥应有的作用。例如，各种氮素化肥的性质很不相同：硫酸铵系生理酸性肥料（肥料在化学反应上不是酸性，被作物吸收后残留下酸性溶液），吸湿性较小，易贮存；硝酸铵兼有硝态、铵态两种性质，肥效及利用率都很高，施用后土壤中不残留任何物质，粉状的吸湿性很强，易结成硬块；尿素是铵态氮，是目前含氮量最高的化肥，最适宜作追肥，但不宜作种肥。在磷肥中以硝基磷酸铵、硝酸磷肥等使用效果最好。在钾肥中以新型硝酸钾、多元水溶肥、靓果高钾肥及黄腐酸钾水溶肥等使用效果好。硫酸钾为生理酸性肥料；氯化钾含大量氯离子能影响西瓜品质。

（3）正确施用，提高肥效　为了提高肥料的利用率，减少损失，就要特别注意肥料的施用时期和施用方法。

① 施用时期　作物在生长发育过程中，有一个时期对某种养分的要求非常迫切，如该养分供应不足、过多或比例不当，都将给作物的生长发育带来极为不良的影响，即使以后再施入、减少或调整这种养分的用量，也很难弥补所造成的损失。这个时期叫做营养的临界期。西瓜的氮、磷营养临界期都在幼苗期，而钾的营养临界期在抽蔓期。在作物生长发育的某一时期，所吸收的养分发挥最大

的效果，称为营养最大效率期。西瓜的营养最大效率期在结瓜期。因此，西瓜幼苗期、抽蔓期和结瓜期都是施肥的重要时期。

② 施肥方法　西瓜根系较浅，多呈水平分布，所以追肥时不宜深施。化肥有效成分较高，使用不当易“烧苗”。西瓜与其他作物相比，种植密度较小，单株营养面积较大，这就决定了西瓜施用化肥应具有与其他作物不同的特点，总的原则是局部浅施、少量多次、施后浇水。西瓜无论使用基肥或追肥，多数都在局部使用，例如基肥一般为沟施和穴施；追肥一般为株间或株旁开浅沟施用。每次追肥量较少，但追肥次数较多，且每次追肥后随即浇水。西瓜施用化肥时，距根部应稍远一些，更不可直接与叶片接触，以免发生“烧苗”。在磷肥较少的情况下，可全部用于基肥或幼苗前期追施，以保证西瓜营养临界期对磷素的需要。西瓜根外追肥所用的化肥主要有尿素、双酶水溶肥、硝酸磷钾、靓果高钾、磷酸二氢钾、硫酸钾以及微量元素肥料中的硼砂、硫酸锌等。此外，在多种化肥混合使用时，还要根据各种化肥的性质进行混合。

10. 各种肥料的混合施用原则

西瓜的生育期不同，需要养分的种类、数量及各种肥料的比例也不相同。单独施用一种肥料，不能满足西瓜生长发育的需求；即使含有几种养分的复合肥料，其固定的养分比例也不适合西瓜各个生育期的需要。因此，根据西瓜不同发育期的需要和土壤条件，施用临时配好的混合肥料，是科学用肥、提高肥效的重要措施。随着西瓜栽培面积的不断扩大，有机肥显得越来越缺乏，因而在有机肥中混合化肥的情况越来越多，例如在基肥中土杂肥与过磷酸钙混合施用，在追肥中人粪尿、草木灰等与各种化肥的混合施用等。各种肥料混合的原则是：混合后能够改善肥料的性状，养分不受损失，而且还可提高养分的有效性，使养分之间有增效作用。比如硝酸铵与磷矿粉混合、尿素与过磷酸钙混合，可以降低硝酸铵和尿素的吸湿性。有些肥料混合后物理性状会变坏，如硝酸铵与过磷酸钙混合，由于吸湿性加强而改变成黏泥状，不便施用，因此不宜混合。有的肥料混合后能提高养分的有效性，如硫酸铵等生理酸性肥料，与骨粉、磷矿粉混合，可增加溶解度，从而提高了磷肥的肥效。草木灰不能与人粪尿、厩肥、硫酸铵、尿素、硝酸铵及碳酸氢铵等混合施用，因为草木灰与铵态氮肥混合后吸湿性增强，能促使氨挥发损失。碱性肥料都不能与铵态氮肥混合。碳酸氢铵与过磷酸钙混合后，氨与磷酸钙中的游离酸结合成磷酸铵，可减少氮的损失，但是会引起磷的变化。因此，混合后要立即使用。

（五）选胎留瓜

1. 西瓜瓜胎的选留

正确地选留瓜胎，对西瓜优质高产具有十分重要的意义。所谓正确地选留瓜胎，这里包含两层意思：一是留瓜节位的确定；二是选择什么样的瓜胎。

（1）最理想的坐瓜节位　实践证明，西瓜的坐瓜节位过低，生长的西瓜个头小，瓜皮厚，纤维多，易畸形，使商品率大大降低。特别是无籽西瓜，除了上述不良性状外，还会出现空心、硬块及着色秕籽等。但坐瓜节位过高时，则常常助长了西瓜蔓叶徒长，使高节位的瓜胎难以坐住瓜。而且节位过高，当西瓜发育后期往往植株生长势已大为减弱，使西瓜品质和产量也将大为降低。西瓜最理想的坐瓜节位，应根据栽培季节、栽培方式、不同品种等综合权衡而定。一般原则是：采用加温保护设施栽培者，其坐瓜节位可低，阳畦育苗、地膜下直播栽培的，坐瓜节位应高；春季露地栽培的，其坐瓜节位应高，夏季露地栽培的，坐瓜节位可低；早熟品种坐瓜节位可低，晚熟品种坐瓜节位高，而中熟品种又比晚熟品种着生雌花的节位低。坐瓜前后，在低温、干旱、肥料不足、光照不良等条件较差的情况下，坐瓜节位应高。生产上一般选留主蔓上距根部 1 米左右远处的第二、第三雌花留瓜，约在 15～20 节。采用晚熟品种与多蔓整枝的，留瓜节位可适当高一些；早熟品种与早熟密植少蔓整枝时，留瓜节位则应低一些。坐果前后，如遇低温、干旱、光照不良等不利条件，或植株脱肥长势较弱时，留瓜节位应高；反之宜低。侧蔓为结果后备用，当主蔓受伤不宜坐果时可在侧蔓第一、第二雌花选留。

（2）西瓜雌花的选择　在生产中可以看到，西瓜花有单性雌花、单性雄花、雌性两性花和雄性两性花。单性雌花和雌性两性花都能正常坐瓜，特别是雌性两性花，不但自然坐瓜率高，而且西瓜发育较快，容易长成大瓜，在选择雌花时应予注意。另外，当开花时，凡是子房大而长（与同一品种相对比较）、花柄粗而长的雌花，一般均能发育成较大的瓜。为了使理想节位的理想雌花坐住瓜，除采用先进栽培技术并提供良好的栽培条件外，人工授粉十分重要。

2. 西瓜每株的留瓜数量

西瓜早熟高产栽培，每株留瓜个数，主要根据栽植密度、瓜型大小、整枝方式及肥水条件而定。一般来说，每亩栽植 500～600 株大、中型瓜，三蔓或多蔓式整枝，肥水条件较好，每株可留 1～2 个瓜；每亩栽植 700～800 株大、中型瓜，双蔓式整枝，肥水条件中等，每株留 1 个瓜为宜；每亩栽植 500～600 株大型瓜，双蔓或三蔓式整枝，肥水条件中等，每株留 1 个瓜较好；每亩栽植 700～800 株中小型瓜，三蔓或多蔓式整枝，肥水条件好，每株可留 2 个瓜；每亩栽植 600～700 株中、小型瓜，三蔓或多蔓式整枝，肥水条件好，每株可留 2～3 个瓜。总之，栽植密度小，可适当多留瓜，栽植密度大，可适当少留瓜；大型瓜少留瓜，小型瓜多留瓜；单蔓或双蔓式整枝少留瓜，三蔓或多蔓式整枝多留瓜；肥水条件好，适当多留瓜，肥水条件较差，适当少留瓜。此外，还应根据下茬作物的安排计划确定是否留二茬瓜来考虑每株的留瓜数。如果下茬为大葱、萝卜、大白菜或冬小麦等秋播作物，一般每株只留 1～2个瓜；如果下茬为春播作物，则可让西瓜陆续坐瓜，每株最多可结 3～4 个商品瓜。

当每株选留 2 个以上瓜时，应特别注意留瓜方法。一般可分同时选留和错开时间选留两种方法。同时选留法就是在同一株西瓜生长健壮势力均等的不同分枝上，同时选留 2 个以上瓜胎坐瓜。这种方法适用于株距较大、密度较小、三蔓式多蔓式整枝、肥水条件较好的地方。这种方法的技术要点是，整枝时一般不保留主蔓，利用侧蔓结瓜。同时不要在同一分枝上选留 2 个以上瓜胎。错开时间选留法是在一株西瓜上分两次选留 2 个以上瓜胎坐瓜。这种方法也叫留“二茬瓜”，适用于株距较小、密度较大、双蔓式整枝、肥水条件中等的情况。这种方法的技术要点是，整枝时保留主蔓，在主蔓上先选留1个瓜，当主蔓的瓜成熟前10～15天再在健壮的侧蔓上选留1个瓜（在同一条侧蔓上只能留1个瓜）。大型瓜当第一瓜采收前7～10天选留第二瓜胎坐瓜。

3. 西瓜的人工授粉

西瓜是虫媒花，在自然条件下，西瓜的授粉昆虫主要有花蜂、蜜蜂、花虻、蝇及蝴蝶等。如果在晴天，早晨5～6点钟西瓜即开始开花。但若阴天、低温、有大风或降雨等不良天气情况下，常因上述昆虫活动较少而影响正常的授粉坐瓜。采用人工授粉，除了能代替上述昆虫在不良天气条件下进行授粉外，还有以下好处：

（1）人工控制坐瓜节位　在良好的天气情况下，依靠昆虫传粉，虽然能够正常坐瓜，但却不能按照生产者的意志控制在一定节位上坐瓜。所以常常出现这样的情况：最理想的节位没坐住瓜，不理想的节位却坐了瓜。如果采用人工授粉，就可以避免坐瓜的盲目性，做到人工控制在最理想的节位上坐瓜。

（2）提高坐瓜率　人工授粉比昆虫自然授粉可显著提高坐瓜率。瓜农普遍反映，采用人工授粉后，不仅没有空秧（不坐瓜的植株），而且每株坐2个以上瓜的植株大大增加了。尤其是当植株出现徒长或阴雨天开花时，人工授粉对提高坐瓜率的效果更为突出。据试验，人工授粉比自然授粉在晴天无风时可提高坐瓜率10%左右，在阴雨天时可提高坐瓜率1倍以上（表3-6）。

（3）减少畸形瓜　在自然授粉的情况下，产生的畸形瓜较多，而人工授粉时，很少出现畸形瓜。这是因为花粉的萌芽除受气候条件的影响外，还与落到柱头上的花粉多少有关；落到柱头的花粉越多，花粉发芽越多，花粉管的伸长也越快。由于1粒花粉发芽后只能为1粒种子受精，所以，发芽的花粉粒越多，瓜内产生的种子数也就越多。同时，因为西瓜雌花每根柱头（花柱顶端膨大的部分，能分泌黏液接受花粉）又各自分为两部分，它们又分别与子房和胚珠相联系，所以，如果授粉偏向某一根柱头，或者在某一根柱头上黏附的花粉较多时，种子和子房的发育也就会偏向于该侧，于是便形成了畸形瓜。在通常情况下，自然授粉不仅花粉量较少，同时花粉落到柱头上的部位及密度也会不均匀，而人工授粉由于花粉量较多，且花粉在柱头上的分布密度也比较均匀，所以人工授粉的西瓜很少产生畸形瓜。

表 3-6 人工授粉对西瓜的影响

处理	晴天无风			上午阴,下午1点半降小雨		
	开花数/朵	坐瓜数/个	坐瓜率/%	开花数/朵	坐瓜数/个	坐瓜率/%
自然授粉	32	29	92.6	26	11	42.3
人工授粉	30	30	100.0	24	21	87.5

注：3 月 21 日阳畦育苗，4 月 23 日定植，覆盖地膜，三蔓式整枝，6 月 22 日分别调查 6 月 13 日和 17 日两天自然授粉和人工授粉的坐瓜数。品种为鲁瓜 1 号，开花数系指调查株数中当日开放的雌花数目。

（4）有利于种子和瓜的发育　科学实验和生产实践都证明，人工授粉的西瓜种子数量较多，并且种仁充实饱满，白籽、瘪粒较少。同时，子房内种子数量多的，瓜发育的也大。因此，人工授粉尤其是重复授粉的西瓜，明显增产。

（5）用于杂交制种和自交保纯　人工授粉还可以人为地利用事前选择的父本、母本进行杂交，也可以将原种自交系或原始材料进行自交保纯，而自然授粉时，则达不到这些要求。

4. 西瓜人工授粉的方法

西瓜人工授粉要求时间性强、雌雄花选择准确、授粉方法恰当等。因此，对授粉人员最好能在授粉前进行技术训练。

（1）授粉时间　西瓜的开花时间与温度、光照条件有关。西瓜花为半日花，即上午开放、下午闭合。在春播条件下，晴天通常在凌晨 5 时左右花冠开始松动，6 时左右花药开始裂开散出花粉，花冠全部展开，12 时左右花冠颜色变淡，下午 3～4 时花冠闭合。这个过程的长短和开花时间的早晚，往往受当时气温条件的影响，气温高时，开花早，闭花也早，花期较短；气温低时，开花晚，闭花也晚，花期较长。由于上午 7～10 时左右是雌花柱头和雄花花粉生理活动最旺盛的时期，所以这时也是人工授粉最适宜的时间。晴天温度较高时，一般 10 时以后授粉的坐瓜率就显著降低。授粉时，气温在 21～25℃时，花粉粒的发芽最旺盛，花粉管的伸长能力也最强。当气温在 15℃以下，或 35℃以上时，花粉粒的发芽困难；

降雨时，花粉粒吸水破裂而失去发芽能力。阴雨天气开花晚，授粉时间也应推迟。因此，适宜的授粉时间为晴天上午7～10时，阴天8～11时。同时，有人还测定出：完成授粉和受精的理想气温是21～25℃。

（2）雌雄花的选择　人工授粉不是将每天开放的雌花与雄花全部授粉，而是当选留节位的雌花开放时，用一定品种当日开放的雄花进行授粉。

① 雌花的选择　雌花的素质对果实发育影响很大。雌花花蕾发育好、子房大、生长旺盛，授粉后就容易坐果并长成优质大瓜。其主要特征是果柄粗、子房肥大、外形正常（符合本品种的形态特征）、皮色嫩绿而有光泽、密生茸毛等。如果子房瘦弱短小，茸毛稀少的雌花，授粉后则不易坐瓜，即便坐瓜也难以发育成大瓜。因此，授粉时应当选择主蔓和侧蔓上发育良好的雌花。一般主蔓坐瓜较早，侧蔓上的雌花为候补预备瓜。

② 雄花的选择　雄花是提供花粉的。除选用健康无病、充分成熟、具有大量花粉的雄花外，还应根据人工授粉的目的选择雄花。

如果人工授粉的目的是提高坐瓜率和减少畸形瓜，那么，除按预定坐瓜节位选择雌花外，对雄花的选择就可以就近选择当日开放的同株或异株、同品种或不同品种的雄花进行授粉。如果人工授粉的目的是杂交制种，那么雄花就应选择预定的父本当日开放的雄花，并且在父本、母本的雄、雌花开放前1天，将花冠卡住或套上纸袋。如果人工授粉的目的是自交保纯，则应选择同一品种或同株当日开放的雌花和雄花进行授粉，并且在该雌、雄花开放前1天将花冠卡住或套上纸袋。

（3）授粉方法　对于以生产商品西瓜为目的的瓜田，授粉时不必提前选花套袋，只要将当天开放且已散粉的新鲜雄花采下，将花瓣向花柄方向一捋，用手捏住，然后将雄花的雄蕊对准雌花的柱头，全面而均匀地轻轻沾几下，看到柱头上有明显的黄色花粉即可。对于以生产种子为目的的瓜田或植株，就要在开花前1天下午巡视瓜田，选择翌日开放的父本的雄花和母本的雌花（此时花冠顶端稍现松裂，花瓣呈浅黄绿色），用长约 4 厘米、宽约 3 毫米的薄铁片或铝片做成卡子，在花冠上部 1/3 处把花冠夹住。夹花时防止夹得过重，以免将花瓣夹破，也不可太轻，以免翌晨花冠开张时铁片容易脱落。以自交保纯或杂交育种为目的时，一般都采用花器隔离（套袋）或空间隔离。夹好花（套袋）后，应在花梗处作好标记，以便第 2 天上午授粉时寻找。已选好的雄花，也可于下午 4～6 时连同花柄一起摘下来，插入铺有湿沙的木盘内，也可将含苞待放的雄花连同花柄在开花前 1 天下午摘下，放入玻璃瓶或塑料袋内，以备翌日授粉用。

授粉时，先把雄花取下，除去花冠上的铁（铝）片卡子，或从盛放雄花的沙盘、玻璃瓶、塑料袋内取出雄花，剥掉花瓣，用指甲轻碰一下花药，看有无花粉散出，若已有花粉粒散出时，就将雌花上的卡子打开取下，使花瓣展开，然后拿雄花的花药在已经露出的雌花柱头上轻轻地涂抹几下，使花粉均匀地散落在柱头各处。授粉后，再将雌花的花冠用卡子夹好或套袋，并在花柄上拴 1 个授粉卡片或彩色塑料作出标记。

对于稀有珍贵品种或少量原种、自交材料等的保种保纯，也可采用上述人工授粉方法，只不过雄花是来自同一植株或同一品种的不同植株。

（4）注意事项

第一，授粉前，先熟悉西瓜的开花习性和花器构造，掌握人工授粉技术。

第二，授粉要认真仔细，小心操作，既要使大量花粉均匀地散落在柱头各处，又不要碰伤柱头。

第三，若遇阴雨天，要在雨前用小纸袋或塑料袋将待授粉的雌花和雄花分别罩住，勿使雨水浸入，雨后及时授粉。必要时，也可在雨伞等防雨工具的保护下，在雨天进行人工授粉。

第四，低温、阴天和由于徒长或其他原因等，雄花往往推迟开花、散粉时间，应经常观察，注意花粉散出时间，尽可能及早进行人工授粉，以免贻误授粉的良好时机。

第五，尽量做到选留部位一致，使坐瓜整齐，成熟一致。

5. 侧蔓上瓜胎的处理

西瓜的结瓜习性和甜瓜不同，多数品种都是以主蔓结瓜能力强、坐瓜早、产量高，所以在一般情况下，还是在主蔓上留瓜好。但在西瓜生产中遇到下列三种情况之一时，可在侧蔓上留瓜：

（1）主蔓受伤　由于病虫危害或机械损伤，使主蔓丧失了继续健壮生长和正常结瓜的能力（例如遭到小地老虎的蛀截或感染枯萎病等），应及时控制主蔓生长，而改在最健壮的侧蔓上留瓜。具体做法是：整枝时，在原主蔓伤口以下再剪去3～4节瓜蔓，将所留瓜蔓放于原侧蔓位置，而将选中的原健壮侧蔓置于原主蔓位置，并固定住所留的瓜胎。

（2）单株选留多瓜　就是在每一株西瓜上，同时选留2个以上瓜的栽培法。具体做法是：当西瓜团棵后，第五片真叶展开时，即进行摘心，促使侧蔓迅速伸出，然后就可在2～3条基部侧蔓上选留坐瓜，但每一条侧蔓上只能留1个瓜。这种留瓜方法的优点是可以增加单位面积的瓜数，瓜型整齐，成熟一致；缺点是瓜较小，平均单瓜重量低。

（3）二次结瓜　当主蔓上的瓜成熟前，在侧蔓上选留1～2个节位适宜的瓜胎继续生长（同一条侧蔓只留一个瓜），而将其余的瓜胎全部及时摘掉。采用这种方法。主、侧蔓上的瓜选留时间一定要错开，以免发生互相争夺养分的现象。在生产中，一般是当主蔓上的瓜成熟前10～15天再选留植株基部最健壮的侧蔓留瓜。这种方法选留的瓜，通常是第一个瓜大（主蔓上），第二个瓜较小（侧蔓上）。

6. 识别西瓜雌花能否坐住瓜的方法

开放的雌花无论是自然授粉还是人工授粉，都不能保证100％坐瓜。识别西瓜雌花能否坐住瓜，对于及时准确地选瓜留瓜，提高坐瓜率，以及获得优质高产的商品西瓜具有重要意义。识别西瓜雌花能否坐住瓜的依据主要有以下几点：

（1）根据雌花形态　在本“1. 西瓜瓜胎的选留”中已介绍了易坐瓜的雌花的形态特征，不再重述。

（2）根据子房发育速度　能正常坐瓜的子房，经授粉和受精后，发育很快。授粉后的第二天，果柄即伸长并弯曲，子房明显膨大。开花后第三天，子房横径可达2厘米左右。如果开花后子房发育缓慢，色泽暗淡，果柄细、短，这样的瓜胎就很难坐住，应及时另选适当的雌花坐瓜。

(3) 根据植株生育状况　西瓜植株生长过旺或过弱时，都不容易坐瓜。当生长过旺时，蔓叶的生长成为生长中心，使营养物质过分集中到营养生长方面，严重地影响了花果的生殖生长。其表现是节间变长，叶柄细而长，叶片薄而狭长，叶色淡绿；雌花出现延迟，不易坐瓜。当生长过弱时，蔓细叶小，叶柄细而短，叶片薄，叶色暗淡，雌花出现过早，子房纤小而形圆，易萎缩而化瓜。

(4) 根据雌花着生部位　雌花开放时，距离所在瓜蔓生长点（瓜蔓顶端）的远近，也是识别该雌花能否坐住瓜的依据之一。据调查，当雌花开放时，从雌花到所在瓜蔓顶端的距离为30～40厘米时，一般都能坐住瓜，从雌花到所在瓜蔓顶端的距离为60厘米以上或15厘米以下时，一般都坐不住瓜。此外，雌花开放时，在同一瓜蔓上该雌花以上节位（较低节位）已坐住瓜时，则该雌花一般不能再坐住瓜。

(5) 根据肥水供应情况　在雌花开放前后，肥水供应适当，就容易坐瓜，如果肥水供应过大或严重不足，都能造成化瓜。在识别能否坐住瓜的基础上，应主动采取积极措施，促进坐瓜，提高坐瓜率。主要措施是：进行人工授粉；将该雌花前后两节瓜蔓固定住，防止风吹瓜蔓磨伤瓜胎；将其他不留的瓜胎及时摘掉，以集中养料供应所留瓜胎生长；花前花后正确施用肥水，保胎护瓜。在田间管理时对已选留的瓜胎要倍加爱护，防止踏伤及鼠咬虫叮，浇水时防止水淹泥淤。如采用上述措施后，仍坐不住瓜，应立即改在另一条生长健壮的侧蔓上选留雌花，并且根据情况再次采用上述促进坐瓜的各项措施，一般都能坐住瓜。

7. 瓜胎的清理

若任西瓜自然坐瓜，1株西瓜可着生6～8个幼瓜。但在西瓜生产中，为了提高商品率，保证瓜大而整齐，一般每株只留1个或2个瓜。不留的瓜胎何时摘掉要根据植株生长情况和所留幼瓜的发育状况而定。

一般说来，凡不留的瓜胎摘去的时间越早，越有利于所留瓜的生长，也越节约养分。但事实上，有时疏瓜（即摘去多余的瓜胎）过早，还会造成已留的瓜化瓜。这种情况在新瓜区常常遇到：不留的瓜胎已经全部摘掉了，而原来选好的瓜又“化”了，如果再等到新的瓜胎出现留瓜，不仅季节已过，时间大大推迟，而且那时植株生长势也已大为减弱，多数形不成商品瓜。但有些老瓜区接受了疏瓜过早的教训，往往又疏瓜过晚，不但造成许多养分的浪费，同时还影响了所留瓜的正常生长。最适宜的疏瓜时间，应根据下列情况确定：

（1）所留瓜胎已谢花 3 天，子房膨大迅速，瓜梗较粗，而且留瓜节位距离该瓜蔓顶端的位置适宜。

（2）所留的瓜已褪毛后，即开花后约 5～7 天，子房如鸡蛋大小，绒毛明显变稀。

（3）不留的瓜胎应在褪毛之前去掉。

上述三种情况，在生产中可灵活掌握。

（六）护瓜整瓜

1. 松蔓

松蔓即当果实生长到拳头大小时（授粉后 5～7 天），将幼瓜前后的倒“V”形卡子或秧蔓上压的土块去掉，或将压入土中的秧蔓提出土面放松，以促进果实膨大。

2. 顺瓜和垫瓜

西瓜开花时，雌花子房大多是朝上的，授粉受精以后，随着子房的膨大，瓜柄逐渐扭转向下，幼瓜可能落入土块之间，易受机械压力而长成畸形瓜，若陷入泥水之中或沾污较多的污浆，会使果实停止发育造成腐烂。因此，应进行垫瓜和顺瓜。垫瓜即在幼瓜下边以及植株根际附近垫以碎草、麦秸或细土等，以防炭疽病及疫病病菌的侵染，使果实生长周正，同时也有一定的抗旱保墒和防病作用。顺瓜即在幼瓜坐稳后，将瓜下地面整细拍平，做成斜坡形高台，然后将幼瓜顺着斜坡放置。北方干旱地区常结合瓜下松土进行垫瓜，当果实长到 1～1.5 千克时，左手将幼瓜托起，右手用瓜铲沿瓜下地面进行松土，松土深度约 2 厘米，并将地面土壤整平，一般松土 2～3 次。在南方多雨地区，可将瓜蔓提起，将瓜下面的土块打碎整平，垫上麦秸或稻草，使幼瓜坐在草上。

3. 曲蔓

曲蔓即在幼瓜坐住后，结合顺瓜将主蔓先端从瓜柄处向后曲转，然后仍向前延伸，使幼瓜与主蔓摆成一条直线，然后也同样顺放在斜坡土台上。这样的幼瓜垫放，将有利于加速从根部输入果实的养分、水分畅通运输。对于行距较小、株距较大的瓜田，更有必要进行曲蔓。

4. 翻瓜和竖瓜

翻瓜即不断改变果实着地部位，使瓜面受光均匀，皮色一致，瓜瓤成熟度均匀。翻瓜一般在膨瓜中后期进行，每隔 10～15 天翻动 1 次。翻瓜时应注意以下几点：第一，翻瓜的时间以晴天的午后为宜，以免折伤果柄和茎叶；第二，翻瓜要看果柄上的纹路（即维管束），通常称作瓜脉，要顺着纹路而转，不可强扭；第三，翻瓜时双手操作，一手扶住果梗，一手扶住果顶，双手同时轻轻扭转；第四，每次翻瓜沿同一方向轻轻转动，一次翻转角度不可太大，转出原着地面即可。

在西瓜采收前几天，将果实竖起来，以利果形圆正，瓜皮着色良好，即所谓“竖瓜”。

5. 荫瓜

夏季烈日高温，容易引起瓜皮老化、果肉恶变和雨后裂果，可以在瓜上面盖草，或牵引叶蔓为果实遮阳，避免果实直接暴露在阳光下，这就是荫瓜。

第三节　夏播西瓜栽培技术

夏播西瓜是西瓜晚种晚收，延长西瓜供应期，保证夏末秋初市场供应的有力措施；它是在前茬作物增产增收的基础上，进一步增加当年收入的致富门路。

一、整地做畦

夏播西瓜的前作一般为小麦。当小麦收割后，立即用拖拉机深耕一遍，耕深 35 厘米左右，再用圆盘耙耙两遍。然后每亩施 3000～5000 千克土杂肥作基肥。基肥可按行距 1.7～1.8 米，将肥料撒成 50～60 厘米的带状，用耘锄深耘两遍，使粪土掺匀翻入土内。如果基肥准备施用饼肥或化肥，因用量较少，可用耧串施入栽种行内。施肥后作好标记，以便定植或播种时识别。

夏播西瓜应注意排水防涝，所以做畦时应做成简易高畦。简易高畦做法是先做成平畦，然后在离定植或播种一侧 25 厘米处开一条深 15 厘米宽 25 厘米的排灌水沟，西瓜种植于每条排灌水沟的两侧（图 3-2）。

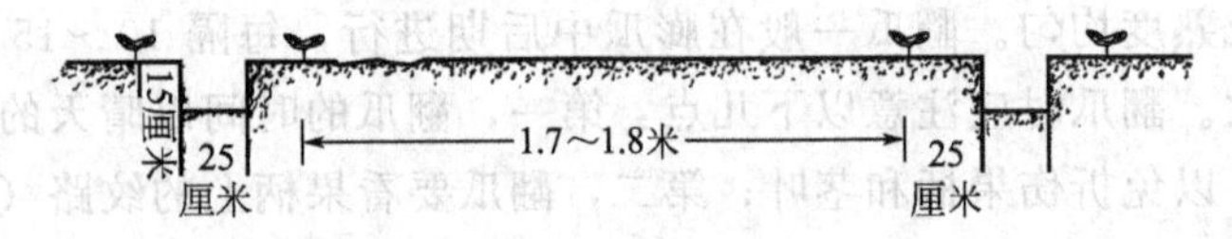

图 3-2 夏播西瓜简易高畦示意图

为了有利于排水灌水，畦长可根据地形和坡度确定，一般为 20～30 米。瓜畦越长，排水灌水沟越应沟边直、沟底平，以利于排水和灌水。

二、品种选择

品种选择时，应选择生育期短、抗病耐热的早熟品种，但往往产量较低，如果选用中熟品种，则应采取提早育苗和提早坐瓜的某些技术措施。

三、播种育苗

方法参考第二章第二节。

四、田间管理

（一）追肥

夏播西瓜生育期较短，在施足基肥的情况下，前期应尽量少追肥或不追肥。坐住瓜之后，可根据植株长势或缺肥情况，适当追施部分速效肥。施肥方法是垄栽的在两株间开穴施入，高畦栽培的在离植株 20 厘米处开一条深 5～8 厘米、宽 10 厘米的追肥沟，施入肥料，埋土封沟。

（二）浇水排涝

夏播西瓜因生长期间雨水较多，容易引起瓜蔓徒长，不易坐瓜，延迟成熟，降低产量和品质。因此，生产上必须做好排水工作，尤其要做好雨后的排水工作。一般要求降雨时畦面不积水，雨停后沟内积水很快能够排泄干净。如果排水不良，会造成沤根和减产。这是因为，土壤中水分多，孔隙度就小，通气性差，西瓜根系的呼吸作用受到抑制，进而使根毛腐烂，吸收机能遭到破坏的缘故。据调查，当 7～8 月高温期，西瓜地内若积水 12 小时，瓜根即产生木质化现象；如果积水 5 天，则根系的皮层完全腐烂。可见，瓜地积水对西瓜的危害是很严重的。所以夏播西瓜除采用高畦栽培外，还必须在汛期到来之前，于瓜田及其附近挖好排水沟，以便及时排涝。

但当进入西瓜膨大盛期，需水量很大，必须及时进行浇水。浇水时应采用沟灌，浇水量由少到多。浇水后仍应勿使沟内积水，以充分湿润畦面为度。浇水时间，高温期以早晚浇水为宜，因为在炎热的旱天，白天地温很高，浇水时容易伤根。瓜地土壤应始终保持一定的湿润状态，切忌过湿或过干。

夏播西瓜的主要方式是麦田套种或套后抢种。前茬作物是早春蔬菜的地块也可以种夏播西瓜。因夏播西瓜的生育期处在高温多湿季节，不但气候不适应，而且杂草和病虫危害都重，对西瓜的品质和产量影响较大。但是只要措施有力，方法得当，在小麦每亩产量 350～400 千克的基础上，夏播西瓜的产量仍可以达到 3000 千克以上。

五、夏播西瓜的栽培管理要点

（一）高畦栽培

西瓜根系不耐淹渍，只要积水时间稍长就会引起烂根，造成死蔓。因此，要选择地势高、能灌能排的沙质壤土地，瓜畦应做成高畦或采用起垄栽培。起垄栽培时，因单行栽培或双行栽培的不同，垄的规格大小也不同。单行栽培的垄背高15～20厘米，上宽15厘米，底宽50厘米左右；双行栽培的垄背高15～20厘米，上宽50厘米，底宽60～80厘米。单行的株行距0.5米×1.6米或0.4米×1.8米，双行的株行距为0.5米×3.0米或0.4米×3.6米。起垄栽培的好处，可防积水，土壤通透性良好，温度回升快，同时降温也快，会形成较大的昼夜温差，灌水时避免了根部积水，土壤不会板结。这样既促进了西瓜根系的生长，又加快了植株的生长发育，对瓜的膨大、糖分的积累都是有利的。

（二）及时追肥

在基肥不足的情况下要及时追肥。当幼瓜鸡蛋大时，每亩可追施大量元素水溶肥或聚能双酶水溶肥15～20千克，或螯合复合肥20～30千克，或海藻生物有机肥15～20千克。施肥方法是，起垄栽培者株间穴施，高畦栽培者沟施或水冲施。

（三）覆盖银灰色地膜

7～8月份是气候多变的季节，特别是中、大雨多，阴雨天气增加，有时雨后骤晴，强光暴晒。这个时期会造成土壤养分大量流失，带来土壤表层的板结，透气不良，同时各种病虫害严重发生，对西瓜的生长发育不利。覆盖银灰色地膜，既能提高土壤温度，又稳定了土壤墒情（既抗旱又防涝），更有避蚜和增加光照的效果，增强了西瓜的长势，减少了西瓜病毒病的发生。

（四）浇水和排涝

夏播西瓜因生长期间雨水较多，为防止植株徒长，必须控制浇水和及时排涝。如果是露地直播栽培，夏播西瓜苗期要严格控制浇水。因这个阶段温度高，水分大，幼苗比成龄大苗更容易徒长。出苗后根据情况严格控制浇水，必须浇水时也要少浇，控制苗子的生长速度，使苗子长成壮苗。移栽定植的大苗也要做好雨后及时排涝。一般要求降雨时畦面不积水，雨停后沟内积水很快能排泄干净。如果积水时间过长，就会造成发生沤根、烂根的现象。

（五）加强整枝

夏播西瓜生育前期，也就是从团棵到坐瓜前，处在高温高湿的条件下，营养生长旺盛；生育后期，从瓜膨大到成熟期，温度开始下降，光照减少，这就必须采取合理的密度，及时整枝打杈。双蔓整枝早期使蔓叶覆盖地面，充分利用光能促进光合作用。为防止过密互相遮阳，要及时打掉多余的侧蔓。在雌花开放阶段，如植株徒长，不易坐瓜，应在雌花前3～5片叶处把瓜蔓扭伤或者扪尖，控制营养生长。坐住瓜后，营养生长过旺时，应把坐瓜的蔓在10片叶前打顶。如仍有徒长现象，把另一条瓜蔓的顶心也打掉，使田间始终保持着良好的通风透光状态，既防止各种病虫害的发生，同时也会防止植株的早衰，有利于光合作用的提高，促进瓜的膨大。

（六）搞好人工授粉，提高坐瓜率

夏播西瓜雌花节位高，间隔大，不易坐瓜，遇到不利天气推迟坐瓜，影响产量，造成成熟期推后，甚至不能成熟。要想在理想的节位上坐瓜，必须采取人工授粉的办法。如遇上阴雨天气，还要防雨套袋，授粉后继续套袋，以防雨淋后大量落花、化瓜。

（七）及时防治病虫草害

夏播西瓜的病虫草害比春播西瓜种类多，发生早，来势猛，危害重。因此，应特别注意以防为主，治早、治小。一般从子叶出土后即用2.5%溴氰菊酯乳油3000倍液灌根，以防治瓜地蛆、金针虫等地下害虫。从团棵至伸蔓，结合中耕、间苗等彻底清除田间杂草。伸蔓后结合整枝，还要继续除草。

第四节　西瓜秋延迟栽培

西瓜秋延迟栽培是指7月份播种、10月份成熟上市的西瓜，俗称秋西瓜。适当发展一部分秋西瓜，不仅能使人们在中秋、国庆两大节日前后吃上新鲜西瓜，丰富节日市场供应，而且还可以通过贮藏保鲜，延长到新年甚至春节上市，其经济效益非常可观。

种好秋西瓜，应注重抓住以下几个关键：

一、选用良种

秋西瓜坐果后，气温逐渐下降，不利于西瓜果实迅速发育。同时秋西瓜采收后，为了增加季节差价，一般都贮藏一段时间再卖。所以在选择栽培品种时，一方面要考虑早熟性，特别是要求果实发育快、耐低温、全生育期较短的品种，一方面还要求是瓜皮较硬、抗病、耐贮运的品种。

二、培育壮苗

秋西瓜一般在 7 月上中旬播种。由于苗期正处在高温多雨季节，病虫害较重，无病虫害者，瓜苗也往往徒长。如果采用小高畦遮阳网育苗，可培养出非常健壮的瓜苗。秋西瓜适宜定植的苗龄是 20～25 天，定植时以幼苗三叶一心（三片真叶展开，一片幼叶刚露出）为宜。我国北方地区的定植时间，一般掌握在 7 月下旬至 8 月上旬。定植过早，幼苗易发生病虫害，特别是容易由蚜虫传播而感染病毒病，使植株生长不良难以坐瓜；定植过晚，后期气温逐渐降低，生长发育速度减缓，难以保证果实成熟。

三、铺盖银灰色地膜

7～8 月份雨水较多，易造成土壤养分的大量流失，形成土壤表层板结，影响土壤通气。同时，这一期间又是各种病虫危害严重和杂草生长迅速的季节。因此，定植后应及时覆盖地膜进行保护。一般在下午开穴移苗定植，浇足定植水，第二天上午覆盖地膜。所用地膜以银灰色光膜为好。这种膜既可增温保墒，又能驱蚜防病。

四、高畦栽培

秋西瓜应特别注意前期防涝排水问题。除选择地势高燥、土质肥沃、排灌方便的地块外，还必须采用起垄栽培。起垄栽培又可分单行栽培和双行栽培两种方式。单行栽培宜采用小高垄，一般垄高15～20 厘米，垄底宽 50 厘米，垄面宽 15 厘米。双行栽培宜采用小高畦，畦高 15～20 厘米，畦面宽 50 厘米，畦底宽 60～80 厘米，每畦栽两行瓜苗，两行西瓜分别向相反的方向爬蔓。有些地区麦收后，在麦田畦埂上按 0.6 米株距种植西瓜，不挑瓜沟，不做瓜畦，在原麦田畦埂上覆盖地膜和小拱棚，十分简便。

五、 前控后促

在整个田间管理过程中，要始终掌握前控后促原则，即苗期防止徒长，坐瓜期防止化瓜，果实膨大期促果保熟。在肥水管理中，伸蔓后至坐瓜前严格控制氮肥和浇水。在高温天气，浇水宜在早晨和傍晚进行，浇水量以离垄面 5～8 厘米为宜，浇后将多余的水立即排出，以保持畦面湿润为度，切忌大水漫灌。进入果实膨大期后，气温逐渐降低，浇水宜在中午前后进行，水量不宜过大，以小水勤浇为宜。

秋西瓜多采用双蔓整枝。坐瓜后，若发现植株生长过旺时，应将坐瓜蔓在幼果前留 10 片叶打去顶端。

六、 促瓜保熟

秋西瓜生长后期，外界环境条件不利于西瓜果实的发育，最大的限制因素是温度。除了利用覆盖物增温保温外，采用某些促进果实发育的技术措施也可使果实迅速发育，缩短发育时间，提早成熟，避开不利条件。

（一） 掌握好播种期

当计划采收期确定后，要根据所种西瓜品种生育期和当地物候质期（主要指月均温或西瓜有效积温）向前推算播种时间。例如种京欣 6 号西瓜，计划国庆节在烟台上市，那么最适宜的播种期应为6 月 28 日。如果种京欣 2 号或黄帅、抗病早冠龙等早熟品种，也计划国庆节在烟台上市，那么最适宜的播种期应为 7 月 7 日。如果种京欣6号西瓜，计划10月中旬在莱州上市，那么，最适宜的播种期为7月4日（按生育期计算应为7月8日，但积温不够）。无论早熟品种还是中熟品种，秋西瓜播种越晚，生育期也相应地延长（平均气温逐旬降低，积温逐旬减少）。这一点在计算播种期时应予考虑。

（二）促进坐瓜

秋西瓜雌花节位较春西瓜高且节间较长，肥水施用不当极易徒长。因此，秋西瓜比春西瓜难以坐瓜。要想在理想的节位上坐住瓜，必须进行人工授粉。在雌花开放阶段，如果植株徒长而不易坐瓜时，可在雌花节前3～5叶处将瓜蔓扭伤，即以两手的拇指和食指分别捏住瓜蔓，相对转动90度；也可将前端“龙头”拧伤捏入土下或摘掉。

（三）促进果实发育

除科学施用肥水、及时防治病虫害等外，可选择某些植物生长调节剂或其营养制剂，以促进西瓜果实的迅速发育。生产上常用的有高效增产灵、植保素、西瓜灵、α-萘乙酸钠、矮壮素、聚糖多肽生物钾等。但使用这些制剂时，必须注意施用时间、浓度和方法（首先看好使用说明，然后再按说明施用）。

（四）后期覆盖保温

秋西瓜进入果实生长中后期，气温明显下降，不利于西瓜果实发育和糖分的积累。如利用农膜覆盖保温，则可确保果实继续生长发育，直至成熟采收。目前覆盖形式多采用小拱棚，即用竹片或棉槐条作骨架，做成宽1米、高0.4～0.5米拱圆形小棚，上面覆盖幅宽1.5米的农用塑料薄膜。覆盖前，先进行曲蔓，即把西瓜蔓向后盘绕，使其伸展长度不超过1米，然后在植株前后两侧插好拱条，每隔0.8米左右插一根，插完一行覆盖一行，将塑料薄膜盖好，四周用土压紧。覆盖前期，晴天上午外界气温升至25℃以上时，可在薄膜背风一侧开几个通风口或全部揭开通风（主要根据棚内温度确定），下午4时左右再盖好盖严。覆盖后期，一般不进行通风，只有在晴天中午当棚内气温过高时，才进行短时间小通风（在向阳一侧开少量小通风口）。采收前5～7天，昼夜不通风，保持较高棚温，促进西瓜果实成熟。

第五节　地膜覆盖栽培技术

西瓜地膜覆盖栽培，就是用0.015～0.007毫米聚乙烯薄膜，在西瓜整个生育期间，沿瓜垄紧贴地面覆盖（故俗称地膜）的一种栽培方式。由于方法简单，不需要特殊设备，成本低，经济效益高，所以发展很快。地膜因其厚度、幅宽和颜色的不同，有不同品种和不同规格，各地在选用时应根据当地栽培季节、畦宽、栽植方式（单行栽植或双行栽植）及覆盖方式（单覆盖或双覆盖）等来确定。

一、覆盖前的准备

1. 施足基肥

覆盖地膜一般在播种或定植以后进行，盖地膜前一定要施足基肥。由于地膜西瓜生长快，发育早，如果仍采用露地西瓜那种多次追肥法，一则容易造成脱肥，二则增加地膜破损，不利于保墒增温。所以地膜西瓜应一次施足基肥。在整瓜畦时，每亩沟施土杂肥4000～5000千克，穴施硝基磷酸铵30千克或磷酸三铵40千克或螯合复合肥30～40千克。

2. 灌水蓄墒

地膜西瓜由于土壤条件的改善，其根系横向伸展快，80%的根群分布在0～30厘米的土层内，因而不抗旱，加之地温较高，瓜苗生长量增大，需水量也相应地增加，所以必须灌足底水。这样不但能蓄造良好的底墒，而且可使西瓜畦踏实，坷垃易碎，有利于精细整畦和铺放地膜。

3. 精细整畦

为了使地膜与畦面紧密接触以达到增温的良好效果，铺地膜前必须将畦面整细整平，无坷垃，畦幅一致，排灌方便，流水畅通。要求畦面呈平垄状，宽 180～200 厘米；灌（排）水沟宽 20 厘米，深 15 厘米（图 3-3）。沟外起埂，栽瓜苗的部位较宽，覆盖地膜后既防旱又防涝，受光面又大，热量分布均匀。

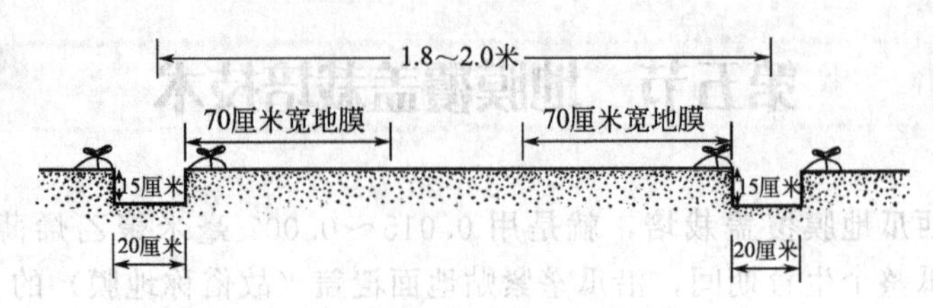

图 3-3 地膜覆盖西瓜平畦

二、地膜的选择

目前市售地膜有多种规格，厚度 0.02 毫米、0.015 毫米、0.008 毫米，幅宽有 60～70 厘米、80～90 厘米、100～110 厘米。面宽的比较好，但地膜用量增加一些。如果覆盖宽幅的，最好采用双行栽植（播种）。由于西瓜行距较大，幼苗前期生长又慢，所以一般不选用过宽的地膜。地膜的颜色有白、银灰、黑、黑白条带等。此外，还有降解地膜和无滴地膜。各地可根据西瓜的种植方式、栽培季节和使用目的（保温、透光、避蚜、防草）等选择地膜。

三、覆盖方式与方法

西瓜覆盖地膜的方式有多种，可因地制宜地选用。

（一）平畦单行种植和双行种植覆膜方式

畦宽 180～200 厘米，灌排水沟宽 20 厘米、深 15 厘米，在沟边起垄种植西瓜。单行种植的，西瓜苗呈直线排列，可选用 60～70 厘米宽的地膜，或用 50～55 厘米宽的地膜（即 100～110 厘米宽地膜的半幅）。双行种植的，西瓜苗呈三角形排列，可选用 80～90 厘米宽的地膜。地膜沿灌排水沟顺垄覆盖。

（二）小高垄单行种植和双行种植覆膜方式

单行种植，可选用60～70厘米宽的地膜。双行种植，可选用100～110厘米的地膜。地膜以垄顶为中心线顺垄覆盖。

（三）地膜覆盖时间

可与栽苗或播种同时进行，也可早覆盖4～5天，以利于提高地温和保墒防旱。

（四）覆盖方法

盖地膜时，先沿种植行两边，在各小于地膜10厘米处开挖一条小沟，然后将地膜在种植行的一头放正，将地膜展平、拉直，使地膜紧贴地面或垄面，并将地膜用土压入挖好的小沟中踏实，防止地膜移动。为防止地膜被风吹动，可每隔2～3米压一锨土。地膜一定要拉紧、铺平、封严，尽量做到无皱褶、无裂口。万一出现裂口，要用土封严压实。地膜周边要用土压10厘米左右，要压紧压严。

直播的西瓜，当子叶出土时，应及时在出苗部位开割出苗孔。育苗移栽的西瓜，在定植时按株距随时开割定植孔。为了尽量使孔口小些，直播出苗孔可割成“一”字形，育苗移栽的定植孔可割成“十”字形，并于出苗或栽植后随时将孔用土封严。

四、地膜覆盖应注意的问题

地膜覆盖栽培西瓜，有许多优点，是西瓜生产上早熟丰产、增加经济收入的一项有效措施。根据各地生产单位在应用和管理中发现的一些问题，提出以下几个应注意的问题：

（一）施足基肥，灌足底水

为了保持地膜覆盖的作用，尽量减少地膜皮孔，所以苗期追肥和灌水次数应减少。在播种或定植前要一次施足基肥，灌足底水，使苗期肥料供应充足，保持良好的墒情。

（二）整畦要精细

整畦质量对地膜平整及保温保湿效果关系很大。如果畦面有土块、碎石、草根等，铺膜就不易平整，而且容易造成破损。要求西瓜畦耙细整平，凡铺地膜部位土面上所有的土块、碎石、草根等一律清除干净。

（三）注意防风

春季风沙大的地区，应采取防风措施，以免风吹翻地膜影响瓜苗生长。除将地膜四周用泥土严密封压住以外，覆盖地膜后还应沿西瓜沟方向每隔 3～5 米压一道“镇膜泥”（压住地膜的条状泥土）。有条件的地区也可在瓜沟北侧迎风架设风障或挡风墙。这样不但可以防风，还有防寒的作用。

（四）改变栽植和整枝方式

为了经济有效地利用地膜，除西瓜应适当密植外，栽植和整枝方式也应改变。密度可加大到每亩 800～900 株。在栽植方式上，如果覆盖整幅（80～100 厘米）地膜，以双行三角形栽植（播种）较好。即第一行靠近排灌水沟沿栽植，株距 60 厘米，第二行离第一行 20 厘米并与第一行平行栽植，株距也是 60 厘米，但两行植株应交错栽植（播种），使株间成为三角形。如果覆盖半幅（40～50 厘米）地膜，可单行种植，株距以 50 厘米为宜。在整枝方式上，双行栽植（播种）的，可采用双蔓整枝、单向两沟对爬（图 3-4）；单行栽植（播种）的，可采用三蔓式整枝、单向两沟对爬（图 3-5）。

五、采用综合措施加强管理

地膜覆盖栽培的目的在于提早上市，延长供应期，增加产量和产值。为此，要求采取综合技术措施。

（一）适期播种或移栽

地膜覆盖栽培西瓜，如果采用育苗移栽方式，应尽量早育苗。

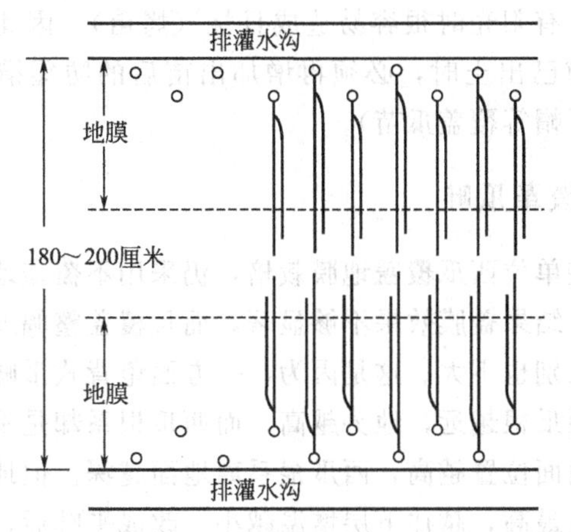

图 3-4　双行栽植双蔓式整枝

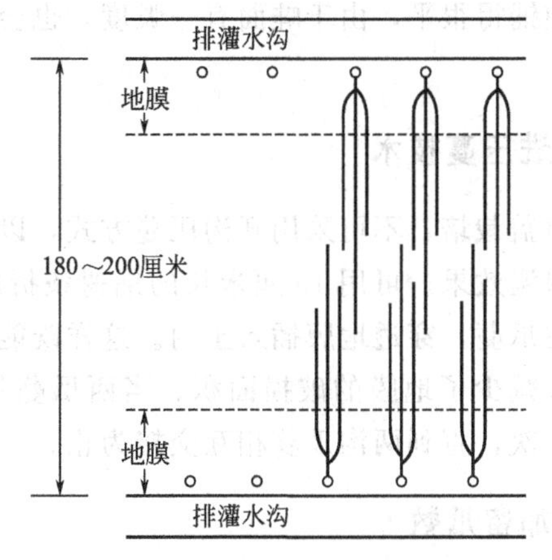

图 3-5　单行栽植三蔓式整枝

可于惊蛰后（3 月上旬）先在温床或阳畦内育苗，当幼苗长出 4 片真叶时再移栽到大田中，边定植边覆盖地膜，并注意及时将地膜上的定植孔用泥土封严。如果采用直播方式，应推迟播种时间，以当地断霜前 5～7 天为宜。因为一般都是直播后覆盖地膜，当子叶出土时即需在每株上方的地膜上开出苗孔，如果幼苗在断霜前露出地膜，就容易遭受霜冻。假若播种期掌握不当，在断霜前幼苗已经出土，也不可不开出苗孔，否则由于地膜压力会使幼茎折断，而且子叶顶着地膜，有阳光时很容易造成日烧（烤苗）。因此，当直播西瓜苗在断霜前已出土时，必须再增加出苗后的防霜措施（如用苇毛、泥碗、纸帽等覆盖瓜苗）。

（二）改革瓜畦

目前有些单位西瓜覆盖地膜栽培，仍采用不覆盖地膜栽培时的龟背式瓜畦，结果盖膜效果不够显著，而且覆盖整幅地膜的和覆盖半幅地膜的区别也不大。这是因为，一方面龟背式瓜畦在地面形成一定坡度，距瓜根越远，地势越高，而西瓜根系却是垂直和水平分布的，所以地面位置越高，西瓜根系离地面越深。但地膜的增温效果是地表增温最高，越往下层增温越小。改成平畦后，使西瓜根系特别是水平根系接受地膜增温比较均匀。另一方面，龟背畦，地膜不易铺平；即使铺得很平，由于畦面有一弧度，也会反射掉一部分太阳光。

（三）改进压蔓技术

西瓜地膜覆盖栽培，不可采用开沟压蔓方式，以免地膜破损过大，影响增温保温效果。可用 10 厘米长的细树条折成倒“V”形，在叶柄后方卡住瓜蔓，穿透地膜插入土内。这样既能起到固定瓜蔓的作用，又大大减少了地膜的破损面积。当西瓜蔓每伸长 40～50 厘米时便固定一次，直到两沟瓜蔓相互交接为止。

（四）增加留瓜数

由于地膜西瓜生长较快，生育期提前，因而每株可先后选留 2 个果实。一般先在主蔓上选留第二个雌花坐瓜，作为第一个果实；当第一个果实褪毛后，在追施膨瓜肥、浇膨瓜水时，再在生长比较健壮的一条侧蔓上选留一个雌花坐瓜，作为第二个果实。

六、西瓜地膜覆盖的一膜两用技术

西瓜地膜覆盖栽培技术，是一项早熟、高产、经济效益十分显著的措施。由于方法简单易行，成本低，效益高，所以全国各地发展极为迅速。山东省的瓜农在西瓜地膜覆盖栽培中，创造了一种一膜两用新方法。即播种后至 5～8 片真叶期间，使地膜相当于育苗时覆盖薄膜用，第 5～8 片真叶展开后，作地膜用。采用这种新方法，不用另设苗床就能提早播种，减去了育苗及移栽程序，节约人力物力，瓜苗不伤根，生长健壮。这种方法的具体做法是：在播种前挖 15 厘米深、底宽 20 厘米的瓜畦，畦北沿垂直向下，畦南沿向外倾斜成 30 度角，以减少遮光面积。播种后，在畦的两侧沿每个播种穴的上方插一根拱形树条（用以支撑地膜），然后在畦上覆盖地膜。当幼苗长到 5～8 片真叶时，在瓜苗上方将地膜开一个“十”字形口，使瓜苗露出地膜，并将拱形树条取出，使地膜接触畦面，再将地膜开口处和其他破损处用土封好压住。

还有一种方法是，在做西瓜畦时，先挖东西走向的丰产沟，深 40～50 厘米，宽 40 厘米。平沟时，结合施用基肥，将翻于沟南侧的土填回沟内，翻于北侧的土留在原处，一方面可以阻挡北风侵袭瓜苗，另一方面可作为支撑地膜的“北墙”。做瓜畦时，将播种行整成宽 20～30 厘米的平底畦，畦底面距北侧地面深度为 15 厘米左右，距南侧地面深度为 6 厘米左右。播种后每穴上插一根拱形树条，拱高 20 厘米左右。然后覆盖地膜。当瓜苗长到 5～8 片真叶时，放苗出膜、去掉拱形树条等的具体做法与上述第一种方法相同。

七、 地膜和小拱棚双覆盖栽培

利用 0.015 毫米厚的塑料薄膜作地膜和 0.1 毫米厚的农用塑料薄膜作小拱棚，对西瓜进行双覆盖栽培，可使西瓜的上市时间更加提前。地膜和小拱棚双覆盖栽培西瓜，比普通露地栽培西瓜可提前 30～40 天成熟，比单纯用地膜覆盖的西瓜可提前 15～20 天成熟。因此，可使我国北方大部分省市西瓜的成熟时间提前到 6 月上旬或中旬，这对填补北方水果淡季供应、解决“南瓜北调”起了一定作用。同时，由于双覆盖栽培的西瓜上市早，产值高，还可采收大量二茬瓜，进一步提高了产量，增加了产值。据山东省淄博市农业局调查，地膜和小拱棚双覆盖栽培西瓜的产值为露地西瓜的 3 倍，为地膜覆盖西瓜的1.5倍，其成本只占纯收入部分的22%。积极发展地膜和小拱棚双覆盖栽培西瓜，不但可以增加西瓜专业户的经济收入，而且还能活跃市场，使淡季不淡，满足消费者对西瓜的需求。

地膜小拱棚双覆盖西瓜，栽培管理技术除和地膜覆盖西瓜要求相同以外，还需注意下列几点：

（一）早播种，早育苗

地膜小拱棚双覆盖栽培西瓜，比单用地膜覆盖的西瓜，可以提早播种或提早育苗。如果利用阳畦育苗，可在2月中下旬；如果直播，可在3月上旬。育苗或直播的方法与前面介绍的露地栽培相同，只不过播种时间提前了40～50天。

（二）移栽盖膜

移栽前5～7天用0.015毫米厚、0.9米宽（商品规格）的地膜先将西瓜畦盖住，使地面得到预热。当苗龄为30～35天时，选择晴天上午，揭开地膜，在排灌水沟上沿每隔40～50厘米开一个深10厘米、直径12厘米的定植穴，将育成的西瓜大苗栽植于穴内，浇透水，封好堰；将畦面整平，重新盖好地膜。覆盖时，在地膜上对准有西瓜苗的位置开一“十”字小口，使瓜苗露出地膜外，再用细土将定植孔封严。地膜要拉紧拉直铺平，紧贴地面，四周边缘用泥土压牢封好。盖好地膜后再用1.5米跨度的竹片或棉槐条，每隔50～60厘米在瓜畦两侧插一个和瓜畦相垂直的弓子，然后在上边覆盖0.1毫米厚、1.6～2米宽的塑料薄膜，做成小拱棚。薄膜要拉紧，四周边缘用泥土压牢。春季风多风大的地方，可沿着拱棚顶部和两侧拉上3道细铁丝固定防风。为便于通风管理，每个拱棚以长25～30米、高50～60厘米为宜。

（三）拱棚的管理

定植后3～5天，瓜苗开始生长新叶；这时可在晴天上午9点到下午3点打开拱棚两端通风换气。前期管理措施主要是预防寒流冻害，夜晚要加盖1～2层草苫子保温，棚内温度不低于16℃为宜。早春寒流多，降温剧烈，风大并且持续时间长，要加厚拱棚迎风面的覆盖物，挡风御寒。覆盖物要用绳固定，防止被风卷走和吹翻。

寒流过后气温回升快，应逐渐揭去覆盖物，白天增加光照，并从两端开通风口通风换气散湿。随外界温度的升高，通风的时间也应逐渐延长，并在背风面增加通风口，白天使温度保持在28～30℃。后期管理要防止高温灼伤幼苗和放风过急“闪苗”，中午棚内温度较高时，切勿突然放大风，以免温度发生剧烈变化。可在向阳面盖草苫子遮阴，防止温度继续升高。立夏后当外界温度已稳定在18℃以上时，可将小拱棚撤除。

（四）整枝留瓜

双覆盖的西瓜宜用早中熟品种，每亩800～1000株，进行双蔓或三复式整枝，留主蔓第二雌花坐瓜。双覆盖西瓜于4月下旬或5月上旬进入开花盛期，此时仍有低温天气，地面昆虫活动少，靠自然授粉坐瓜率低，应在早上6～8点钟大部分雌花开放时进行人工辅助授粉，以提高坐瓜率。

双覆盖西瓜在拱棚内伸蔓，一般无风害，不需要插枝压蔓，只要把瓜蔓引向应伸展的方向或顺垄伸展即可。但要防止因瓜蔓拥挤生长，卷须缠绕损坏瓜叶。幼瓜是在拱棚内坐牢的，撤除拱棚后，再将瓜蔓拉出，压蔓固定，幼瓜也要轻轻拿入坐瓜畦内。此后开始浇水追肥，加强管理，促瓜迅速膨大。

头茬瓜收摘后，要及时选留二茬瓜，作好标记，认真管理，二茬瓜很快就能长大。

八、双膜覆盖西瓜的前期管理要点

近几年来，随着地膜覆盖栽培技术的推广，在西瓜生产中，进一步发展到地膜上面再加小拱棚，进行双层覆盖栽培，被称为双膜覆盖西瓜。实践证明，双膜覆盖西瓜可大大提早成熟，增加产量，显著提高经济效益。现将其前期栽培管理要点介绍如下（后期管理与一般高产栽培技术相同)：

（一）选用高产抗病品种

适合双膜覆盖栽培选用的品种有京抗二号、西农 10 号、郑抗 8 号、大江 2008、开杂 12 号、京欣系列等优良品种。

（二）电热温床培育壮苗

在棚室内用电热温床育苗法，可以育大规格的壮苗。主要做法是播种后，先在畦面平盖上一层地膜，再在苗床骨架上覆盖塑料薄膜并封严苗床。接通电源进行加温，晚上加盖草苫。6～7 天后，如果不出现寒流和阴天，就不用通电加温了。

幼苗出土时，立即撤掉地膜，并开始小通风。这时苗床内白天的温度要保持在 20～25℃，最高不超过 30℃，夜间 17～18℃，最低不低于 15℃。随着西瓜苗的逐渐生长和外界气温的增高，逐渐加大通风和延长通风时间，白天畦温一般保持在 25～28℃，夜间 15～18℃。为了锻炼瓜苗，移栽前 5～7 天要适当加大通风口和延长通风时间，夜间逐渐减少覆盖物。移栽前 2～3 天，喷一遍 0.2%的磷酸二氢钾和 50%的多菌灵 1000 倍液。

（三）施足基肥，合理追肥

双膜覆盖西瓜，由于不便早期追肥（避免追肥时破膜），所以应有充足的基肥。一般结合填丰产沟，每亩施优质圈肥 4000～5000 千克、硝基磷酸铵 25～30 千克或硝酸磷肥 30～40 千克。也可在栽植前，每穴施磷酸三铵 20～30 克或复合肥 30～50 克，与穴土充分拌匀。追肥可分 2～3 次进行。第一次在团棵时，每亩追施螯合复合肥 15～20 千克或双膜控释肥 15～18 千克。第二次在头茬瓜坐住瓜后，当幼瓜长到鸡蛋大小时，每亩追螯合复合肥 15～20 千克或聚能双酶水溶肥 10～15 千克。第三次当头茬瓜收获后，每亩穴施多肽尿素 15～20 千克，以防早衰并供给二茬瓜生长所需的肥料。

（四）及早移栽，合理密植

双膜覆盖西瓜应尽量早些移栽定植。移栽前 2～3 天可先将地膜覆盖地面以提高定植畦地温。移栽定植时，为了经济有效地利用地膜和薄膜，最好采用双行密植栽培。在已整好的西瓜定植畦上，按行距 20 厘米、株距 50 厘米进行双行交错三角形栽植。每栽完一畦后，立即将地膜重新铺平，并将栽植孔周围用土封严。整个瓜田定植完，扣好塑料拱棚，夜间加盖草苫保温。西瓜伸蔓后，单向整枝，使每畦的两行瓜蔓分别向相反的方向伸展。

九、西瓜双膜覆盖栽培的技术要点

西瓜双膜覆盖栽培应当掌握如下技术要点：

（一）早育苗，育壮苗

西瓜双膜覆盖栽培应较露地栽培提早育苗。一般 2 月底、3 月初播种育苗。苗龄 30 天左右，幼苗 3～4 片真叶时定植。为了在早春低温季节培养出西瓜的适龄壮苗，最好采用电热温床育苗。

（二）提高瓜苗定植质量

双覆盖栽培西瓜一般 3 月底、4 月初定植。据山东省历年来的气象资料。3 月下旬仍常有较强的寒流，要在寒流过后，天气转暖时进行移栽定植。一般采用穴栽法，即按株距 40～45 厘米开定植穴，将苗栽于穴中，四周覆土并轻轻压实，然后浇水，水渗下后封埯。栽好后开孔覆盖地膜，并扣好拱棚。

（三）小拱棚的通风控温管理

瓜苗移栽后，一般 3～5 天内通风或通小风；如遇低温天气，夜间要加盖草帘。缓苗后，随着气温的升高。逐步加大通风量和延长通风时间，白天畦温应保持在 25～30℃，最高不超过 35℃。但是遇寒流天气，夜间要加盖草帘防寒保温。5 月上中旬，随着外界气温的升高，可将小拱棚逐渐撤除，但地膜不要去掉。

（四）搞好人工授粉

双膜覆盖栽培的西瓜开花较早，昆虫活动较差，同时因夜温较低，花粉不易散落，所以必须进行人工授粉，以提高坐瓜率。

（五）巧留二茬瓜

双膜覆盖栽培的西瓜一般于6月中下旬收获。头茬瓜收获后，山东省的高温多雨季节尚未到来，这时西瓜植株仍保持较多的功能叶，可供二茬瓜生长。所以当头茬瓜收获前10～15天，要在生长健壮的侧蔓上及时选留二茬瓜。除二茬瓜开花时进行人工授粉外，在采收头茬瓜时应注意爱护二茬瓜的幼瓜，防止踩伤等机械损伤。头茬瓜采收后，立即追肥浇水，并清理病叶残蔓，促进二茬瓜的生长。

第四章

西瓜棚室栽培技术

第一节　小拱棚栽培技术

一、整地做畦

冬前深耕晒垡，施足基肥（每亩土杂肥3000～5000千克，复合肥30～40千克），深耕25～30厘米，整平、耙细，然后做畦。做畦方式因栽培行数和整枝方式不同而异。目前国内主要有单行栽植双向整枝、单行栽植单向整枝、双行栽植对向整枝和双行栽植背向整枝等方式。畦式和畦宽也因栽植行数和整枝方式不同而异。单行栽植双向整枝的，可做成1.4～1.6米宽的龟背畦；单行栽植单向整枝的可做成北高南低，东西走向的向阳坡畦；双行栽植对向整枝的可做成3.4～3.6米宽的龟背畦；双行栽植背向整枝的可做成3.4～3.6米宽的平畦。

二、育苗及定植

（一）育苗

参见第二章有关部分。

（二）定植

参见第三章第二节二（二）。

三、扣棚

小拱棚的拱架一般用竹片、细竹竿、棉槐条等做成。沿畦埂每隔1～1.2米插一根，拱高80～100厘米，拱宽同畦宽。每个拱棚的拱架要插得上下、左右对齐，为使拱架牢固，还应将拱顶和拱腰用细竹竿或8号铁丝串联成一体。搭好拱架后立即盖上棚膜，目前应用较多的是长寿无滴膜。根据畦宽和棚高选择适宜幅宽的棚膜，在无大风的时候覆盖到拱架上，四周用土压紧。较宽较高的拱棚还要在拱顶和拱腰拉好压膜线（绳）。

四、扣棚后的管理

（一）温度管理

定植后为促进缓苗，一般5～7天内不通风，如遇晴天中午高温，棚内气温超过35℃时可采取遮阴降温。缓苗后要及时通风，特别是中午前后，棚内气温应保持在25～30℃，最高不要超过35℃。通风方法是在背风面开小通风口，位置要逐次更换，并且随气温的升高，逐渐增大通风口，延长通风时间，以达到降温、排湿、改善风光气等条件的目的。

（二）整枝理蔓

小棚西瓜为增加密度，提高产量，大多采用双蔓整枝法。西瓜伸蔓后，及时理顺棚内瓜蔓，使其布局合理。当夜间也不需覆盖时，即可撤棚。撤棚时，将瓜蔓引出棚外。当蔓长60厘米以上时，进行正式整枝理蔓。一般采用双蔓整枝方式，除主蔓外，每株选留一条长势健壮侧蔓，多余的侧蔓及早去掉。一般选留主蔓第二或第三雌花坐果，主蔓坐不住时可选留侧蔓雌花坐果。坐果节位以前多余的侧枝及早去掉，而坐果节位以后几节的侧枝可留3～6片叶打顶。

（三）追肥浇水

在施足基肥、浇足底水的情况下，苗期一般不需追肥浇水。坐瓜后，结合压蔓，可进行一次追肥。每亩施用发酵好的饼肥 25 千克、多肽尿素 10 千克或磷酸三铵氢钾 20 千克或多肽缓控复合肥 15～20 千克；并浇一次水。瓜农称为坐瓜肥、促蔓水。当果实超过碗口大时，再追一次膨瓜肥，一般每亩施聚能双酶水溶肥或靓果高钾水溶肥 15～20 千克，或螯合复合肥 20～30 千克，并浇足膨瓜水。此后，视天气情况，除降雨外，每隔 3～5 天浇一次膨瓜水，直至采收前 5 天停止浇水。

（四）人工辅助授粉

授粉时间是每天早晨 7～11 时，将当天开放的雄花花粉轻轻涂抹在拟选留节位刚开花的雌花柱头上。在操作中应注意要周到均匀，以防止出现畸形果。

（五）病虫害防治

早春栽培，很容易发生鼠害以及蝼蛄、蚜虫、红蜘蛛等虫害。病害主要有炭疽病、蔓枯病、白粉病、病毒病。防治病虫害应坚持预防为主、药剂防治为辅的原则。防鼠害可用商品灭鼠药随发现随防治。杀蝼蛄可用辛硫磷拌炒出香味的麦麸或玉米面，按 1 份药加 5 份水拌 15 份料的比例混成毒饵。播种后或定植后撒于地表。

第二节 大棚栽培技术

一、大棚的结构和建造

参见第二章第一节有关部分。

二、适宜品种的选择

塑料大棚早熟栽培应选用极早熟、早熟、中早熟或中熟品种的中果型品种，并应选择低温伸长性和低温结果性好、较耐阴湿环境、适宜嫁接栽培的优质、丰产、抗病品种。适宜大棚栽培的有籽西瓜品种请参阅第一章第二节一、二，如特小凤、红小玉、特早世纪春蜜、早佳、黑美人、早红玉、美抗 9 号、冰晶、小兰等。适宜大棚栽培的无籽西瓜品种请参阅第一章第三节，如黑蜜 2 号、雪峰无籽 304、丰乐无籽 3 号、金有阳一号、花露无籽、翠宝无籽、黄露无籽等。

三、整地施肥及做畦

为使大棚内土壤提早解冻，及时整地和施肥，保证适时定植，应提前扣棚烤地，提高地温。棚地有前茬作物或准备复种一茬作物时，可提前 30～45 天扣棚；没有前茬的提前 15～20 天扣棚即可。在扣棚前每亩施入 4000～5000 千克土杂肥。扣棚后，随土壤的解冻进行多次翻耕，将粪土混匀，有利于提高地温。翻耕深度应达到 30～40 厘米。待土壤充分深翻整细后，可按 1 米行距做高畦或大垄，有利于西瓜生长发育。做畦的方法与拱棚双覆盖栽培相似。

四、嫁接育苗

在大棚、温室等固定的保护设施内栽培西瓜必须进行嫁接育苗，否则会因枯萎病的发生导致严重减产或绝产。同时，由于嫁接苗砧木的根系比西瓜自根的根系发达，吸收肥水能力强，能促进接穗（西瓜）的生长发育，增强耐低温、弱光和抗病能力，从而可提高棚室西瓜的产量。嫁接育苗的具体方法、嫁接砧木的选择、嫁接苗的管理及嫁接注意事项等请详见本书第二章第三节中的有关内容。

五、扣棚、闷棚和定植

定植前 3～5 天扣棚（覆盖塑料棚膜），以提高地温。如果是连续栽培多茬的旧棚还需再提前5～7天扣棚消毒和高温闷棚。在定植前1～2天用塑料袋灌满水，放置于大棚内，提高水温，以作为定植水。定植时，按株行距开好定植穴，施用适量复合肥。定植时，先将嫁接好的瓜苗植于穴内，使土坨表面比畦面略高（用塑料钵育苗者，应先脱去塑料钵），封埯时，先封半穴土，轻轻将瓜苗栽住，然后浇足定植水，待水渗下后封穴。封穴时，不要挤破土坨和碰伤瓜苗，用手轻轻按实土坨周围即可。瓜苗定植后，沿行向在瓜苗周围喷施除草剂，随即铺放好地膜，并在垄面上插小拱架，覆盖上小拱膜。由于大棚内无风，所以小拱架可采用棉槐条或其他细小树枝简易搭成，小棚膜也不必压牢以便昼揭夜盖。

六、大棚西瓜的管理要点

塑料大棚内的温度、湿度、光照及空气等环境条件对西瓜生长发育的影响很大，应经常进行调节。但只有掌握棚内各种小气候条件的变化规律，才能及时准确地进行调节。

（一）棚内温度

棚内温度的变化规律，一般是随外界气温的升高而增高，随外界气温的下降而下降。棚内的温度存在着明显的季节温差，尤其是昼夜温差更大。越是低温季节，昼夜温差越大，而且昼夜温差受天气阴晴影响很大。

西瓜性喜高温强光，在温度高、光照好的条件下同化作用最强。这样的气温条件维持越长，西瓜生长越好，产量也高。但棚温受外界温度影响很大，棚内昼夜温差大，如有时夜间棚温仅14℃，而晴天中午最高可达45℃以上，因此必须注意夜间低温，控制午间高温。一般管理原则是：在春季栽培多采用开天窗通风口和设边门膜的办法，放风调温。对延迟栽培的大棚进入9月下旬后，天气渐凉，又正逢西瓜膨大期，要注意补好棚膜，采取晚通风、早闭棚的办法，千方百计提高棚温，以促进晚批瓜及早成熟。山东省春季棚温约为15～36℃，最高时可达40℃以上。夜间温度的变化规律与外界气温的变化基本一致。通常棚温比露地高3～6℃。根据上述温度的变化规律，在日出前要加强覆盖保温，在12点至下午1点时要加强通风，夜间盖好草帘，使棚温维持在白天25～35℃、夜间15～20℃。

（二）棚内湿度

棚内空气相对湿度的变化规律，一般是随棚温的升高而降低，随棚温的降低而升高。晴天和刮风天相对湿度低，阴天和雨雪天相对湿度高。棚内绝对湿度随着棚温的升高而增加。棚内的水蒸气，因土壤水分大量蒸发和西瓜叶面蒸腾出来的水分而成倍增加。中午水蒸气含量达到早晨的2～3倍。到午后5～6时，由于及时通风和气温的下降，棚内水蒸气大量减少。在棚内相对湿度100%的情况下，通过提高棚温可降低相对湿度。如棚温在5～10℃时，每提高1℃，可降低相对湿度3%～4%。西瓜适宜的空气相对湿度白天为55%～65%、夜间为75%～85%。棚内空气湿度和土壤湿度是相互影响的，通过浇水、通风和调温等项措施，可以调节棚内的湿度。

（三）棚内光照

棚内光照条件因不同部位、不同季节及天气、覆盖情况等不同，差异很大。从不同部位看，光照自上而下逐渐减弱，如棚内上部为自然光照的61%时，棚内中部距地面150厘米处光照为自然光照的34.7%，近地面的光照为自然光照的24.5%。棚架越高，棚内光照垂直分布的递减越多。东西走向的拱圆大棚，上午光照东侧强、西侧弱，下午光照西侧强、东侧弱，南北两侧相差不大。

此外，双层薄膜覆盖比单层薄膜覆盖，受光量可减少40%～50%；立柱棚比少立柱、无立柱棚遮光严重；尼龙绳作架材比竹竿作架材遮光少等。棚膜对受光的影响，主要是老化薄膜和受污染的薄膜透光差，无水滴膜（微孔膜）比有水滴膜透光强等。及时清除棚膜上的尘土和污物，是增强透光性的主要措施。

（四）棚内气体调节

二氧化碳浓度的变化通常是夜间高、白天低，特别是在西瓜蔓叶大量生长时期，白天光合作用消耗大量二氧化碳，使棚室内二氧化碳含量大幅度降低。所以，在大棚密闭期间，向棚内补充二氧化碳气体能够提高西瓜光合作用强度，提高产量。

利用化肥碳酸氢铵和工业硫酸发生化学反应，生成硫酸铵和二氧化碳的方法，是目前我国采用的最简便、最经济、最适宜大面积推广的一种方法。其具体做法是，在1亩面积的塑料大棚内，均匀地设置35～40个容器（可用泥盆、瓷盆、瓦罐或塑料盆等，不可使用金属器皿）。先将98%浓度的工业硫酸和水按1∶3的比例稀释，并搅拌均匀。稀释时应特别注意的是，一定要把硫酸往水里倒，而绝不能把水往硫酸里倒，以免溅出酸液烧伤衣服或皮肤。再将稀释好的硫酸溶液均匀地分配到棚内各个容器中，一般每个容器内盛入0.5～0.75千克溶液。然后再在每个盛有硫酸溶液的容器内，每天加入碳酸氢铵90克（40个容器）或103克（35个容器）。一般加一次硫酸溶液可供3天加碳酸氢铵用。二氧化碳气肥施用时间最好在西瓜坐瓜前后。在晴天时，日出后30分钟，棚内二氧化碳浓度开始下降，只要光照充足，气温在15℃以上时，即可施放二氧化碳气肥。近来二氧化碳发生器已在棚室生产中应用，有条件的可以放心使用。

（五）肥水管理

肥水管理基本上与露地春西瓜相同，但由于有棚膜覆盖，保湿性能较好，而且水分蒸发后易使棚内空气湿度增大，故不宜多浇水。但遇到连阴雨天气，也要适当浇水，以免出现棚外下雨棚内旱的现象。西瓜在高度密植、一株多瓜的情况下，仅施基肥和一般追肥是不够的，应每采收一次瓜追一次肥，做到连续结瓜采收，连续追肥。一般于每茬瓜膨大前期施用复合肥料每亩20～30千克，每次追肥必须结合浇水冲施，可收到明显的增产效果。

（六）其他管理

大棚西瓜的管理主要在整枝上架、人工授粉、留瓜吊瓜等几个环节与露地西瓜不同。

西瓜抽蔓后要及时整枝上架。整枝可根据密度，特别是株距大小采用单蔓整枝或双蔓整枝。在塑料大棚内可采用塑料绳吊架。其优点是架式简单适合密植，通风透光，作业方便，保护瓜蔓。瓜蔓上架时，如蔓长棚矮可采用“之”字形绑蔓法。即首先引蔓上架绑好第一道蔓，当绑第二道蔓时，应斜着拉向邻近吊绳捆绑；要使吊绳方向一致，水平拉齐。当绑第三道蔓时，再拉回原吊绳上。如此反复进行。每条瓜蔓只选留1个瓜。当瓜蔓长满吊架时，在瓜上留5～7片叶打顶。采用单蔓整枝时，打顶后及时在下部选留两条侧蔓，引蔓上架；每条瓜蔓仍选留1个瓜，当瓜坐住后留5～7片叶打顶。主蔓瓜采收后，要将主蔓适当截短，以利于通风透光，促进侧蔓瓜的生长。

由于西瓜是雌雄异花作物，棚内无风，昆虫很少，影响结瓜，必须进行人工授粉。采用人工授粉不仅可以提高坐瓜率，还能调整结瓜部位，使每个瓜都有足够的叶面积，保证瓜个头大、质量好。留瓜部位一般在主蔓上第12～14节较好；侧蔓留瓜位置要求不严格，只要瓜形整齐，第8～10节即可留瓜。当瓜长到0.5千克左右时，用吊带或吊兜把瓜吊起来，防止瓜大坠伤瓜蔓。瓜要吊得及时，吊得牢稳。

七、 大棚内多层覆盖栽培

目前，大棚西瓜栽培，已出现3～5层覆盖，山东省昌乐县尧沟甚至出现了7层覆盖。

（一） 三膜覆盖

三膜覆盖就是在大拱棚里套小拱棚，小拱棚里铺地膜。这一模式一般可比双覆盖早定植8～10天。

（二） 四膜一苫覆盖

四膜一苫覆盖就是在大棚膜下10～15厘米处吊一层天幕（一般用0.015～0.018毫米的薄膜），大棚内套小拱棚，小拱棚覆盖薄膜和草苫，小拱棚内覆盖地膜。这一模式比三膜覆盖增强了保温保湿性能。

（三）五膜一苫覆盖

所谓五膜大棚是全田铺设地膜，在每个栽培畦上扣一个2米宽小拱棚。两米宽拱棚外面再加扣一个3米宽拱棚，在大棚顶膜内侧与顶膜隔开20厘米吊一层薄膜保温幕，再加上最外面的一层大棚膜，共5层膜。大棚横跨12米，棚内一行中柱，两行腰柱，两行边柱。5行柱子自然隔成4个横向栽培畦，畦中间稍凹，中间栽一行西瓜，即每棚种4行西瓜。西瓜于2月上中旬定植（12月底至1月初温室育苗，用葫芦或土佐系南瓜嫁接），株距33厘米左右。西瓜主侧蔓分向左右两个方向爬，即主蔓爬向一侧，两条侧蔓爬向另一侧。5月1日前后收头茬西瓜，而后继续授粉或割蔓再生留二茬瓜。西瓜拉秧后，再种一茬秋延迟蔬菜。

（四）七膜覆盖

大棚用双膜覆盖，大棚内先扣1.5米宽的小拱棚，小拱棚上再加套3米宽的拱棚，两个小拱棚分别覆盖两层膜，每个小拱棚都铺地膜，简而言之，大棚内套中棚，中棚内再套小棚，大、中、小棚都用双层覆盖就是六层再加地膜共七层覆盖。这一模式使西瓜上市时间大大提早，还能留二茬、三茬瓜。

第三节　温室栽培技术

一、栽培季节

由于温室投资较大，要把采收期安排在本地秋季延迟西瓜供应期之后与春季普通大棚西瓜上市之前。温室西瓜的播种期除考虑上市期外，还应考虑到温度对坐瓜的影响。由于我国幅员辽阔，各地气候各异，无法确定统一栽培时间，只能提出一个框架：10～12月份播种，11～1月份定植，3～4月份采收上市。

二、 整地作畦

在室内南北走向先挖宽 1 米、深 50 厘米的瓜沟，然后回填瓜沟约 30 厘米。结合平沟每亩施入土杂肥 3000～4000 千克、熟饼肥 80～100 千克或磷酸三铵 20～30 千克，或螯合复合肥 25～30 千克。施肥时将肥料混合，撒入沟内与土充分混合均匀，整平地面。在两行立柱之间做畦，畦向与之前挖的瓜沟方向一致。做成畦面宽约 60～100 厘米、高约 15 厘米，灌水沟宽 25 厘米左右的高畦，整平地面。

三、 移栽定植

提早定植二叶一心的嫁接西瓜苗，方法与大棚相同。爬地栽培时采用大小行栽植，即每畦双行栽植，行距 30 厘米（小行），株距 40 厘米。伸蔓后分别爬向东、西两边的瓜畦（大行）。支架（吊蔓）栽培时，行距 1 米，株距 0.3～0.4 米。定植时，选晴天上午，栽苗后立即铺地膜。

四、 栽培管理

（一） 温度管理

日光温室内冬季晴天时，最高气温可达 35℃以上，最低气温也在 0℃以上。但春季以后室温迅速升高，一般当外界气温到 10℃时，室内气温可达到 35℃，夜间最低也可维持在 10℃以上。因此，在温度管理上冬季应以保温防寒为主，春季则应注意防高温。日光温室冬季保温增温的方法主要有：扣盖小拱棚、拉二道保温幕、屋面覆盖草苫、在草苫上加盖一层塑料薄膜或纸被、无纺布等。

（二） 光照管理

日光温室的东、西、北三面是墙，后屋顶也不透明，唯一采光面只有南屋面，再加上冬春栽培西瓜，室内需保温，上午草苫揭得较晚，下午又得早盖，这就使一日内的光照时间更短。改善光照的办法主要是：保持棚膜清洁无水滴，以增加透光率；建棚时应根据当地纬度设计好前屋面适宜的坡度，尽量减少棚面反射光和棚内遮光量；在权衡温度对瓜苗影响的前提下，尽量延长采光时间。晴天时，一般上午日出后半小时、下午日落后半小时卷、放草苫为宜。阴天时，只要室温不低于15℃，也要卷起草苫，让散射光进入室内。此外，在后墙和东、西两侧墙面上张挂反光膜或用白石灰把室内墙面、立柱表面涂白，也可改善室内光照。有条件时可在每间日光温室内安装一个100瓦以上的日光灯，每天早、晚补光2小时左右。阴雪天时，其补光效果尤为显著。

（三）整枝压蔓

日光温室西瓜宜及早整枝，以减少无用瓜蔓对养分的消耗，并有利于通风透光。爬地栽培一般采用双蔓整枝，大果型中熟品种也可采用三蔓整枝。上架栽培一般采用单蔓整枝或改良双蔓整枝。所谓改良双蔓整枝，就是除选留主蔓结果外，还在基部选一条健壮侧蔓，其余侧蔓全部摘除，当所留侧蔓8～10叶时摘心。压蔓、吊蔓上架等管理与普通大棚相同。

（四）其他管理

其他管理与普通大棚相同。

第四节　棚室栽培中关键技术的探讨

一、我国目前棚室西瓜生产中存在的主要问题

大棚西瓜与露地西瓜、地膜西瓜及小拱棚西瓜等，其栽培特点和所处的环境条件都不相同。因此，照搬露地西瓜栽培技术或地膜栽培技术，都不能达到应有的生产效果。甚至得不偿失、劳民伤财。当前在大棚西瓜生产中，主要存在着以下几个问题：

（一）品种不配套

适宜大棚栽培的西瓜应具有早熟、耐低温、耐弱光、易坐瓜等特点。但前几年在生产中还有选用庆农5号、郑杂5号的，有些地方长期采用金钟冠龙这个中熟品种，有的甚至采用生育期更长的品种。建议用生育期短、熟期早、耐低温、耐弱光、极易坐果的新品种。

（二）发展不平衡

一方面是技术上的不平衡，除了目前保护地栽培发展较快的山东、河北、河南、辽宁等地和某些城市近郊西瓜保护地的栽培积累了较丰富的经验外，很多地方的瓜农仍处于摸索状态，迫切需要找出适合不同地区的保护地栽培模式。另一方面是面积发展不平衡，目前我国西瓜的保护地栽培面积主要集中在山东、河北等省份和东北一带以及一些大城市郊区，其他地区尚未形成规模。

（三）配套技术问题

许多配套技术，如种植密度和栽培方式问题、棚室栽培的水肥管理问题、适合不同地区的双膜覆盖栽培技术规程，塑料中棚、塑料大棚栽培技术规程，大棚、温室栽培中的连作障碍，嫁接技术，棚室栽培中温、光、水、气、肥的调节等，都有待于进行更深入的研究。

二、棚室西瓜栽培配套技术的探讨

（一）种植密度和栽培方式问题

不同品种、不同地区西瓜种植密度和栽培方式也不同。例如我国北方各省市，每亩大棚栽植中熟品种800～900株，而在长江流域以南每亩栽植仅为500～700株。

近年来，地膜覆盖和小拱棚栽培西瓜发展最快，栽植密度和栽植方式较以前有很大改进。大棚栽培系集约化生产，应更合理地利用保护设施，尽量压低生产成本。为了增加密度而又不影响通风透光，在适当加密的同时，要相应地改进栽植方式。例如改单行栽植为双行大小垄栽植以及采用科学整枝方式等。在日光温室中栽培西瓜，则要尽量采用上架栽培，单、双蔓整枝吊蔓生长或用网袋吊瓜，直立生长。

（二）水肥管理问题

大棚栽培比露地栽培肥水流失较少，特别在西瓜生长前期（坐瓜前），西瓜自身吸收和消耗水分皆少，而此时棚内地下和空气中的水分都高于棚外。这时若不注意控制肥水，很易造成西瓜蔓叶徒长。这就要求做到“前控”。怎样做到前控呢？一是基肥，特别是穴肥不可过多；二是浇水要晚；三是追肥要适当推迟；四是要及时通风调温调湿；五是推广西瓜专用缓效肥，一次性施足基肥，用浇水量来分次发挥缓释西瓜专用肥的肥效，不必再追肥。在买不到西瓜专用缓效肥的地方，也可在施用基肥时，将复合肥用化肥耧或条耧器按4～6行，条施于畦面移栽定植行的两侧。

（三）嫁接栽培问题

棚室栽培，嫁接是必由之路。但目前存在的问题一是嫁接技术，二是砧木选择。

1. 嫁接技术问题

嫁接方法很多，但要采用成活率高又省工易学的方法。现在插接法的成活率还仍然低于靠接法；但确实很省工，也易学好推广。这里值得注意的是砧木和西瓜播种的错期问题。不同砧木错期时间不同，葫芦砧错期6～8天（还要根据品种正确计算），南瓜砧错期4～6天。一般以砧木第一片真叶开展期嫁接为宜。最晚一叶一心，即可嫁接。如砧木苗过小，下胚轴过细，插竹针时，胚轴易开裂；苗过大，因胚轴髓腔扩大中空而影响成活。采用舌靠接法，应适时断根（成活后及时切断西瓜下胚轴近根处）。还有，无论采用插接法还是靠接法，在移栽定植嫁接苗前后都要及时“除萌”（就是摘除砧木上已萌发的不定芽）。否则将会严重影响嫁接西瓜的抗病性和品质。砧木蔓叶对西瓜的品质影响极大。

2. 砧木选择问题

通过多年的试验，以长瓠瓜即瓠子、长颈葫芦作西瓜砧木，亲和性好，植株生长健壮，抗枯萎病，坐瓜稳定，果实大，产量高，对品质无不良影响。用南瓜作砧木嫁接西瓜，抗枯蔓病最强，但与西瓜接穗的亲和力（特别是共生亲和力）不如葫芦和瓠子。日本采用印度南瓜和中国南瓜，育成新土佐南瓜，也可使用。但用黑籽南瓜作西瓜砧木，这是不可取的。因为根据多年的试验观察，用黑籽南瓜作砧木嫁接西瓜，其果实含糖量可降低 1.5～2.1 度，而且风味清淡，像过去吃的含糖量低的地方品种，有的像吃甜梢瓜一样。同时，白粉病和病毒病较葫芦砧、瓠子砧严重。据试验和各地报道，我国培育及引进适宜西瓜嫁接的优良砧木有：中国农科院郑州果树研究所选育的超丰 F_1、北京市农林科学院蔬菜中心培育的京欣砧 1 号（葫芦×瓠瓜）、合肥华夏西甜瓜科学研究所选育的华砧 1 号（适合大中型西瓜）和华砧 2 号（适合小型西瓜）、山东淄博市农业科学研究所选育的砧王（南瓜×南瓜）、青岛市农业科学研究所选育的青研砧 1 号、大庆市庆农西瓜研究所选育的庆发西瓜砧 1 号、山东潍坊市农业科学研究所选育的抗重 1 号瓠夸和皖砧 1 号（葫芦×葫芦）及皖砧 2 号（中国南瓜×印度南瓜）、台湾农友种苗公司育成的勇士以及由日本引进的相生（葫芦×葫芦）、新土佐（印度南瓜×中国南瓜）；由美国引进的圣砧 2 号（葫芦×葫芦）、圣奥力克（野生西瓜）等。

（四）留瓜促果问题

露地栽培西瓜一般选留主蔓第二、三瓜胎。但在大棚西瓜生产中，以尽量选留第二瓜胎为宜。对某些生长势强的品种或坐果率较低的品种，也可先留第一瓜胎作为缓冲营养生长势的“阀门”，当植株转向以生殖生长为中心时，第二瓜胎必然会迅速出现，而且其生长发育速度也会大大超过第一瓜胎。此时，第一瓜胎往往就会自行化瓜。如果当第二瓜胎开始迅速膨大时，第二瓜胎仍在继续生长，那就应该立即将第一瓜胎摘掉，否则会影响第二瓜胎的继续加速膨大。为了促进果实的迅速发育，人工授粉并坐瓜8～10天后，应开始浇水，清洁棚面，提高棚温，改善光照，必要时，也可施用某些生长调节剂，如高效增产灵、丰产素、植保素、西瓜灵等。还要加强对二茬瓜的管理。第一茬瓜采收后，土壤中养分和水分减少很多，植株因脱肥开始衰老，如不增肥浇水等，就不能保证二茬瓜正常成熟和有较好品质。所以，当第一茬瓜采收后，应立即追一次速效化肥（例如每亩多肽尿素15～25千克或磷酸三铵20～30千克），浇大水1次。并且在头茬瓜采摘后立即进行整枝疏叶，将原来的坐瓜蔓和功能性较差的病叶老叶，连同出现的多余幼瓜一齐疏去并带出田间。这样既增加了通风透光，又减少了养分消耗。

留二茬瓜必须维持植株较强的生长势，防止蔓叶早衰。维持植株生长势、防止早衰的主要措施是及时追肥、浇水、清除杂草、翻瓜整瓜和加强病虫防治等。

（五）采收及果实处理问题

大棚西瓜普遍采收过早，上市生瓜较多，损害了消费者的利益，有时也使经营者蒙受损失。近年来，生产者都采用标记法采收西瓜，所以出现生瓜上市并非技术原因，实为谋取季节（时间）差价和重量差（熟瓜较轻）。某些生长激素能够加速果实成熟。例如乙烯利可以催熟西瓜，但由于副作用较大，而且影响品质，如果施用时间、浓度、方法等掌握不当，往往事与愿违，出现软皮瓜、劣质瓜和烂瓜，所以一般不提倡使用。

（六）提高棚室西瓜甜度的问题

决定西瓜品质风味的关键时间是瓜成熟前15天左右至采收前2～3天。为了提高西瓜的品质，这一阶段管理总的要求是要保持叶片较高的光合强度，减少氮素比例，提高昼夜温差，采收前3～5天停止浇水等。

1. 提高光合强度

西瓜甜度的高低主要是由蔗糖、果糖、葡萄糖等糖类的多少所决定的，而这些糖类的形成，都离不开光合作用。因此，提高西瓜植株的光合作用强度，通过一系列复杂的生理转化过程，输送到瓜里的蔗糖、葡萄糖、果糖等糖类的含量就会大大增加，因而西瓜的甜度也会相应地提高。为保持较高的光合作用强度，可以通过三方面实现：一是提高光照强度；二是延长光照时间；三是增加空气中二氧化碳含量。后两种措施在塑料大棚内是能够做到的，但提高光照强度则比较困难。延长光照时间可以通过人工补光（增加300瓦或500瓦的日光灯）实现。增加二氧化碳方法请参阅本章第二节六（四）部分。

2. 减少氮素的供应比例

西瓜膨大后应减少氮素肥料的供应，适当增加钾肥用量，具体做法是：在追膨瓜肥时，每株增施硫酸钾15～20克。特别要控制西瓜生长后期植株对氮素的吸收。一般应使氮、磷、钾的比例由抽蔓期的3.59∶1∶1.74改变为3.48∶1∶4.6。这时如果西瓜吸收氮素过多，就会降低品质，因为瓜不再生长，多余的氮素在瓜内积聚，反而使西瓜甜度和风味变坏。在此期间侧蔓增多就是氮素过多的特征。

3. 提高昼夜温差

白天温度较高可以提高光合作用，但日落后要降低棚室的温度，以便降低呼吸强度，减少被消耗的糖分，使更多的糖分储存到瓜中。因此，加大白天与夜间的温差，有利于糖类物质的积累，能提高西瓜甜度。新疆吐鲁番地区的瓜果之所以特别甜，就是这个道理。利用塑料大棚栽培西瓜，比露地栽培易于调节昼夜温差（例如可以通过棚室的覆盖物和通风口调节棚内温度），因而可以人为地加大棚室内的昼夜温差。

4. 采收前控制浇水

在许多西瓜产区流传着“旱瓜甜”的说法，这种说法是有一定道理的。当西瓜采收前天旱无雨，西瓜确实较甜；当西瓜采收前遇到大雨，西瓜确实味淡不甜。即使用仪器测量也有相同的结果。西瓜的甜度，目前国内外采用的测量方法，都是用手持折光仪糖量计，测定瓜瓤汁液中可溶性固形物含量（浓度）。因此，含水量越高，浓度越低，可溶性固形物的相对含量也就越少，所测出的数值也越小。同时，品尝时也因含水量的多少感觉到甜度不同。一般含水量多的西瓜，吃起来甜味较淡；含水量少的西瓜，吃起来甜味较浓。所以，当西瓜采收前3～5天停止浇水，就会使西瓜甜度相对提高。

（七）棚室西瓜优质高产的关键技术

要使棚室西瓜优质高产，必须掌握以下栽培要点：

1. 选用优良品种

选用早熟丰产的品种，是获得棚室西瓜丰产的前提。塑料大棚内的小气候不同于露地，应选用早熟性强，早期比较耐低温、耐湿、耐弱光、抗病、丰产、品质好的品种。经各地试种比较试验，认为特小凤、红小玉、世纪春蜜、早佳、黑美人、早红玉、燕都大地雷为上选品种。

2. 培育适龄壮苗

培育适龄壮苗是棚室西瓜高产的基础。可利用加温温室或电热温床，提前育苗。如用温室育苗要防止高温徒长，实践经验是：在出土前保持30℃的高温，当70%的芽拱土时就逐渐降温，苗出齐后白天温度控制在25℃左右，夜间保持在18℃左右。如用电热温床育苗，因早春外界温度低，需注意提高床温，控制水分，以免发生烂芽、猝倒病及徒长现象。关于苗龄的问题，经几年的试验观察，以30～40天（秧苗具有3～4片真叶）时定植成活率高，坐瓜也早。

3. 扣棚整地，适时定植

为使大棚内土壤提早解冻，及时整地和施肥，保证适时定植，应提前扣棚烤地，提高地温。棚地有前茬作物或准备复种一茬作物时，可提前30～45天扣棚；没有前茬的提前15～20天扣棚即可。在扣棚前每亩施土杂肥3000～4000千克。扣棚后，随土壤的解冻进行多次翻耕，将粪土混匀，有利于提高地温。翻耕深度应达到30～40厘米。待土壤充分深翻整细后，可按1米行距做高畦或大垄。

定植时期应根据外界温度与扣棚后棚内地温、气温状况，秧苗大小，防寒设备等条件确定，但主要是依据棚内地温和气温来确定。根据西瓜对温度的要求，当棚内10厘米深土壤温度稳定在12℃以上，最低气温稳定在8℃以上，即可进行定植。定植后如棚内再扣小棚或利用其他防寒保温措施，可提高棚内温度，加速西瓜生长，促进早熟。

4. 西瓜管理

详见本章第二节六。

三、 棚室西瓜栽培的改进

（一） 改善光照

大棚温室内的水泥横梁、竹竿等，能用8号铁丝代替的，尽量用8号铁丝代替，可减少遮光，增加光照和提高棚室温度。对覆盖膜除选用透光性能好的以外，还要经常清洁棚面，早揭晚盖，墙面涂白或后墙挂银色反光膜等。

（二） 用压膜线代替压杆

棚室覆盖塑料薄膜后为防风吹，一般都用压杆加以固定。但膜上的压杆需用铁丝穿过塑料薄膜固定在拱杆上，这样薄膜上面就会形成很多孔眼，透气进风，势必影响室内的温度。而且压杆在棚面遮光较多。所以用压膜线代替压杆，不仅减少遮光，而且膜面无孔眼，有利于密闭保温。

（三） 起垄覆膜栽培

整地施足基肥后，一般先起垄做畦，畦高10～20厘米，宽50厘米，覆盖地膜升温。定植时，按株距和瓜苗大小在地膜上打孔栽植。畦间开灌、排水沟。

（四） 地下全覆膜

为了增加地面反光和提高地温，降低棚内空气湿度，棚室内地膜全覆盖，使地面全部被专用塑料薄膜（地膜）盖住。

（五）膜下暗灌

西瓜是需水量较大的作物，大量浇水往往会使棚室内湿度过大。但浇水时，让水从地膜下的灌、排水沟流动（暗灌）就不会使棚室内的湿度增加。

（六）吊绳引蔓

棚室栽培西瓜为增加密度，充分利用空间，一般多采用支架栽培。无论采用何种架式，均需一定架材。架材不仅价格较高，而且遮光较多。可用铁丝和塑料绳代替支架，即沿定植西瓜的行向在棚室上方横拉细铁丝，在每株西瓜苗的上方垂直拉下一根塑料细条（包装绳），当西瓜蔓长30～50厘米时，用扎绳将瓜蔓沿每株各自的垂直塑料细条由下而上逐渐引蔓。

（七）人工授粉

采摘刚刚开放的雄花，露出雄蕊，往雌花柱头上轻轻涂抹，须使整个柱头上都沾上花粉。如果用几朵雄花给一朵雌花混合授粉，效果更好。为防止阴雨天雄花散粉晚而少，可在头一天下午将次日能开放的雄花用塑料袋取回放在室内温暖干燥处，使其次日上午能按时开药散粉，即可给开放的雌花授粉。

（八）增加棚室内二氧化碳浓度

二氧化碳又称植物气肥，能增加西瓜植株的光合产物从而提高产量和改善品质。在西瓜结果期，棚室内二氧化碳浓度严重不足。室内增加二氧化碳的方法简便易行。具体做法是：将浓硫酸缓缓注入盛有3倍水的塑料桶内；称取300克碳酸氢铵放入塑料袋内，袋上扎3～5个小孔，并将该袋放入上述盛有稀硫酸的塑料桶内进行化学反应，二氧化碳气体缓缓从桶内释放出来。棚室内每40平方米左右放置1个上述的二氧化碳气体发生桶。有条件的也可用二氧化碳发生器来增加二氧化碳。

（九）节水灌溉

近年来，随着节水灌溉技术的大力发展，西瓜栽培也逐渐采用了滴灌技术，此技术不仅节水50%以上，而且还可减少田间作业量，降低植株发病率，提高西瓜质量，增加经济效益。我们通过西瓜滴灌栽培技术研究，总结出一套实践经验，供种植户参考。

1. 管道的布置、安装及铺膜方式

输水管道是把供水装置的水引向滴灌区的通道。对于西瓜滴灌来说，一般是三级式，即干管、支管和滴灌毛管。其中毛管滴头流量选用2.8升/小时，滴头间距为30厘米，使用90厘米宽的地膜，每条膜内铺设1条滴灌毛管，相邻两条毛管间距2.6米，用量为260米/亩。对于水分横向扩散能力弱、垂直下渗能力强的沙性土壤地块，采用一膜两管布管方式，灌溉效果较好。安装时毛管直接安装在支管上，支管接干管或直接与水源系统相接。要使用干净的水源，水中不能有悬浮物，否则要加上网式过滤器以防铁锈和泥沙堵塞。过滤器采用8～10目的纱网过滤，有条件的同时要安装压力表阀门和肥料混合箱（容积0.5～1立方米）。毛管一般与种植行平行布置，支管垂直于种植行。有干管的与支管垂直，与毛管平行，干管应埋入地下80厘米深。滴灌毛管与支管的连接采用三通连接。用三通连接时，在支管上部打孔，将按扣三通压入，两端连接毛管即可。在使用普通三通时需调好出水孔大小或使用阀门三通，以保证各滴灌毛管出水均匀。滴灌毛管尾部封堵采用打三角结，或将毛管尾部向回折，然后剪一小段毛管套住即可。主管带尾部封堵采用接一小段主管带打三角结，或将主管尾部30厘米处折三折，再剪2～5厘米主管套上即可。如果种植面积较大，可以安装球阀实行分组灌溉。

2. 确定供水面积

在铺设前要充分考虑每根主管的控水面积，如果面积过大会导致压力不足，在额定的时间内所供的水量达不到规定的要求；面积过小会使压力过大，滴灌毛管容易胀破。

3. 提供压力的形式

进入滴灌管道的水必须具有一定压力，才能保证灌溉水的输送和滴出。要获得具有一定压力的水可采取以下方法：

(1) 动力加压　在地头挖蓄水池或打小水窖，有电力条件的用微型水泵直接供水，无电力设施的用汽油泵或柴油机泵进行供水；

(2) 其他加压　在机井旁设置压力罐。压力罐容量2～8立方米，机井水抽入以后加压至0.1～0.3兆帕，压力罐应装有自动补水装置，以保证不间断地均匀供水。

4. 适时调整输水压力

西瓜滴灌属于低压灌溉，正常滴水要求压力为0.01～0.2兆帕，压力过大易造成软管破裂，压力过小易造成滴水不匀。没有压力表时，可从滴水毛管的运行上加以判断。若毛管呈近似圆形，水声不大，可认为压力合适。若毛管绷得太紧，水声太大，说明压力太大，应予以调整，以免毛管破裂。若毛管呈扁形，说明压力偏小，应加压。

5. 提高水源质量

以河水、渠水为水源的滴灌系统，水在进入过滤器之前应很好地沉淀，不要光依靠过滤器，否则会引起各级管道尤其是毛管被泥沙堵塞而减少滴水量，滴灌的过滤系统应定时进行反冲洗，同时在蓄水池的进水口处设置拦护的过滤网。一旦发现毛管堵塞，逐一放开毛管的尾部，加大流量冲洗。

四、 棚室设施的维护

大棚温室的维护主要涉及自然灾害的防护和对棚室设施的维护两个方面。

（一） 自然灾害的防护

在西瓜棚室生产中常遇到的自然灾害主要有大风、冰雹和雨雪等。

1. 风灾

由于栽培季节的关系，大风是我国北方各地西瓜棚室生产中经常遇到的且破坏性较强的自然灾害。如棚室所处地势不当，或当初设施、施工或防护失误，一旦遇到大风，就可能在几分钟之内将本来完整的棚室吹得乱七八糟。

防护的根本在于选地设计和施工。一般应选背风向阳之地；设施抗风能力应达到8～9级；施工时应使骨架牢固、棚膜绷紧，四周深埋入土并压紧。除此，应经常检查骨架和棚膜，特别要注意观察棚膜的各部位有无破裂或孔洞，即使是很小的孔眼也不可放过。

经常注意天气预报，当预报的风力大于棚室的原设计抗风能力时，要及时设置防风屏障，以减小风力；或在棚室周边每隔一定距离拴绳索压紧棚膜，两端固定于地下。此外，还要经常检查所有压膜线，看是否都紧贴棚面，发现松弛或断缺者应及时紧固或补加压膜线。

2. 冰雹

俗语说“冰下有定数，雹打一根线”，根据这一俗语可理解为冰雹只在一定的季节和局部地区形成灾害。然而，一旦发生，其危害性都十分严重。当冰雹从高空垂直降落，由于其加速度和重力的作用，不但可将棚室覆盖物击成千疮百孔，而且还能将覆盖物之下的西瓜植株打个稀巴烂。

防护方法主要靠历年气象资料和注意天气预报。根据历史资料或天气预报，可在冰雹到来之前，在棚室顶部覆盖草苫、麻袋片或篷布等。对冰雹多发地有条件时，可购买防雹网帘，其防冰雹效果较好。

3. 防雨雪

在西瓜棚室栽培中，南方防暴雨，北方防暴雪。在暴雨之前，应将通风门窗关好，并检查棚面是否有破损或凹陷兜水之处，发现后及时修补或整理平滑以利顺水。棚室之间要疏通排水沟，勿使雨水流入棚室内。

大雪使棚室覆盖物和骨架受力加大，对旧棚膜和竹木结构的骨架尤易造成损伤。特别是当大雪加上大风，即暴风雪的天气时，在棚室内应留有值班人员，经常观察棚顶和棚室周边，当积雪较厚时，要及时清除，以免压塌棚室。清扫棚室顶上部的积雪，要用特制的长柄拖把，不可使用竹扫帚或带有铁丝、税利物的清扫工具。

（二）棚室的维护

西瓜棚室的维护可分日常维护和季节维修两方面。日常维护主要指对一些比较次要的、较小的毛病或设施进行简单的护理和小修小补。如对棚膜的清洁或修补，对压膜线、拱杆、拉杆的检查与紧固等，这些简易维修不会影响棚室内的正常生产。例如在晴天中午前后进行棚膜清洗可用自制长把软毛刷，用软管并有一定压力的清水喷到棚顶，一段一段地清洗。如棚膜有破损或孔洞时，应使用热合机或专用塑料胶及时粘补。而季节维修则一般是在西瓜生产周期结束后，下一季生产尚未开始或已开始生产但尚不需完整棚室的空闲时间进行的较大维修。如对骨架、管件、覆盖材料等进行的定期维护和修理；对棚室结构的改进或对设施设备的更新等。这些重大的维修，费工费力，一旦施工势必会影响西瓜的正常生产，所以必须在西瓜生产周期结束后方能进行。

对于竹木骨架，由于棚室高温高湿，入土部分甚易腐烂、折断，除建棚时进行防腐处理外，还要定期检查维修，一旦发现险情应采取加固措施或在大修时予以更换。

对于钢材骨架及零部件，最好采用热浸镀锌构件，螺栓、螺钉等零件也要选用镀锌处理的。如发现零件表面出现锈蚀，应及时修整或更换。对一些未经镀锌处理的铁件、黑铁管、钢筋等，可定期涂抹防锈漆或防锈剂。

对螺栓连接的装配式骨架，要定期检查螺栓的坚固程度；焊接骨架要检查焊点是否有虚焊或断裂现象，一旦发现应立即补焊。

铝制骨架构件也存在腐蚀问题，主要由于阴极与阳极区域之间电子的流动而产生。当铝制构件与空气或土壤中某种化学物质相接触时，也易发生化学腐蚀现象。最常发生的是点状腐蚀，特别是埋在土中的铝制构件，常出现麻点状锈斑甚至腐烂成筛孔状，严重降低其支撑和承载力，故必须及时维修或更换。

第五章 西瓜特殊栽培技术

第一节 嫁接栽培技术

一、 嫁接栽培的意义

（一） 防止土传病害

西瓜枯萎病的病原菌是镰刀菌属中的西瓜专化型真菌，称为西瓜导管型镰刀菌。病菌从根毛顶端细胞间或根部伤口侵入，进入维管束在导管内发育，分泌果胶酶和纤维素酶，破坏细胞，阻塞导管，干扰新陈代谢，致使西瓜植株萎蔫、中毒而枯死。嫁接时主要利用对这种枯萎病菌具有免疫功能的同科异种的瓠瓜、南瓜及野生西瓜作砧木，以西瓜为接穗，通过嫁接达到防止土传病害的目的。

（二） 增强生长势

由于嫁接换根，植株获得了抗病机能，新陈代谢旺盛，特别是发达的根系促进了全株生长势的增强，主要表现在根系生长旺盛，养分吸收力增强，最终促进地上部健壮生长。

（三）提高抗逆性

不同砧木有不同的抗逆性。例如，南瓜砧在低温下有良好的伸长性，因而在冬春保护地栽培中常选用南瓜作砧木，以提高接穗的耐低温性；冬瓜喜温耐热，以冬瓜作砧木可增强抗热性。南瓜砧具有抗盐性，这对于设施栽培具有特殊意义。因为棚室大部分时间处于封闭或半封闭状态，得不到雨水的淋刷和渗透，而且水分从地表蒸发时，盐基上升集聚在土壤表层，越积越多，易造成土壤盐渍化。而采用南瓜作砧木进行嫁接，由于南瓜根系膜稳定性好，根系活力强，对钾、钙、镁吸收多，降低了膜脂过氧化作用和质膜透性使抗盐性提高。

（四）增加产量

许多试验证明，西瓜嫁接栽培显著增产。山东文登以瓠瓜作砧木，嫁接西瓜栽培于塑料大棚内，平均单瓜重 4.5 千克，而对照仅为 2.2 千克。河北迁安市赵店子镇为西瓜集中产区，轮作十分困难，瓜农嫁接栽培的积极性很高。1993 年他们多数采用瓠瓜作砧木，以郑杂 5 号为接穗，每亩产西瓜 2820 千克，平均单瓜重 4.7 千克，比对照增产 20.5％。嫁接的新红宝每亩 5580 千克，单瓜重 9.3 千克，比对照增产 25.7％。

二、西瓜嫁接栽培抗病高产原因分析

随着西瓜栽培面积的不断扩大和西瓜专业户的逐年增多，西瓜的嫁接栽培越来越受到人们的重视，其抗病增产效果也越来越明显。

（一）抗病主要原因

西瓜最忌重茬，在普通栽培条件下，连作特别是隔年重茬时常因枯萎病（俗称重茬病）而造成品质降低，严重减产，甚至绝产。病原为一类导管型镰刀菌，在土壤内可存活 6～8 年。西瓜枯萎病目前国内外尚无特效药防治。这对于西瓜产区，特别是集中产区，由于土地、茬口关系，严重地影响了栽培面积的扩大。因为枯萎病主要是经土壤传染，而且这种病菌的侵染、寄生具有专一性，只侵染、寄生西瓜根系，对其他瓜类的根系不侵染、不寄生。所以，通过嫁接换根，可以避免枯萎病的发生。试验和生产实践均已证明，嫁接西瓜对防止发生枯萎病效果显著（表 5-1）。

表 5-1　嫁接西瓜与枯萎病发生的关系

砧木名称	观察时间	观察株数/株	发病株数/株	发病率/%
葫芦	6:14～6:27	400	0	0
瓠子	6:14～6:27	400	0	0
亚腰葫芦	6:14～6:27	400	0	0
印度南瓜	6:14～6:27	400	0	0
冬瓜	6:14～6:27	400	0	0
对照	6:14～6:27	400	374	93.5

利用抗病砧木嫁接的西瓜植株，其抗病性有明显提高。据研究，这并不是由于把砧木的抗病性转移到接穗上使接穗本身获得了抗病性，而仅仅是抗病性砧木阻碍了病原菌的通过而已。因此，如果从接穗发根，病原菌就会通过这个根系传到接穗而发生病害。为避免接穗发根，应适当提高嫁接部位。在舌接和靠接时，要及时除去接穗的根部。西瓜蔓容易形成不定根，嫁接后不要使西瓜蔓的不定根长入土壤。另外，由于做接穗的幼苗有的已感病，嫁接操作时容易互相感染，因此要重视床土消毒，培育壮苗。嫁接时应准备几套竹签、刀片等用具，经常轮换清洗消毒。同时由于抗病砧木只能防止土壤传染性病害，而对不少地上部感染的病害则无能为力，所以在进行整枝、打杈、摘心等操作时，手和器具也要经常洗净消毒。

（二）高产的主要原因

嫁接不仅是避免土壤传染性病害的有效措施，同时还可利用砧木根系耐寒、耐热、耐湿及吸肥力强的特点，促使植株生长健壮，增加产量。目前许多国家在西瓜、甜瓜、黄瓜、茄子等作物中大部分用嫁接苗栽培，特别在保护地栽培中已被广泛采用。我国在西瓜生产中也充分证明，嫁接栽培不仅可以重茬连作，而且嫁接西瓜比不重茬的西瓜还增产 7%～13%（表 5-2）。

表 5-2　嫁接栽培对西瓜产量的影响

砧木名称	单瓜重/千克	小区产量/千克	折合亩产量/千克	占重茬西瓜产量/%	占不重茬西瓜产量/%
葫芦	4.96	99.2	3303.4	1437.7	113.2
瓠子	4.96	98.3	3273.4	1424.6	112.2
亚腰葫芦	4.84	96.7	3233.4	1402.9	110.4
印度南瓜	4.69	93.7	3123.0	1359.0	107.0
冬瓜	4.74	94.8	3158.0	1374.4	108.2
重茬西瓜	1.90	6.9	229.8	100.0	7.9
不重茬西瓜	4.38	87.7	2918.7	1270.1	100.0

三、砧木的选择

（一）砧木与西瓜的亲和力

据湖南园艺研究所、沈阳市农业科学研究院、河北农业大学和青岛市农业科学研究所报道，瓠瓜、葫芦、新土佐南瓜（F_1）、黑籽南瓜、野生西瓜等均有较好的亲和性。

（二）砧木的抗枯萎病能力

导致西瓜发生枯萎病的病原菌中，以西瓜镰刀菌和葫芦镰刀菌为最重要。因此，所用砧木必须同时能抗这两种病原菌。但葫芦不抗西瓜镰刀菌，因而不是绝对抗病的砧木，而南瓜则表现兼抗这两种病原菌，因而南瓜是可靠的抗病砧木。选用的抗病砧木应能达到100%的植株不发生枯萎病。

（三）砧木对西瓜品质的影响

不同的砧木对西瓜的品质有不同的影响。不同的西瓜品种，对同一种砧木的嫁接反应也不完全一样。西瓜嫁接栽培，必须选择对西瓜品质基本无不良影响的砧木。一般南瓜砧有使西瓜果实的果皮变厚、果肉纤维素多、肉质变硬的作用，并可能导致含糖量下降，而西瓜共砧或葫芦砧较少有此现象。

（四）砧木对不良条件的适应能力

在嫁接栽培情况下，西瓜植株在低温环境中的生长能力（低温伸长性）、雌花出现早晚和在低温下稳定坐果的能力（低温坐果性），以及根群的扩展和吸肥能力、耐旱性和对土壤酸度的适应性等，都受砧木固有特性的影响。不同砧木的特性及其影响也不相同。因此，要根据需要来选用适宜的砧木，这是获得西瓜早熟丰产和优质的关键之一。在春季早熟栽培情况下，由于春季温度低，应选用低温伸长性和低温坐果性好、对不良环境条件适应性强的砧木。

四、适用砧木

1. 长瓠瓜

长瓠瓜又名瓠子、扁蒲。各地均有栽培。根系发达，茎蔓生长旺盛。与西瓜亲缘关系较近，亲和力强。抗枯萎病、耐低温、耐高温。嫁接西瓜后，表现抗病、耐低温、坐果稳定，对西瓜果实品质无不良影响。

2. 圆瓠瓜

圆瓠瓜属大葫芦变种，果实扁圆形，茎蔓生长茂盛，根系入土深，耐旱性强。作西瓜嫁接砧木亲和性好，植株生长健壮，抗枯萎病，坐果好，果实大，品质好。

3. 相生

相生为日本米可多公司培育的瓠瓜杂交种。嫁接亲和力和共生亲和力均强。西瓜嫁接苗植株生长健壮，根系发达，高抗枯萎病，低温下生长良好，优质高产。

4. 勇士

勇士为我国台湾农友种苗公司育成的野生西瓜杂交种，为西瓜专用砧木。勇士嫁接西瓜高抗枯萎病，生长健壮，低温下生长良好，嫁接亲和力和共生亲和力均强。坐果良好，果实品质和口味与同品种非嫁接株所结果实完全一样。

5. 新土佐

新土佐系印度南瓜与中国南瓜的一代杂交种，作西瓜嫁接砧木，嫁接亲和力和共生亲和力均强，幼苗低温下生长良好，长势强，发育快，高抗枯萎病；对果实品质无不良影响。据青岛市农业科学研究所试验证明，新土佐南瓜（F_1）砧木具有良好的亲和性、低温伸长性和低温坐果性，具有100%的抗西瓜枯萎病能力，并且对西瓜果实品质影响不大（但也因西瓜品种而异），是可用于西瓜早熟保护栽培的优良砧木品种，在山东、山西西瓜早熟生产中应用表现较好。该砧木也是日本目前推广应用的砧木品种之一。

6. 葫芦

葫芦具有与西瓜良好而稳定的亲和性，对西瓜品质也无不良影响，其低温伸长性仅次于南瓜，吸肥力也次于南瓜。主要缺点是能受到西瓜镰刀菌的感染，故不绝对抗枯萎病。过去葫芦（干瓢）砧在日本曾广为使用，但由于上述缺点，现正在研究利用其杂交种增强抗病性。

7. 长颈葫芦

长颈葫芦的果实圆柱形，蒂部圆大，近果柄处细长。作西瓜砧木，嫁接亲和力和共生亲和力都很强，植株生长健壮，根系发达，对土壤环境适应性广，吸肥力强，耐旱、耐涝、耐低温。抗枯萎病，坐果稳定，对西瓜品质无不良影响。

8. 瓠瓜

瓠瓜与西瓜亲缘较近，因而嫁接亲和性好，苗期生长旺盛，对西瓜品质影响不大（但在有些西瓜品种上也会发生果肉中有黄色纤维块）。其缺点是低温伸长性不如南瓜，并且容易发生炭疽病，有时成株出现凋萎。这个砧木在国内西瓜生产中也有应用。

9. 其他砧木

各地选育或引进了一些砧木，如：壮士、超丰F、京欣砧一号、华砧一号、华砧二号、青砧一号、砧王、冬强、抗重一号、皖砧一号、皖砧二号、圣砧二号、圣奥力克等，可通过试验选用。

五、嫁接方法

详见第二章第三节三。

六、嫁接苗的管理

西瓜嫁接苗的管理要点是保温、保湿、遮光、除萌和防病等。详见第二章第三节四。

七、嫁接苗定植后的管理要点

（1）嫁接苗在定植时，应注意不要栽植过深，防止西瓜（接穗）下胚轴部分接触土壤而产生自生根，使嫁接失去意义。如发现有此现象，应将其自生根断掉，并将周围土壤扒离西瓜下胚轴，防止再发生自生根。

（2）当以新土佐（F_1）等南瓜为砧木进行嫁接育苗时，应注意不要使苗龄超过 30 天，以防因砧木根系过于生长老化而在定植时受损伤，影响缓苗成活。其他砧木如葫芦砧，则可不必有此严格限制。

（3）采用嫁接栽培情况下，由于砧木吸肥力强，特别是对氮素的吸收力强，可适当减少底肥用量，以防过分旺长。尤其是南瓜砧，底肥用量可减少 40%，葫芦砧可减少 30%，但应注重追肥。与西瓜自根栽培相比，新土佐砧的氮肥施用量，可降至西瓜自根标准用量的 70%～80%。但新土佐砧的耐旱性不如西瓜自根，应防止土壤过旱。

（4）采用嫁接苗栽培后，整枝应适当提早，以促进主蔓生长。但过于严格整枝，特别是过早打去侧蔓，也可能影响根系生长扩大。为此可在多余侧蔓长至 10～15 厘米时再去掉。

（5）采用嫁接苗栽培西瓜时，不可再用埋土压蔓的方法，否则会因压蔓节上长出自生根而感染枯萎病，失去嫁接意义。但可以利用树枝杈在畦面上压活蔓，或采用畦面铺草的方法固定瓜蔓，尽量防止瓜蔓与土壤直接接触和发生自生根。

第二节 支架栽培技术

一、支架栽培的意义

西瓜支架栽培就是让瓜蔓沿竹竿或其他支撑、吊挂物构成的支架或吊架生长和结瓜的一种栽培方法。西瓜采用支架栽培，可以充分利用空间，提高土地利用率，增加密度，提高单位面积产量，减少某些病虫对瓜的危害，改善品质，增加经济收入。目前，支架栽培西瓜主要用于塑料大棚和温室的保护栽培中，随着西瓜栽培面积的扩大和耕地面积的减小，支架栽培西瓜在露地栽培中也将会越来越引起重视。支架栽培有以下好处：

（一）增加密度

支架栽培由于西瓜蔓可以均匀分布在立架上，所以可以高度密植。一般畦宽 1～1.2 米，双行三角形交错种植，株距 0.4～0.5 米，用大架（高架）栽培时，每亩 1500～1800 株，采用小架（低架）栽培时，每亩 1200～1400 株。比普通栽培每亩增加株数 1 倍以上，所以可节约耕地 1/2 左右。

（二）提高坐瓜率

据广西柳沙园艺场试验表明，西瓜支架栽培比不支架的提高坐瓜率 31.2%。淄博市临淄区及陕西省岐山园艺公司等单位的试验，也都有类似的结果，一般可提高坐瓜率 12%～33%。这是因为瓜蔓直立生长后，改善了通风透光条件，从而提高了坐瓜率。

（三）提高产量

由于支架栽培可以高度密植，且植株能够向空间立体发展，这与原来在地面匍匐生长相比，大大改善了植株所处的温度、湿度（空气湿度）、光照、通风等小气候状况，所以能够大幅度地提高西瓜产量。据中国农业科学院果树研究所的多年试验观察，支架栽培增产效果十分显著，小架栽培一般可增产 50%以上，大架栽培可增产 70%～80%以上。另外，河北省石家庄郊区塔冢村采用小架栽培增产 1 倍以上，河南省郑州果树研究所进行小架栽培，折合每亩产量高达 6000 千克。

（四）减轻病害

支架栽培的西瓜植株由匍地生长变为直立生长后，蔓叶不与地面直接接触，不仅改善了通风透光条件，而且远离了土壤病原。因此，发病率降低，且感病程度较轻（病情指数较小）。据广西柳沙园艺场调查，支架栽培西瓜的炭疽病发病率仅为对照栽培的26.4％。此外，据中国农业科学院果树研究所、陕西省岐山县园艺公司等单位试验，也同样获得了减轻病害发生的明显效果。

（五）改善西瓜品质

据多地调查，支架栽培的西瓜，其商品性状较好，一般均表现为瓜形周正，皮色鲜艳一致，外形美观，品质优良。

二、整地做畦

搭架西瓜主要在有保护设施的棚室内栽培。但在有天然防风屏障的山坡地、丘陵地也可选择背风向阳、土层较厚、排灌方便的地块栽培。也可与非瓜类蔬菜作物间种套作。但进行早熟栽培，最好选用冬闲地。

冬前应深耕 25～30 厘米深，晒垡增温。春季复耕耙平，最好结合春耕普施一次有机肥。定植前 10 天左右，按预定的行距进行开沟施肥和做畦。开沟施肥的方法与一般瓜田开丰产沟施肥法相同。但由于这种搭架栽培的底肥施用量较大，地力较强，故对集中开沟施肥也不过于强调。底肥施用量为每亩施腐熟有机肥 4000～5000 千克，腐熟饼肥或油渣 75～80 千克或磷酸三铵 35～50 千克，或硝基磷酸铵 30～40 千克，或螯合复合肥 40～50 千克。

西瓜搭架栽培的做畦有平畦和高垄等不同方式。平畦可做成畦宽 1～1.3 米，畦面覆盖地膜；也可在畦北侧再加一道高 50 厘米的风障，以挡风增温。在栽苗后再扣拱棚，昼揭夜盖，成为双覆盖形式；采用垄栽的，可按 66 厘米垄宽与 66 厘米垄沟（人行道兼灌水沟）相间排列。在垄上覆盖地膜，西瓜生长期再在沟内铺草。

三、品种选择和栽植密度

搭架栽培由于采用密植上架方式，故应选用极早熟或早熟，蔓叶不很旺盛的小果或中果型品种。

国内各地搭架栽培均趋向密植，但实际采用的密度相差很大，从每亩1000～1300株到2000～2400株。实验证明，在高度密植情况下，在一定范围内虽然提高单产，但单瓜重却明显下降。过于高度密植严重地影响单瓜的发育。因此，搭架栽培也不可过密。一般可参照大棚支架栽培的密度，或适当再密些。如小果型品种，棚架栽培者，可每亩栽1300～1600株；中果型、中早熟品种，三角架栽培的，可每亩栽1000～1300株。定植时，在畦宽1米情况下，每畦栽1行；畦宽1.3米时，每畦栽2行。株距一般为0.4～0.5米。

四、移栽定植

搭架栽培的西瓜，应采用育大苗移栽的办法，苗龄为4叶1心。最好用嫁接苗。定植时采取与地膜覆盖栽培相似的定植方法。但均采用开膜挖穴栽植，栽后浇水覆土。再重新盖好地膜。双行栽植时，可采用成对栽，或呈三角形错开栽植。

五、搭设支架

搭架西瓜采用的架式，目前有篱壁架、人字架、塑料绳吊架、棚架和三角架等多种。露地条件下的搭架栽培所采用的架式，一般均比大棚内的支架矮小，但要求搭的架更为牢固稳定，以适应露地风大的条件。所采用材料为竹竿、树枝条等。棚架用的长为2米左右，架高1.5米左右；三角架用的杆长为1.2米左右，架高0.8～1米，由于这种三角架栽培的西瓜果实是坐地生长，故也可采用玉米秸秆和高粱秸秆作架材。搭架工作一般在西瓜伸蔓初期，蔓长15～20厘米时进行。

西瓜是喜光性作物，支架方式、支架高度、架材选用及整枝等都应以减少遮阴、改善通风透光条件为前提。

（一）支架方式的选择

架式的选择要根据栽培场地（温室、大棚、中棚或露地等）、密度及架材等决定支架方式。棚室内栽培通常可采用篱壁架、人字架或塑料绳吊架。篱壁架就是将竹竿或树条等按株距和整枝方式绑成稀疏篱笆状直立架，让瓜蔓沿直立架生长、结瓜[图 5-1(b)]。这种架式通风透光良好，便于单行操作管理，但牢固性较差，不太抗风。人字架就是将竹竿或树条等按株、行距交叉绑成“人”字形，让瓜蔓沿人字斜架生长、结瓜[图 5-1(a)]。这种架式结构简单、牢固抗风，适于双行定植的西瓜，但通风透光不如篱壁架，人字架下的西瓜行间操作管理也不如篱壁架方便。塑料绳吊架就是在温室或塑料棚内的骨架（如横梁、拱杆、立柱等）上拴挂塑料绳，让瓜蔓沿塑料绳生长、结瓜。这种架式通风透光条件比篱壁架和人字架都好，且不需竹竿树条等，成本较低，但瓜蔓和西瓜易在空中晃动，而且这种架式只适于在温室或有骨架的大棚内采用，不像篱壁架和人字架在露地也能适用。

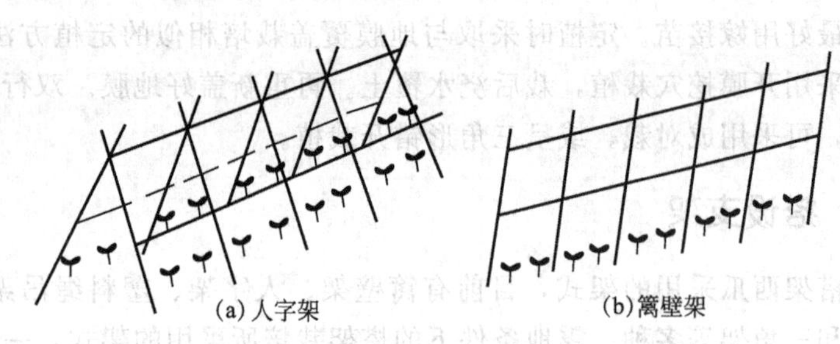

图 5-1　支架西瓜架式示意图

（二）架材的选择

架材可选用竹竿、细木棍、树枝等。立杆可选用较直立的长 1.2～1.5 米、粗 2～3 厘米的竹竿或木棍，插地的一端要削尖。辅助材料可选用细铁丝、尼龙绳、塑料绳等。吊架的主要架材就是塑料绳。

在选材时，粗而直立的可用作立杆，细长的可用作横杆、腰杆。

（三）搭支架

当西瓜蔓长到 20～30 厘米长时，即应搭支架。插立杆时，立杆要离开瓜苗根部25厘米左右插入土内，深度一般为15～25厘米。如为篱壁架，立杆要垂直插入，深度为20～25厘米；如为人字架，立杆要按交叉角度倾斜插入土内，深度可适当浅些（15～20厘米）。但无论哪种支架方式，架材都要插牢稳。

搭篱壁架时，要先插立杆。立杆要沿着西瓜行等距离地垂直插入土内。为了节约架材，可每隔2～3棵瓜苗插1根立杆。每个瓜畦的2行立杆都要平行排齐，使其横成对、纵成行、高低一致。在每行立杆的上、中、下部位各绑1道横杆，这样就构成了篱壁架。在整个篱壁架的纵、横杆交叉处均应用绳绑紧。为了增加篱壁架的抗风能力和牢固程度，可在每个瓜畦的两头和中间用横杆将2个篱壁架连接起来。

搭人字架时，可用1.5米左右的竹竿，在每个瓜畦的2行瓜苗中，每隔2～3株相对斜插两根，使上端交叉呈"人"字形，两根竹竿的基脚相距65～75厘米，再用较粗的竹竿绑紧作上端横梁，在人字架两侧，沿瓜苗行向，距地面50厘米左右处各绑一道横杆（也叫腰杆），各交叉点均用绳绑紧，这样每两行瓜苗需搭一个人字架。为了提高人字架的牢固性，可在每个人字架的两端各绑一根斜桩。

塑料绳吊架的搭法比较容易，主要是在每株瓜苗的上方，将塑料绳吊挂在骨架上，让每条瓜蔓沿着塑料绳生长。

露地支架栽培则多采用棚架和三角形架。

1. 棚架

棚架包括"1"字形立棚架和"人"字形的人字架（或花架）两种。插架时先插立杆，立杆距瓜秧根部15～30厘米，插入土中15～20厘米。每一株或每隔2～3株插1根杆，顺瓜行插一排立杆（每行1排）。插杆后，在立杆上绑上、中、下三道横杆。每株1杆的，可在距地面50厘米处绑一道横杆；搭成人字形架的，应将畦内两排立杆顶部绑在一起，其上再绑一道横杆。总之，应使整个棚架牢固坚挺。

2. 三角形架

每株西瓜搭一个三角形架，用3根立杆斜插在瓜秧周围，杆顶端都向中央聚拢，将3根立杆顶端绑在一起，如同稳固的三角支架，瓜秧就在架下正中央部位，杆间距离40～50厘米。单行栽植情况下，可将其中2根杆插在瓜秧北侧畦埂上，另一根插在瓜秧南侧。杆插入土中15厘米左右，视土壤情况而定，以插牢为准。

六、整枝绑蔓

搭架西瓜目前普遍采用双蔓整枝，选留1主1侧蔓，其余侧蔓去掉。在主蔓上第二、第三雌花节位选留1瓜。

整枝与上架绑蔓是支架栽培西瓜的重要管理工作。当瓜蔓长到60～70厘米时，就应陆续上架绑蔓。上架过晚瓜蔓生长过长相互缠绕，易拉伤蔓叶和花蕾。

上架的同时进行整枝。单蔓整枝时，将主蔓上架，其余侧蔓全部剪除。双蔓整枝时，每株选留两条健壮的瓜蔓（通常为主蔓和基部1条健壮侧蔓）上架，将其余侧蔓全部剪除。无论单蔓整枝或双蔓整枝，所留瓜蔓上的侧枝都要随时剪除。

随着瓜蔓的生长要及时将瓜蔓引缚上架。可用湿稻草或塑料纸条将瓜蔓均匀地绑在架的立杆和横杆上。绑时要一条蔓一条蔓地引缚，切不可将两条蔓绑为一体。同时不要将瓜蔓绑得太紧，以免影响植株生长。绑蔓方式可根据支架高低、瓜蔓多少及长短等，分别采用“S”形、“之”字形、“A”字形或“U”形。当支架较高瓜蔓较少时，可采用“S”形，即将瓜蔓沿着架材呈“S”形曲线上升，每隔30～50厘米绑一道，并将坐瓜部位的瓜蔓绑在横杆上，以便于将来吊瓜。当支架较低瓜蔓较少时，可采用“之”字形绑蔓法。当支架较高瓜蔓较多时，可采用“A”字形绑蔓法，即将每条瓜蔓先沿着架材直立伸展，每隔30～50厘米绑一道，当绑到架顶后再向下折回，沿着右下方斜向绑蔓，仍每隔30～50厘米绑一道，使瓜蔓在架上呈“A”字形排列。当支架较矮瓜蔓较多时，可采用“U”形绑蔓法，即先将每条瓜蔓引上架向上直立绑蔓，当第二雌花开放坐瓜时，则将坐瓜部位前后数节瓜蔓弯曲成“U”形，使其离地面30厘米左右，当幼瓜褪毛后，将瓜把（柄）连同瓜蔓固定绑牢，然后随着瓜蔓的生长再直立向上继续绑蔓，这样就使每条瓜蔓在架上呈“U”形排列。绑蔓时注意留置好叶片，不要使叶片相互重叠或交叉。当坐住瓜后，可不再绑蔓。对于坐瓜节位的绑蔓要求，因护瓜方法不同而异。当采用吊瓜方式时，要求在坐瓜节位上下都把瓜蔓绑牢。当幼瓜直径 10 厘米左右时将瓜蔓打顶。每株留叶 50 余片。当幼瓜长到 0.5 千克重左右时，用吊兜或吊带或吊瓜草绳圈（直径 10 厘米左右）托住瓜，并用绳吊挂在棚架上。采用吊瓜法必须是支架坚挺抗风。若采用使瓜落地生长方法时，可在第一雌花开放坐果期间，重新将瓜蔓曲成倒“Ω”字形，使瓜蔓底部距地 30 厘米左右，坐瓜节位也刚好在倒“Ω”形底部。当西瓜长至鸡蛋大小时进行定瓜，并将上方的蔓绑牢固。以后随着果实长大，瓜表面逐渐接触地面（落瓜）。为防止瓜皮受伤，可在瓜大如碗口时，在预计落瓜接触地面处铺些稻草或谷草，使西瓜坐落其上，以防西瓜受损伤和减轻病虫危害。

三角架栽培的绑蔓方法是：侧蔓都不上架，而将其理顺依次压在地面上匍匐生长，只将主蔓引绑上架。将主蔓先引向瓜行南边的一根杆上绑住，然后环绕三角架呈螺旋上升式引蔓和绑蔓，直到架顶。此种方法与三角形矮架相适应，都采取“落瓜”的护瓜方法。坐瓜后，幼瓜随长大而逐渐下落到地面上生长。为此，应将坐瓜节位前后两道蔓松绑，将瓜放在预先垫草的地面上，或在瓜落地前，在瓜下垫一草圈，将瓜托住。

此外，还应及时剪除多余侧蔓，适时进行人工辅助授粉，选瓜留瓜，除草打药防病虫，去掉多余的瓜胎和清除病叶，改善田间通风透光条件，由于上述矮架栽培都实行大弯曲引蔓绑蔓，应选在中午前后、瓜蔓软韧时进行绑蔓工作，以防折断西瓜蔓叶。

七、留瓜吊瓜

经整枝后每条瓜蔓上只选留 1 个雌花坐瓜，通常选留第二雌花人工授粉，使其坐瓜。多余的小侧蔓和幼瓜要及时摘除，以便节约养分向所留西瓜内集中，促瓜迅速膨大。支架栽培中的整瓜主要是吊瓜和放瓜。当幼瓜长到 0.5 千克左右时，就要开始吊瓜。吊瓜前，应预先做好吊瓜用的草圈和带（通常每个草圈 3 根）。吊瓜时，先将幼瓜轻轻放在草圈上，然后再将3根吊带均匀地吊挂在支架上。当支架较矮时，一般不进行吊瓜，可先在坐瓜节位上方用塑料条将瓜蔓绑在支架上，当幼瓜长到0.5千克以上时，再将坐瓜节位的瓜蔓松绑，将瓜小心轻放于地面，并在瓜下垫麦秸或沙土，以减轻病虫危害并有利于西瓜发育。

八、其他管理

支架西瓜由于密度大，坐瓜多，所以对肥水的需要量也比爬地栽培多。由于支架对田间操作有一定的影响，因而在中耕除草、病虫防治等方面也比爬地栽培较为费工。

（一）加强肥水管理

支架栽培西瓜除在整畦时重施基肥、浇足底水外，在西瓜膨大期间仍需补充大量肥水。在具体管理上，应注意坐瓜前适当控水、控肥、防止徒长坐不住瓜。坐瓜后要以水促肥，肥水并用，促瓜迅速膨大。支架西瓜生长中后期单株穴施肥料虽不方便，但可在排灌水沟内随水冲施腐熟粪稀新型水溶肥、冲施肥、液肥等。腐熟粪稀用量按每30米长的瓜畦每次冲施15～25千克原液，膨瓜期可冲施2次。施用其他新型水溶肥时，应认真按照各自使用说明书施肥。浇水次数也要比一般瓜田增加。除每次结合追肥浇水外，每隔2～3天浇一次膨瓜水，直到采收前3～5天停止浇水。

（二）中耕除草

在支架前应进行一次浅中耕，除掉地面杂草，疏松表层土壤。瓜蔓上架后，要经常拔除支架内外的杂草，以减少养分消耗和有利于架内通风透光。特别要注意排灌水沟两侧的杂草，应及时拔除。当畦面板结时，可用铁钩划锄。

（三）打顶

瓜蔓打顶也是一项重要的管理工作。无论单蔓整枝或双蔓整枝，每株西瓜应保留50～60片叶（约1平方米的叶面积）将每条瓜蔓的顶端剪去。打顶时间一般掌握在当幼瓜长到直径10厘米左右时进行。

（四）病虫害防治

支架西瓜密度大，又因绑蔓次数较多，所以应加强病虫害防治。各种病虫害的防治方法请参阅第九章有关内容。

（五）采收

搭架西瓜的收获可参照双覆盖栽培。但由于采用支架栽培，西瓜外观颜色鲜艳，果形端正，收获时要细心采收，轻拿轻放，妥善包装，以保持优良的商品品质，这有利于提高售价。

第三节 再生栽培技术

再生栽培就是在第一茬西瓜采收后，割去老蔓，通过增施肥水，促使植株基部潜伏芽再萌发出新的秧蔓，培养其重新结瓜的一种栽培方式，也称为“割蔓再生栽培”法，主要是利用西瓜基部的潜伏芽具有萌发再生的能力，减少栽培环节，延长西瓜供应期。

一、割蔓时间和割蔓方法

（一）割蔓时间

割蔓时间宜早不宜迟。一般育苗移栽或地膜覆盖栽培的西瓜多在6月份成熟、采收，此期外界气温较高，日照充足，雨量适中，比较适于西瓜的生长发育，此时割蔓新枝萌发快、生长良好，容易获得高产。若栽培或割蔓时间较晚，往往进入高温多雨季节，或遇高温干旱天气，新发秧蔓易受病虫危害，生长势弱，空秧率高，产量较低。一般要求割蔓时间不能晚于7月上旬，以保证二次西瓜的成熟。

（二）割蔓方法

在第一次瓜全部采收以后，就应及时将全园的老瓜蔓剪除。方法是：在主蔓和 2 条侧蔓的基部保留 10 厘米左右的老蔓，约含有 3～5 个潜伏芽，其余部分全部剪掉。将剪下的秧蔓连同杂草一起清出园外。约 3～5 天后，基部的潜伏芽就可萌生出新蔓。

二、再生西瓜的管理

（一）促发新蔓

割蔓以后，露地栽培和小拱棚栽培的，清除西瓜植株根际附近的杂草，并用瓜铲刨松表层土壤，然后整平并覆盖 50 厘米见方的地膜，以提高地温，促进新蔓的萌发和生长；地膜覆盖栽培的，应将地膜上的泥土清扫干净，提高地膜的透光率，也可将地膜揭起用清水冲洗干净，再重新铺好。土壤墒情较差时，可在地膜前侧开一条宽、深各 20 厘米左右的沟，顺沟浇水，浸润膜下土壤。结合浇水每亩可施用尿素 15～20 千克、新型硫酸钾 5～10 千克，或磷酸三铵复合肥 20～30 千克。以促进新蔓早发、旺长。

（二）防治病虫危害

再生西瓜一般生长势较弱，加之新蔓的发生和生长期已进入高温多雨季节，各种病虫害极易发生和蔓延。容易发生的病害有枯萎病、炭疽病、病毒病、疫病等，害虫主要有蚜虫、金龟子、黄守瓜等。因此，除在割蔓前注意适时喷药防病治虫，保持植株旺盛生长外，自割蔓起更应加强对病虫害的防治工作，提前预防和及时用药，把病虫消灭在初发阶段。

（三）留瓜节位

再生新蔓的管理，与早熟栽培相似。蔓长 30 厘米左右时，选留 2～3 条长势良好、较长的瓜蔓，实行三蔓紧靠式整枝法，剪除其他多余侧蔓。

再生栽培因植株长势较弱，叶片较小，故留瓜节位不宜过低，一般不选用第一雌花留瓜，否则因营养面积过小，而导致瓜个小、产量低、商品价值不高。但留瓜节位也不能太高，开花坐果期若进入高温多雨季节，则病虫害多，坐果困难。适宜的留瓜节位为第二雌花。

（四）人工授粉

为保证坐果，在新生的每条长蔓上见到第二雌花后，均进行人工授粉，最后在适宜的节位上选留一个子房周正、发育良好的幼瓜，其余的及时摘除。

（五）追肥浇水

根据再生新蔓的生长情况，开花坐果前追施一定量的腐熟有机肥和氮磷钾三元复合肥，每亩用量为腐熟饼肥 40～50 千克或双膜控释肥 15～20 千克。幼瓜坐稳后，每亩施硝酸磷钾肥 1 千克，或尿素 150～225 千克或史丹利复合肥 150 千克。追肥可距瓜根 30 厘米处开沟或挖穴施用，追肥后浇 1 次水。结果期干旱时应及时浇水。雨后注意排水。结果后还可采用 0.2%的尿素溶液进行叶面喷肥。

三、再生西瓜的收获

再生西瓜的生育期一般比同品种原生西瓜的生育期短些，特别是春播西瓜的再生栽培，其发育期正值高温季节，由于有效积温很高，因而果实成熟很快。所以，再生西瓜的适宜采收期一般可比春播原生西瓜提早 3～5 天。

第四节　扦插栽培技术

一、扦插栽培的意义

连续 5 年试验证明，利用西瓜茎蔓切段扦插繁殖所结的西瓜，与利用同一品种种子繁殖所结的西瓜进行比较，除单瓜重量较小外，其品质和含糖量均无明显差异，并且具有以下优点：

（一）节约种子

用种子生产无籽西瓜，由于发芽率低，成苗率低，一般需5～7粒种子保1棵苗。采用插蔓繁殖，只要开始有1棵苗，切取茎蔓扦插就可以大量繁殖无籽西瓜苗。如果利用田间无籽西瓜整枝时剪下的多余分枝进行扦插，则可以完全不用种子而大量地繁殖无籽西瓜苗。同时，对新引进的珍贵品种的加速繁殖也有很大意义。

（二）繁殖系数高

西瓜的分枝性很强，在生长过程中能够不断地发生分枝，而每一分枝又可产生许多节，因为扦插时每根插蔓只需2～3节即可，所以每株西瓜一生中能提供插条1200根左右。

（三）方法简便易行，成本低

西瓜插蔓繁殖方法比较简单，只要预先培养好扦插所用瓜蔓（如果延迟栽培可用整枝时剪下的瓜蔓进行截段扦插），整好畦灌水后即可扦插。无籽西瓜利用插蔓繁殖，成本很低，如果利用田间无籽西瓜整枝剪下的瓜蔓扦插时，则可节省种子和育苗费用；如果先利用采蔓圃培养瓜苗，然后再用采蔓圃的瓜蔓进行扦插时，可节省种子费用。

（四）保存种质资源

通过插蔓繁殖的西瓜，具有原母体品种相对稳定的植物学特征和生物学特性，而且这种稳定性在以后的继代插蔓繁殖后代中仍能保存下来，使来自同一株瓜蔓的各世后代形成了无性繁殖系，并能使历代都相对稳定地保持其原祖代品种的特征和特性。因此，西瓜插蔓繁殖可作为保存种质资源的一种特殊方法，用于某些珍稀品种种质资源的保存。

二、扦插繁殖方法

西瓜插蔓繁殖，可根据瓜蔓来源考虑设采蔓圃或不设采蔓圃。设采蔓圃时，可利用温室、大棚或电热温床提前育苗，培养出健壮母株，方法见第二章第二节的有关部分。但如果是采用保护地栽培（如温室、塑料大棚或中型拱棚等），可不单设采苗圃，利用整枝时剪下的分枝截段扦插即可。扦插方法如下：

（一）扦插畦的准备

扦插畦一般设在棚室内，以便保温、保湿和防风遮阴等。畦宽1.2～1.5米、长10～15米、深0.20～0.25米。畦内放入高10厘米、直径8～10厘米的塑料钵或营养纸袋，钵（袋）内装满营养土。也可将畦内填入营养土，踩实整平，使厚度达10厘米，灌透水，当水刚渗下时，立即用刀等切割成10厘米×10厘米×10厘米的营养土块。营养土是先用沙质壤土6份、厩肥4份掺和好，然后每立方米掺和土内再加入1千克螯合复合肥或控释复合肥，充分混合均匀配成。土和厩肥要过筛后使用。

（二）采蔓

先将采蔓用的刀或剪子用75％酒精消毒，然后从田间或采蔓圃内采取瓜蔓，立即放入塑料袋里，防止失水萎蔫。

（三）扦插

插前先将扦插畦内的营养土浇透水，再将采集的西瓜蔓用保险刀片（用75％酒精消毒）切成每根带有3～5片叶的小段，并将每段基部的一个叶连同叶柄切去（如有苞叶、卷须、花蕾等也应切去），但要保留茎节，以利产生不定根。下切口削成马蹄形，在生根液内浸泡半分钟，即可进行扦插。扦插时瓜蔓与畦面呈45度倾角，深度为3.5厘米左右。也可以先插蔓后浇水，但扦插深度要控制适宜，并应防止因浇水而倒蔓。采蔓、浸泡、扦插操作应连续进行，插完后立即盖膜。

（四）盖膜

盖膜前先用小竹竿扎好覆盖塑料膜的拱型骨架，方法与建小拱棚育苗苗床相同。每畦扦插完毕立即覆盖塑料薄膜，以保温、保湿和防风。棚下可于一侧固定封死，另一侧暂时封住，留为进出管理的活口。

三、扦插栽培管理要点

提高扦插成活率是扦插栽培管理的基本出发点。西瓜扦插苗的成活率与所采取的瓜蔓节位高低、分枝级次和叶片多少等有一定关系。根据多年试验发现扦插苗成活率的规律是：同一条分枝不同节位的瓜蔓，基部切段的成活率大于中部切段，中部切段的成活率大于顶部切段。不同分枝相同节位的瓜蔓，母蔓切段的成活率大于子蔓，子蔓切段的成活率大于孙蔓。同一条瓜蔓上，顶部切段具有5片叶，中部切段具有2片叶，基部切段具有1片叶，其扦插成活率最高。

生根液对提高无籽西瓜蔓扦插成活率有显著作用，比对照一般可提高成活率1.9～2.7倍。同时生根液对幼龄分枝或同一分枝较高节位的作用更大些。

除生根液外，无籽西瓜茎蔓中的营养物质及内源生长激素可能对瓜蔓切段的成活率也有一定影响。

为了提高西瓜扦插苗的成活率，除了尽量选择基部蔓切段外，还应注意下列几项管理要点：

（一）遮阴

插后3天以内要在塑料拱棚上加盖草帘或遮阳网，防止阳光直射。第4～6天，只在中午前后进行遮阳。7天以后则不需再遮阴。

（二）保温调温

插蔓后畦内表土下2厘米处地温最好保持在白天28～32℃、夜间20～22℃，以利于生根。当畦内表土下2厘米地温在14℃以下时，不能插蔓，插后也不会生根。保温调温可通过电热温床的控温仪或塑料薄膜和草帘揭盖时间的长短进行调节。

（三）湿度的调节

插蔓后1～3天，畦内相对湿度应保持在95%～98%，4～6天降为80%～85%，7～10天降为75%～80%，10天以后再降为70%～75%，直至移栽定植。

（四）叶面喷肥

插蔓后3天内，在叶面上每天上午和下午各喷1次0.3%尿素及磷酸二氢钾，以供给叶面光合作用所需的水分及矿物质。

（五）浇生根液

插蔓后1～7天内，每隔1～2天在插蔓基部喷洒1次生根液（主要成分有98%生根粉、聚糖多肽生物钾等），每次每株浇10毫升左右。如果株数较少可用滴管滴，每天上午和下午各滴1次，每次2～3毫升。

（六）移栽定植

插蔓后15～20天，插条基部就能发生许多不定根，这时即可进行大田的移栽定植，大田的移栽定植及栽培管理措施与普通栽培相同。栽培中一般均采用三蔓式整枝，选留主蔓坐瓜，每株只留1个瓜。

（七）田间管理

请参阅第三章第二节三中有关内容。

第五节　无土栽培技术

无土栽培是不用天然土壤，而将作物栽植于固定基质中的栽培方法。由于无土栽培具有节肥、节水、省工、省药、高产、优质、卫生等许多优点，目前已成为设施园艺的重要栽培方法。据山东农业大学园艺系及中国农业科学院蔬菜花卉研究所等试验表明，无土栽培西瓜具有节省肥料、病虫害少、提早成熟、西瓜产量高、品质好等优点。而且通过更换基质或基质消毒可以在保护设施内连续种植西瓜，没有土壤栽培中重茬易感枯萎病之忧。

一、无土栽培的类型

无土栽培一般可分为基质栽培和无基质栽培（水培或雾培）两大类。基质栽培又因基质种类的不同分为许多不同栽培方法。具体内容见第二章第五节一和三。

二、无土栽培的方法

无土栽培的关键在无土育苗，而无土育苗的方法也基本代表了无土栽培的方法。所以各种无土栽培的苗期部分也就是无土育苗的部分，有关内容请参阅第二章第五节。现仅介绍苗期以后的无土栽培技术。

（一）槽式无土栽培

1. 主要栽培设施

(1) PVC 槽式 NFT 配套装置

① 供液池　用砖头及水泥砌成。180 平方米标准大棚，供液池的容积为 2.5～3.0 立方米即可。一般置于大棚的中央部分。

② 供液水泵　可选用 WB 型 180 瓦离心水泵或潜水泵。使用离心泵时，进水口应装落水阀，安装位置略低于供液池的水面，以利于打水。

③栽培床　用 2 毫米厚 PVC 硬板加工而成，宽 25 厘米、高 8 厘米、长 12 米。每套由 6 个床组成。供液管道和回流管均用硬塑料管配套，供液主管可埋地下，接以支管分流向各栽培床供液，回流管由各栽培床汇至供液池。

(2) 简易 NFT 装置

① 栽培床　用宽70厘米、长12～15米、厚度为0.05毫米的黑色或黑白双面聚乙烯塑料薄膜制成。先在具1/75～100坡降的平整地面挖一深5厘米、宽15～20厘米的浅平沟，整平压实后铺上薄膜使其成槽状。上接进液管，下通供液池，即成栽培床。有条件的可在床底里面放一层宽15～20厘米的无纺布，以蓄集少量营养液，利于根系的生长。定植时将带岩棉方块或塑料钵的幼苗放在其中，然后用木夹或钉书钉将薄膜封紧，植株用塑料绳固定。

② 供液装置　大面积的可砌水泥供液池，用水泵及塑料管供液，小面积的可利用水位差的原理供液。

2. 营养液的配方

配制西瓜无土栽培所用的营养液是根据西瓜生长最适宜的土壤溶液浓度、西瓜植株中各种营养元素的含量范围、西瓜健壮生长所吸收的营养成分等方面的材料，通过大量的测定分析，并在此基础上确定营养液的配方，使其满足西瓜正常生长发育对各种营养成分的需要。下边介绍几例适于西瓜无土栽培的配方，供参考。

(1) 配方一　此配方为斯泰耐配制的适合一般作物的营养液，在国际上使用较为广泛，其营养液组成见表5-3。

表5-3　斯泰耐的营养液配方

化合物	符号	每1000升水中的加入量/克
磷酸二氢钾	KH_2PO_4	135
硫酸钾	K_2SO_4	251
硫酸镁	$MgSO_4 \cdot 7H_2O$	497
硝酸钙	$Ca(NO_3)_2 \cdot 4H_2O$	1059
硝酸钾	KNO_3	292
氢氧化钾	KOH	22.9
硫酸	H_2SO_4	
EDTA铁钠钾	Fe、Na、K、EDTA(5毫克Fe/毫升)	400毫升
硫酸锰	$MnSO_4 \cdot H_2O$	2
硼酸	H_3BO_3	2.7
硫酸锌	$ZnSO_4 \cdot 7H_2O$	0.5
硫酸铜	$CuSO_4 \cdot 4H_2O$	0.08
钼酸钠	$NaMoO_4 \cdot 2H_2O$	0.13

(2) 配方二　此配方为山东农业大学园艺系研究出的温室西瓜

无土栽培的营养液配方。按每升水计算：硝酸钙［$Ca(NO_3)_2$］1.0克、磷酸二氢钾（KH_2PO_4）0.25克、硫酸镁（$MgSO_4 \cdot 7H_2O$）0.25克、硫酸钾（K_2SO_4）0.12克、硝酸钾（KNO_3）0.25克、三氯化铁（$FeCl_3$）0.025克，配方中除大量元素之外，还包括微量元素，如铁、硼、锰、锌、铜等，其化合物为硼砂、硫酸锰、硫酸锌、硫酸铜等。每升营养液中加入硼砂0.25毫克，硫酸锌、硫酸铜、硫酸锰等每升营养液中加入0.1毫克即可。

（3）配方三　见表5-4。

表5-4　荷格伦特营养液的配方

大量元素	每升培养液中加入量/毫升	微量元素	每升培养液中加入量/克
KH_2PO_4 1摩尔	1	H_3BO_3	2.86
KNO_3 1摩尔	5	$MnCl_2 \cdot 4H_2O$	1.81
$Ca(NO_3)_2$ 1摩尔	5	$ZnSO_4 \cdot 7H_2O$	0.22
$MgSO_4$ 1摩尔	2	$CuSO_4 \cdot 5H_2O$	0.08
H_2MoO_4 1摩尔	1	$H_2MoO_4 \cdot H_2O$	0.02

（4）配方四　见表5-5。

表5-5　微量元素、各配方通用

肥料名称	用量/(毫克/升)	肥料名称	用量/(毫克/升)
EDTA铁钠盐	20～40	硫酸锰	2.13
硫酸亚铁	15	硫酸铜	0.05
硼酸	2.86	硫酸锌	0.22
硼砂	4.5	钼酸铵	0.02

（5）配方五　见表5-6。

表5-6　日本园艺配方均衡营养液

肥料名称	用量/(毫克/升)	肥料名称	用量/(毫克/升)
硝酸钙	950	硼酸	3
硝酸钾	810	硫酸锰	2
硫酸镁	500	硫酸锌	0.22
磷酸二氢铵	155	硫酸铜	0.05
EDTA铁钠盐	15～25	钼酸钠或钼酸铵	0.02

(6) 配方六　见表5-7。

表 5-7　西瓜营养液的大量元素

肥料名称	用量/(毫克/升)	肥料名称	用量/(毫克/升)
硝酸钙	1000	过磷酸钙	250
硝酸钾	300	硫酸钾	120
硫酸镁	250		

(二) 雾栽法

雾栽法，又称喷雾培或气培，就是西瓜根系悬挂于栽培槽的空气中，用喷雾的方法供应根系营养液，使根系连续或不连续地浸在营养液细滴（雾或气溶胶）的饱和环境中。此法对根系供氧效果较好，便于控制根系发育，节约用水。在西瓜栽培槽内部装有自动喷雾装置，每隔一定时间将营养液从喷头中以雾状形式喷洒到西瓜根系表面，营养液循环利用，这种方法可同时解决根系对养分、水分和氧气的需求。但因设备投资大，管理技术高，根际温度受气温影响较大，不易控制。日本已将喷雾法进一步改进，形成多种形式的喷雾水栽装置，已大面积应用于生产，取得良好效果。

喷雾栽培法水培装置是将作物根系置于雾化营养液的黑暗密闭环境条件下。具体做法是：用长 2.4 米、宽 1.2 米的聚苯乙烯发泡板，接“人”字形斜立搭设到一起，两顶端封闭，在斜立的板上按 80 厘米×40 厘米的行株距打孔，孔径 6～8 厘米，栽入西瓜苗，在“人”字形泡沫板的内部设置喷雾管及喷头，喷头由定时器控制，可每隔 3 分钟喷营养液 3 秒。因为是立体栽培，单位面积效率可提高 2～3 倍，作物可通过根系直接吸收营养和氧气。

(三) 基质栽培法

1. 袋式基质栽培

采用将固体基质装入塑料袋中的方式进行栽培，称为袋式栽培，简称袋培。袋子通常由抗紫外线的聚乙烯薄膜制成，厚度 0.15～0.2 毫米，至少可使用 2 年。在高温季节或南方地区，塑料袋表面以白色为好，以便反射阳光防止基质升温；在低温季节或寒冷地区，袋表面应以黑色为好，以利于吸收热量，保持袋中的基质温度。袋培分为筒式栽培和枕头式栽培两种形式。筒式栽培是将基质装入直径30～35厘米、高35厘米的塑料袋内，栽植1行西瓜，每袋基质为10～15升。枕头式栽培是在长70厘米、直径30～35厘米的塑料袋内装入20～30升基质，两端封严，依次按行距要求摆放到栽培温室中，在袋上开2个直径为10厘米的栽植孔，两孔中心距离为40厘米，种植2株西瓜。在温室中排放栽培之前，整个地面要铺上乳白色或白色朝外的黑白双色塑料薄膜，将栽培袋与土壤隔离，防止土壤中的病虫侵袭，同时有助于增加室内的光照强度。定植结束后立即布设滴灌管，每株设1个滴头。无论是筒式栽培或枕头式栽培，袋的底部或两侧都应开2～3个直径为0.5～1.0厘米的小孔，以便多余的营养液从孔中流出，防止积液沤根。

(1) 基质袋培的特点

① 袋培是基质栽培的一种，基质本身具有很好的通气性和保持养分及水分的能力，能为作物根系的生长创造很好的根际环境，确保养分、水分和空气的供应。

② 袋培基质有较强的缓冲能力，根际环境特别是根际温度，受外界的影响较小。

③ 袋培的装置比较简单，只需一定大小的塑料袋和适宜的固体基质，配上供液装置，营养液亦无需循环，如就地取材，成本可大大降低。

④ 可以不连续供应营养液，不受停电停水的限制，管理比较方便。

⑤ 由于袋培床彼此分开，营养液又不循环，即使发生土传病害，也可以及时将发病的栽培袋取走防止蔓延。

(2) 袋培基质的种类及其性能　用作袋培的基质很多，一般用作无土栽培的固体基质都可用于袋培。基质的选用，应考虑到应用效果、价格大小和取材难易。常用的固体基质有蛭石、珍珠岩、稻壳熏炭和泥炭等，也可将它们按照不同比例混合，做成混合基质使用。还可用一些人工制成基质，如岩棉块、粒状岩棉、合成泡沫塑料如脲醛树脂、聚苯乙烯等。

（3）袋培的基本装置　袋型栽培床的基本形式或标准形式，是用定型的聚乙烯塑料袋装入固体基质，封口后平放地面，一个个连接起来排成一个长的栽培床，袋与袋之间间隔一定的距离，袋内的营养液分别由滴头（管）供给，营养液不循环。每个栽培袋的大小一般长70～100厘米、宽30～40厘米，每袋盛基质15～20升，每袋栽培西瓜2～3株。可以用筒状的聚乙烯塑料薄膜袋裁成一定长度，装入适量基质，两头封口，用作袋培床，或者延长成枕状（筒状）的长栽培床，或在浅种植沟中铺上聚乙烯塑料薄膜，填入适当基质做成沟状栽培床。袋培的营养液供应一般无需循环，可采用滴灌装置，分别供应各个栽培袋的营养液。经济的供液装置，可采用水位差式自流灌水系统，其设施简单，成本低，不用电，使用亦较方便。其装置如下：

贮液箱用耐腐蚀的金属板箱、桶、塑料箱（桶）、水泥池、大水缸均可。其容积视供液面积大小而定，一般都在1立方米以上。选适当方位架在离地面1～2米高处，以保持足够的水头压力，便于自流供液。出口处安一控制水阀或龙头。箱顶最好靠近自来水管或水源，以保证水分的不断供应。箱的外壁装一水位显示标记，以目测箱内存放的营养液多少，便于补充。

供液管可用硬塑料管或软壁管，滴头选用定型滴头、新型滴头，亦可直接打孔，无须安装滴头。用软壁管成本低，效果亦很好。

（4）袋培技术要点

① 袋培形式，最好采用定型规范化的、黑白双面或乳白色聚乙烯塑料薄膜栽培袋，每袋装入20升左右基质，种植2～4株。若采用长条状袋培或沟状袋培，其栽培床不能过长。

② 袋培基质的选择，要就地取材，降低成本，更应注意使用效果。基质要有好的保水性能和排水性能，本身不能含有自由水。其孔隙中应充满空气，过细的材料通气性不好，不能用作无土栽培基质。基质中不能含有任何有害物质，还应有一定的强度。其化学稳定性要好，pH接近中性或经调整后能保持稳定。一般以比例适当的混合基质效果较好，混合要力求均匀，使用前进行消毒，调节

好 pH。

③ 袋培的实质仍是基质培，由于营养液是通过适当方式浇灌到基质中去的。因此，营养液要受到基质的影响。不少基质本身都含有丰富的大量营养元素和微量元素，因此，在进行基质袋培时，营养液配方要根据所选用的基质及其所含养分状况加以调整。当基质中含有一定比例的草炭时，营养液中的微量元素可以不加或少加。在袋培为主的基质栽培中，营养液配方可以使用铵态氮或酰胺态氮（尿素），这样能大大降低成本。基质在装袋之前应混合一些肥料，即每立方米基质中加入硝酸钾 1000 克、硫酸锰 14.2 克、过磷酸钙 600 克、硫酸锌 14.2 克、白云石粉 3000 克、钼酸钠 2.4 克、硫酸铜 14.2 克、螯合铁 23.4 克、硼砂 9.4 克、硫酸亚铁 42.5 克。

④ 及时均匀地供应营养液。每天应供液 1 次，高温季节和西瓜生长盛期，每天可供液 2 次。要经常检查，防止滴头堵塞，造成供液不均。

⑤ 栽培袋下部要留切口以排出废液，防止盐基的积累。

⑥ 要经常检查与调整营养液和栽培袋中基质的 pH，并注意观察和防治缺素症。

2. 槽式基质栽培

槽式基质栽培所需设施和基质等与槽式无土育苗完全相同（详见第二章第五节）。

（四）深液流无土栽培（水培）

1. 深液流水培设施

深液流水培设施由种植槽、定植网或定植板、贮液池、循环系统等部分组成。

（1）种植槽　种植槽一般宽度为 60～90 厘米，槽内深度为 12～15 厘米，槽长度为 10～20 米。种植槽有用水泥预制板块加塑料薄膜构成的半固定式和水泥砖结构构成的永久式等形式。半固定式种植槽要先制好水泥预制板块，高 25～30 厘米，厚度以能挡住营养液的横向压力而定，长以施工方便为度。按设计规定的长度用板块筑成水泥板块的槽框，要将板块的1/2高度填入土中，槽底平整压实，槽内铺垫两层聚乙烯薄膜。这种槽可以拆卸搬迁，但薄膜易损，中途漏液给管理上造成许多困难。固定式种植槽的槽底用5厘米厚的水泥混凝土制成，槽框用水泥砂浆和砖制成，并用高标号耐酸抗腐蚀的水泥砂浆抹面，直接盛载营养液进行栽培。这种种植槽的管理方便，耐用性好，但为永久性建筑，不能拆卸搬迁，槽体重量大，要求较坚实的地基，一经建成就难以更改。

(2) 定植网框和定植板　定植网框是最早开发的水培设施的植株定植方法。用木料或硬质塑料板制成框围，宽度与槽宽相同，长度视方便而定，深5～10厘米，用金属丝或塑料丝织成的网作底，网上铺河沙、泥炭煤渣或植物残体等固体基质。整个网框架设于种植槽壁的顶部，网底与液面之间保持约5厘米的空隙，植株定植于网框中的固体基质中，根系穿过网孔进入槽内的营养液中。网框定植有一层固体基质，因而其优点在于植株早期生长比较稳定。但缺点在于细碎的固体基质易掉入营养液中搅浑营养液，且网孔底部向下弯曲形成大小苗等，故现在很少使用网框定植。定植板由硬泡沫聚苯烯板块制成，板厚2～3厘米，板面按株行距要求开孔径5～6厘米的定植孔。定植孔内嵌一只塑料定植杯，高7.5～8.0厘米；杯口直径与定植孔相同，杯口外沿有一宽约5毫米的唇，以卡在定植孔上，不使掉进槽内；杯的下半部及底开有许多孔，孔径约3毫米。定植板一块接一块地将整条种植槽盖住，使营养液处于黑暗之中。悬杯定植板定植方式，植株的重量为定植板和槽壁所承担，槽内液面与定植底面之间应形成一定的空间，为空气中的氧向营养液中扩散创造条件。若槽宽80～100厘米，定植板中部向下弯曲时，则需在槽的中间位置架设水泥墩等制成的支撑物以支持植株、定植杯和定植板的重量。

(3) 地下贮液池　地下贮液池可以增大每株植株营养液的占有量而又不加大种植槽的深度，使营养液的浓度、pH值、溶存氧、温度等保持稳定。营养液的浓度、pH值、温度等也便于调节。地下贮液池的容积，可按每个植株适宜的占液量来计算，一般大株型作物每株需15～20升，小株型作物每株需3升左右，算出总液量后，按1/2存于种植槽中，1/2存于地下贮液池。一般1000平方米的温室需设30立方米左右的地下贮液池。建筑材料应选用耐酸抗腐蚀型号的水泥为原料，水泥砖结构池面应有盖，保持池内黑暗，以防藻类滋生。

（4）营养液循环系统　营养液循环系统包括供液管道、回流管道、水泵和定时控制器。所有管道均用硬质塑料管。供液管道是向种植槽内提供营养液的管道，由水泵从贮液池中将营养液抽起后，分成两条支管，一条转回贮液池上方，将一部分营养液喷回池中起增氧作用，在清洗整个种植系统时，此管也作排水之用；另一条支管和总供液管相接，总供液管再分出许多支管通到每条种植槽边，再接上槽内供液管。槽内供液管为一条贯通全槽的长塑料管，其上每隔一定距离开有喷液小孔，使营养液均匀分到全槽；回流管道是种植槽内的多余营养液返回到地下贮液池内的管道，在种植槽的一端底部设一回流管，管口与槽底面持平，管下段埋于地下，外接到总回流管上。为使槽内保持一定深度的营养液，并可调节液面的高度，同时使营养液的回流从槽底部进行，保持供液管喷射出来的营养液驱赶槽底原有的比较缺氧的营养液回流，一般在回流管口装设一定的排液装置。营养液循环流动用的水泵应具有抗腐蚀性，并配以定时控制器，以按需控制水泵的工作时间。

2. 深液流技术特点

（1）营养供应较稳定　由于营养液的液层较深，根系伸展在较深的液层中，吸收营养和氧气，每株占有的液量较多，因此，营养液浓度、溶解氧、酸碱度、温度以及水分存量都不易发生急剧变动，根际的缓冲作用大，根际环境受外界环境的影响小，稳定性好，不怕中途停水停电，有利于作物的生长和管理。

（2）营养液流动性强　营养液循环流动，可以增加营养液的溶存氧以及消除根表小局域微环境有害代谢产物的积累和养分亏缺现象，促进沉淀物的重新溶解，消除根表与根外营养液和养分浓度差，使养分能及时送到根表，更充分地满足植物的需要。

（3）防停电防故障能力强　能较好地解决营养液膜栽培（NFT）装置在停电和水泵出现故障时而造成的被动困难局面，营养液层较深可维持水耕栽培正常进行。

（4）成本较高　由于营养液量大，流动性强，导致深液流栽培（DFT）设施需要较大的贮液池、坚固较深的栽培槽和较大功率的水泵，投资和运行成本相对较高。

（5）管理技术较高　对设施装置的要求高，根际氧气的补充十分重要，一旦染上土传病害，蔓延快，危害大。

3. 浮板毛管水培技术

浮板毛管水培技术（FCH）采用栽培床内设浮板湿毡的分根技术，为培养湿气根创造丰氧环境，有效解决了水培中供液与供氧的矛盾；采用较长的水平栽培床贮存大量的营养液，确保停电时肥水供应充足和稳定；冬天可用电热线在栽培床内加温，夏季用深井水降温，确保根际温湿度的稳定。根系环境条件相对较稳定，液温、浓度、pH 等变化较小，根际供氧较好，使根系生长发育环境得到改善。设备投资省，耗电少，安装操作管理方便。在番茄、辣椒、芹菜等多种蔬菜栽培上有良好应用效果。

浮板毛管栽培设施包括种植槽、定植板、地下贮液池、循环管道和控制系统 4 部分。除种植槽以外，其他 3 部分设施基本与 NFT 相同。种植槽由聚苯乙烯板连接成长槽，长 15～20 米，宽 40～50 厘米，高 10 厘米；槽内铺 0.8 毫米厚的防渗聚乙烯薄膜；营养液深度为 3～6 厘米，液面漂浮厚 1.25 厘米、宽度 10～20 厘米的聚苯乙烯泡沫板；板上覆盖亲水性无纺布（50 克/米^2），两侧向下垂延至营养液槽中，通过毛细管作用，使浮板始终保持湿润。秧苗栽入定植杯内，然后悬挂在定植板的定植孔中，正好把槽内的浮板夹在中间，根系从定植杯的孔中伸出后，一部分根爬伸生长到浮板上，产生根毛吸收氧，一部分根伸到营养液内吸收水分和营养。种植槽坡降 1∶（75～100），上端安装进水管，下端安装排液装置，进水管处同时安装空气混入器，增加营养液的溶氧量。排液管道与贮液池相通，种植槽内营养液的深度通过垫板或液层控制装置来调节。秧苗刚定植时，种植槽内营养液的深度保持 6 厘米，定植杯的下半部进入营养液内；以后随着植株生长，逐渐下降到 3 厘米，使根系吸收营养和吸收氧气的矛盾得到解决。这种设施造价较低，简单易行，且栽培效果较好。

4. 动态浮根法(DRF)

水耕栽培装置主要包括营养液池、栽培槽（床）、空气混入器、排液器、定时器以及水泵等。该水培装置营养液灌溉时，根系可在槽内随营养液的流动而波动或摆动，营养液槽内的营养液深度达到8厘米时，自动排液器可启动，使槽内营养液排出；当营养液层深度降至4厘米时，会有部分根系外露，可直接自空气中吸收氧气；在夏季高温炎热营养液中缺氧的情况下，也能保证作物对氧气的需求。

5. 鲁SC水培系统

鲁SC水培系统由山东农业大学研制开发，又称“基质水培法”，主要结构是由贮水池、栽培槽、供液和排液管、供液时间控制器及水泵等组成。栽培槽体可用土或水泥建造，长2～3米，呈倒三角形，高与上宽为20厘米，土槽内铺垫厚度为0.1毫米的薄膜防渗，中间加层，其上加一层棕皮衬垫，其上再加约10厘米厚的基质，下部为置营养液和根系生长的空间，栽培槽的两端为供液槽头和排液槽头，每日定时供液3～4次，1米贮液池的容量可供80～100平方米栽培面积贮液用。

三、无土栽培管理要点

目前，西瓜无土栽培主要是在温室或塑料大棚等保护设施中进行，所以，其优质丰产栽培技术除应分别与温室、塑料大棚栽培基本相同外，还应抓好以下几点：

（一）调整营养液

营养液配方在使用过程中，要根据西瓜的不同生育期、季节、因营养不当而发生的异常表现等，酌情进行配方成分的调整。西瓜苗期以营养生长为中心，对氮素的需要量较大，而且比较严格。因此，应适当增加营养液中的氮量（氮：磷：钾＝3.8：1：2.76）。结果期以生殖生长为中心，氮量应适当减少，磷钾成分应适当增加（氮：磷：钾＝3.48：1：4.6）。冬季日照较短，太阳光质也较弱，温室无土栽培西瓜易发生徒长，营养液中应适当增加钾素用量；在氮素使用方面，应以硝态氮为主，少用或不用铵态氮。而在日照较长的春季栽培时，可适当增加铵态氮用量。西瓜缺氮、缺铁等元素，都会发生叶色失绿变黄现象。缺氮时往往是叶黄而形小，全株发育不良；如果缺铁，则表现叶脉间失绿比较明显。在西瓜无土栽培中，由于缺铁而造成叶片变黄等，较为多见。其原因往往由于营养液的 pH 较高，而使铁化物发生沉淀，不能为植株吸收而发生铁素缺乏。可通过加入硫酸等使 pH 降低，并适量补铁。

（二）提高供液温度

无土栽培中无论哪一种形式，营养液温度都直接影响西瓜根系的生长和对水分、矿物质营养的吸收。西瓜根系的生长适温为 18～23℃，如果营养液温度长期高于 28℃或低于 13℃，均对根系生长不利。温室西瓜无土栽培极易发生温度过低的问题，可采取营养液加温措施（如用电热水器加温等），以使液温符合根系要求。如果为沙砾盆栽或槽栽方法，可尽量把栽培容器设置在地面以上，温室内保持适宜的温度，以提高根系的温度。

（三）补充二氧化碳

二氧化碳是西瓜进行光合作用，制造营养物质的重要原料，也是决定产量及品质的重要因素。在温室内进行西瓜无土栽培，西瓜吸收二氧化碳速度很快，由于土壤中不施用有机肥料，因而二氧化碳含量较少。因此，二氧化碳不足是西瓜生产的重要限制因子。据试验，施用二氧化碳可以促进西瓜坐果和果实膨大，具有明显的增产作用。现在在国外二氧化碳追肥已成为无土栽培中必不可少的一项措施。温室内补充二氧化碳的具体方法有：第一，开窗通气，上午 10 时以后，在不影响室温的前提下，开窗通气，以大气中的二氧化碳补充温室内的不足；第二，碳酸氢铵加硫酸产生，方法详见第四章第二节六（四）；第三，施用干冰或压缩二氧化碳。近年来我国已用二氧化碳发生机来产生二氧化碳。

（四）其他管理

西瓜无土栽培如采用沙砾盆栽法，一般每天供液2～3次，上午和下午各1次，晴朗、高温的中午增加一次，每次单株用液量0.5～1千克，苗期量小一些，后期量大一些。营养膜法和雾栽法两次供液间隔时间一般不超过半小时。

西瓜伸蔓后，及时上架或吊蔓。采用双蔓整枝法，即只保留主蔓和一个健壮侧蔓，余者随时打去，选择发育良好的第三或第四雌花留果，开花后及时进行人工授粉。

四、小型西瓜的无土栽培

小型西瓜因其品质优，果型小（果重一般为1～3千克），产品备受人们青睐。但由于露地栽培容易遭受早春低温阴雨、夏季台风暴雨、秋季寒潮等不良气候影响，而低产低效。有些地区利用塑料大棚春、秋两季进行沙培小型西瓜，取得了良好效果，现将该技术介绍如下：

（一）设施与设备

1. 大棚或温室

见第二章第一节四、五。

2. 种植槽

大棚内横向设4条8个种植槽，大棚两头及正中纵向设50厘米工作通道，每个种植槽长×宽为14.25米×1米，槽间工作通道宽50厘米，种植槽采用3块砖头平叠放置的形式建成，高约18厘米。叠好种植槽（非水泥地需将槽内表土压平）后再铺1～2层塑料薄膜，厚度0.2毫米，可防营养液渗漏；然后填入栽培沙至满，可用不受污染的河沙，以粒径1.5～4毫米的占80%以上的粗沙栽培效果较好。

3. 供液系统

（1）蓄水贮液池　每个大棚需建1个容积为2米×1.5米×1米的水泥蓄水贮液池，用于配制营养液和蓄水，供滴灌使用。

（2）滴灌装置　沙培通常采用开放式滴灌，不回收营养液，为准确掌握供液量，可在每条种植槽内设 3 个观察口（塑料管或竹筒）。滴灌装置由毛管、滴管和滴头组成，1 株配 1 个滴头。为保证供液均匀，在大棚中部设分支主管道，由分支主管道向两侧伸延毛管。

(3) 供液系统　供液系统由自吸泵、过滤器（为防止杂质堵塞滴头，在自吸泵与主管道之间安装 1 个有 100 目纱网的过滤器）、主管道（peφ25 毫米）、分支主管道（peφ20 毫米）、毛管（peφ15 毫米）、滴管（peφ2.5 毫米）和滴头组成。配好的营养液在贮液池由自吸泵吸入流经过滤器，经主管道、分支管道，再分配到滴灌系统，由滴头滴入植株周围的栽培沙供其吸收利用。

（二）栽培管理技术

1. 品种的选择

适于大棚栽培的小型西瓜品种应具备早熟、耐湿、抗病、易坐果、品质优、适于密植等特点。

2. 茬口安排

根据市场供需情况及人们的消费特点，早春栽培宜在 1～2 月初播种，4～5 月初收获；秋季栽培宜在 8～9 月初播种，11～12 月初收获。为充分利用大棚，夏季可安排生产一茬叶菜。

3. 培育壮苗

请参阅第二章第二节有关部分。

4. 适时移栽定植

西瓜苗长至 2～3 片真叶时即可移栽定植，每条种植槽种 2 行，株距 50 厘米，全棚种 448 株。移栽时须轻拿轻放，用手挖个沙穴，取西瓜苗（注意防止散兜）放入穴内，回填好沙，可不必压实。定植时注意深浅，子叶露出沙面即可，定植后浇透定根水，然后开启供液系统滴灌供液。

第六节　小型西瓜栽培技术

小型西瓜又称袖珍西瓜、迷你西瓜，瓜农叫小西瓜。由于其果形美观小巧，便于携带，是高档礼品瓜，深受市民的欢迎。随着家庭的小型化和旅游业的兴起，小型西瓜已被广大消费者接受，市场销售前景见好，其价格较普通西瓜高，生产者经济效益相当可观，发展甚为迅速。

一、小西瓜生育特性

（一）幼苗弱，前期长势较差

小西瓜种子储藏养分较少，出土力弱，子叶小，下胚轴细，长势较弱，尤其在早春播种时幼苗处于低温、寡照的环境条件下，更易影响幼苗生长。幼苗定植后若处于不利气候条件下，则幼苗期与伸蔓期的植株生长仍表现细弱。一旦气候好转，植株生长就恢复正常，小西瓜的分枝性强，雌花出现较早，着生密度高，易坐果。

（二）果形小，果实发育周期短

小西瓜的果形小，果实发育周期较短，在适温条件下，雌花开放至果实成熟只需22～26天，较普通西瓜早熟品种提早4～8天。

（三）易裂果

小西瓜果皮薄，在肥水较多、植株生长过旺，或水分和养分供应不匀时，容易发生裂果。

（四）对氮肥反应敏感

小西瓜的生长发育对氮肥的反应尤为敏感，氮肥量过多更易引起植株营养生长过旺而影响坐果。因此，基肥的施肥量应较普通西瓜减少。由于果形小，养分输入的容量小，故多采用多蔓多果栽培。

（五）结果的周期性不明显

小西瓜前期生长差，如过早自然坐果，果个很小，而且易发生坐秧，严重影响植株的营养生长。生长前期一方面要防止营养生长弱，另一方面又要及时坐果、防止徒长。植株正常坐果后，因果小，果实发育周期短，对植株自身营养生长影响不大，故持续结果能力强，可以多蔓结果，同时果实的生长对植株的营养生长影响也不大，所以，小西瓜的结果周期性不像普通西瓜那样显著。

二、 栽培方式与栽培季节

小型西瓜生育期较短，果实成熟早，易坐瓜，在保护设施条件下，可实现多季多茬栽培（表 5-8）。

表 5-8 栽培方式与栽培季节示意表

栽培方式	栽培季节(月份)		
冬春温室	B:12 月中旬至 1 月下旬	D:1 月下旬至 2 月	○:4 月中旬采收，5 月上旬二茬瓜采收
春大棚或拱圆棚	B:1 月下旬至 2 月上旬	D:2 月下旬至 3 月上旬	○:5 月上旬采收
夏大棚或拱圆棚	B:5 月下旬	D:6 月中旬	○:8 月中下旬
早秋大棚或拱圆棚	B:7 月上中旬	D:7 月下旬至 8 月初	○:9 月下旬至 10 月初
秋温室或大棚	B:8 月中下旬	D:9 月上中旬	○:元旦前后

注：B 代表播种；D 代表定植；○代表果实成熟。

三、 栽培要点

（一） 播后分次覆土

小型西瓜种子小，出土力弱，不可一次覆土（基质工厂化育苗除外），最好分两次覆土，并且要保持一定温湿度。

（二） 培育壮苗

由于小型西瓜子叶苗细弱，生长较缓慢，所以需给予较好的生长发育环境。如：较高的温度、充分的湿度、易吸收的养分及足够的光照等。拉十字至团棵或定植前，最好进行 1～2 次根外追肥

（叶面喷施1000倍洁特或0.3%～0.5%的磷酸二氢钾）。

（三）合理密植

小型西瓜分枝较强，而且侧蔓坐果产量较高，故生产中多采用三蔓或四蔓（匍匐栽培）式整枝，因此栽植不可过密。当然，栽植密度还要考虑到整枝方式和单株坐果数（表5-9）。

表5-9 不同栽培方式、整枝方式的定植密度表

栽培模式	立架栽培		匍匐栽培	
整枝方式	双蔓整枝	三蔓整枝	三蔓整枝	四蔓整枝
定植密度/(株/亩)	1100～1300	800～1000	400～700	300～600
坐果数/果	2	2～3	2～3	3～5

（四）田间管理

定植后，应浇一次充足的缓苗水，直到第一雌花出现前不再浇水。灌水应少次多量，这样可使根系的分布深而广。小型西瓜一般西瓜植株后期长势强。氮肥应施用硝态氮肥，且施用应比常规西瓜少25%～30%。在理想状态下，第一雌花节位出现在主蔓第6～8节，下一个雌花节位出现在第11～13节。适宜的第一坐瓜节位应为第11～13节。小型西瓜坐果能力强，在爬地栽培时单株坐果可达4～6个，在良好的生长发育条件下应多授粉，不必人工疏瓜。

（五）及时采收，防止裂果

小型西瓜适熟期较短，而且当气温忽冷忽热、水分供应忽多忽少、暴雨过后或氮肥过多时，极易裂果。所以，除及时采收，还应利用保护设施，避免温度和水分波动过大；果实膨大后期减少氮肥增加钾肥；采收前7～10天停止浇水。

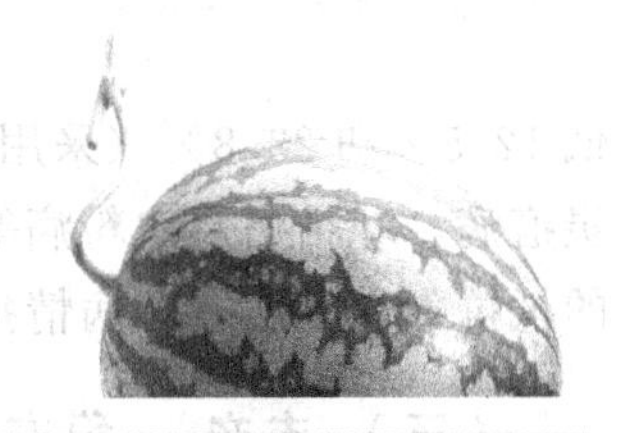

第六章

无籽西瓜栽培技术

第一节　无籽西瓜的分类和特性

一、 无籽西瓜的分类和栽培价值

无籽西瓜是指果实内没有正常发育种子的西瓜。根据无籽西瓜形成方法的不同，可分为三倍体无籽西瓜、激素无籽西瓜、二倍体×四倍体无籽西瓜、染色体易位无籽西瓜四类。目前生产中大量栽培的是三倍体无籽西瓜。无籽西瓜之所以越来越受到消费者和生产者的普遍欢迎，其原因主要有：

（一） 品质优良， 风味独特

三倍体无籽西瓜比相应的二倍体有籽西瓜含糖量高1%～2%，而且果糖比在总含糖量中所占的比例高5%～10%；糖分在整个果实内分布均匀，糖含量梯度小；瓜瓤质脆多汁，并具有特殊风味。品质优良，无籽，食用方便。

（二） 长势旺， 抗性强

无籽西瓜抽蔓后，生长势旺盛，对各种病害有较强的抵抗力。据田间调查，无籽西瓜植株枯萎病和疫病的发病率比有籽西瓜分别低12.5%和23.8%（采用抗病性接种鉴定法）。此外，对蔓枯病、炭疽病、叶枯病及白粉病等，无籽西瓜均比普通有籽西瓜具有较强的抵抗力（发病率和病情指数均低于对照有籽西瓜）。

（三）丰产、稳产性好

无籽西瓜由于不形成种子，减少了营养物质和能量的消耗，且在坐瓜期果实营养中心不突出，因而能够一株多瓜、多次结果和结大果。由于无籽西瓜生长势旺，不早衰，有后劲，一般可结两茬瓜，栽培管理得当时能结三茬瓜，增产效益十分明显。长期生产实践证明，无籽西瓜比有籽西瓜稳产性能强，越是在不良的环境条件下，其稳产性越显著。我国南方某些多雨地区种植有籽西瓜常常减产甚至绝产，而栽培无籽西瓜产量比较稳定，经济效益也比有籽西瓜高。

（四）抗热耐温能力强

有籽西瓜在塑料大棚内，当棚内气温达到38～40℃时，叶片上的气孔即行关闭。细胞内许多生理活动基本停止，呈所谓“高温休眠”状态。而此时无籽西瓜植株尚能维持一定的物质代谢和生长能力。有籽西瓜对土壤含水量十分敏感，在浇水后接着下雨和连续降雨造成土壤湿度过大时，植株容易萎蔫，轻者延缓生长或推迟结果，重者造成减产减收。但无籽西瓜因耐湿能力强，在上述同样情况下（浇水后连续降雨）也能获得较好收成。这也是南方诸省无籽西瓜发展快于北方各省的原因之一。

（五）耐贮运能力强

由于无籽西瓜不含种子，大大减少了果实贮藏期间种子后熟及呼吸作用所需消耗的营养物质，贮运性远优于有籽西瓜。所以采收后贮藏时间也较后者长。在一定的贮藏期内，因后熟作用，果实中的多糖类物质继续转化为甜度较高的单糖和双糖，品质和风味进一步提高；瓜皮变薄，可食率增加。

二、三倍体无籽西瓜的特征特性

（一）种子的特征特性

三倍体西瓜的种子比二倍体西瓜种子大，种皮较厚，但种胚发育不完全。三倍体西瓜种子的种皮厚度约为二倍体西瓜的 1.5 倍，其中外层和中层种皮的增厚尤为显著。较厚的种皮对胚的水分代谢、呼吸作用和温度感应等影响较大。种脐越厚，对胚根发芽时的阻力越大，亦即发芽越困难。三倍体西瓜的种脐厚度约为二倍体同类型品种的 2 倍以上。此外，三倍体西瓜种子的形态和结构与二倍体及四倍体均有较大差异（表 6-1）。

表 6-1 不同倍数体西瓜种子结构

<table>
<tr><th colspan="2">项目</th><th>二倍体</th><th>三倍体</th><th>四倍体</th><th>说明</th></tr>
<tr><td colspan="2">种子重量/克</td><td>0.5</td><td>0.65</td><td>0.83</td><td>10 粒总重</td></tr>
<tr><td colspan="2">种子厚度/毫米</td><td>1.81</td><td>2.18</td><td>2.76</td><td>10 粒平均</td></tr>
<tr><td rowspan="2">种皮厚/毫米</td><td>胴部</td><td>0.23</td><td>0.34</td><td>0.38</td><td>10 粒平均</td></tr>
<tr><td>脐部</td><td>0.34</td><td>0.66</td><td>0.68</td><td>10 粒平均</td></tr>
<tr><td colspan="2">种皮重量/克</td><td>0.22</td><td>0.43</td><td>0.44</td><td>10 粒总重</td></tr>
<tr><td colspan="2">胚鞘厚度/毫米</td><td>0.33</td><td>0.056</td><td>0.045</td><td>10 粒平均</td></tr>
<tr><td rowspan="5">种胚情况</td><td>重量/克</td><td>0.28</td><td>0.22</td><td>0.39</td><td>10 粒总重</td></tr>
<tr><td>厚度/毫米</td><td>1.28</td><td>1.01</td><td>1.41</td><td>10 粒平均</td></tr>
<tr><td>胚芽与胚轴大小/毫米</td><td>2.13×1.06</td><td>1.97×1.12</td><td>2.35×1.15</td><td>（胚芽＋胚轴的纵径）×横径，10 粒平均</td></tr>
<tr><td>胚叶情况与纵径×横径/毫米</td><td>充满种胚
6.18×4.7</td><td>纵折</td><td>较充实
5.88×5.06</td><td>以胚肩为界，胚肩以上为胚芽、胚轴；胚肩以下为胚叶，10 粒平均</td></tr>
<tr><td>胚重/种重</td><td>56%</td><td>34%</td><td>47%</td><td>10 粒总重之比值</td></tr>
</table>

三倍体西瓜的种胚发育不完全，具体表现是缺损胚、折叠胚和无胚（仅有种皮和胚鞘）。胚重仅占种子重量的 34%～38%，而发育正常的二倍体普通西瓜种子，胚重占种子重量的 56%（表 6-2）。

6-2　不同倍数西瓜种胚调查及对发芽率的影响

项目	调查数/粒	正常胚/粒	缺损胚/粒	折叠胚/粒	种胚重/种子重	发芽率/%
二倍体西瓜	50	50	0	0	55.97%	98
三倍体西瓜	50	21	5	18	35.94%	76
四倍体西瓜	50	45	1	4	47.21%	92

注：每份样品100粒种子，调查胚50粒，检验发芽率50粒。浸种8小时，25℃室温催芽，40小时后记录发芽率。

（二）幼苗的特征特性

三倍体西瓜的幼苗，胚轴较粗，子叶肥厚，真叶较宽，缺刻较浅，裂片较宽，叶尖圆钝，叶色浓绿，幼苗生长缓慢，对温度要求高于二倍体西瓜，而且适应的温度范围较宽。真叶的展出相当慢，在相同的生长环境（温、光、气、土、肥、水等）条件下，三倍体西瓜从第一片真叶展出至团棵第五片真叶展出所需时间，比二倍体西瓜多5～6天。至幼苗期结束，植株共展出5～6枚真叶，它们顺次排列成盘状，每片真叶的面积顺次增大，但其叶面积不大，仅为结果期最大叶面积的2.3%左右。茎轴的生长极为缓慢，至幼苗期结束时仅为2.5厘米左右，整个植株呈直立状态。

（三）抽蔓期的特征特性

团棵后节间开始伸长，植株地上部由直立状态变为匍匐状态。从此，地上部茎叶等营养器官进入一个新的快速生长阶段。这一时期是奠定无籽西瓜营养体系的主要阶段。无籽西瓜最大功能叶片的出现节位较普通二倍体西瓜高，出现的时间也晚。据试验观察，普通西瓜主蔓上最大功能叶出现在第20节前后，侧蔓上最大功能叶出现在15节前后；而无籽西瓜主蔓上最大功能叶出现在第30节前后，侧蔓上最大功能叶出现在25节前后。生产实践也证明，无籽西瓜生长势较强，生育期较长，结果时间也较二倍体西瓜晚。

苗期生长缓慢，抽蔓期以后生长量和生长速度明显加大，这是无籽西瓜生长规律的一大特点。瓜农说“无籽西瓜生长有后劲”就是指这一特点而言的。无籽西瓜主蔓和侧蔓的长度较普通西瓜为长，功能叶片较多，单叶面积较大，下胚轴较粗。这是一种生长优势，这种生长优势一直维持到结果期。

无籽西瓜最大功能叶片单叶面积为230～240平方厘米，较二倍体普通西瓜大24%左右。由于无籽西瓜具有数量较多、面积较大的功能叶片，加之叶片气孔较大，气体交换量增加，其同化功能也相应地增强，所制造的光合产物也相应地增加。

（四）结果期的特征特性

从雌花开放至果实成熟为结果期。单株结果期，则是从留瓜节位的雌花开放至该果实成熟。在气温25～30℃的条件下，各品种无籽西瓜需历时35～45天。坐果率低是无籽西瓜生产中存在的一个问题。在相同的栽培条件下无籽西瓜的自然坐果率仅为33.5%，而普通西瓜为69.7%。如果说自然坐果率低是由于无籽西瓜生理特点的内因所决定的，那么本阶段的环境条件和栽培措施则是影响坐果率的外部因素。

坐果阶段不仅是果实能否坐住的关键时刻，而且也是正确选留坐瓜节位，关系无籽西瓜产量及品质的关键阶段。坐果节位低，果实小、皮厚、空心、着色秕子较多，含糖量低，产量不高；但坐瓜节位过高，如主蔓上超过30节，果形又显著变小，产量和品质下降。以主蔓上15～25节坐果最为理想（表6-3）。

表6-3　坐果节位对无籽西瓜商品性及单瓜重的影响

坐果节位	瓜皮厚度/毫米	剖面情况	着色秕籽/粒	中心含糖/%	单瓜重/千克	
					最大	平均
8～10	18.5	空心	5.3	10.86	4.85	3.76
15～20	16.2	良好	2.1	11.88	6.92	5.25
21～25	15.9	良好	0	12.37	7.28	5.33
26～30	14.7	有黄块	0	10.54	5.13	4.11

果实膨大阶段肥水施用不当，不仅影响产量，而且对果形和品质影响也很大。一些畸形果中的扁平瓜、偏头瓜、“葫芦”瓜（大头瓜）及部分空心和裂果等与浇水不当有很大关系；氮肥过多则可使西瓜皮厚、瓤色变淡、含糖量降低、纤维加粗，甚至使瓜瓤中产

生黄色硬块。所以，这一阶段要满足植株对肥水的最大需要，特别要满足对钾肥的需要。

到果实成熟时果实体积停止膨大，内部则以水解过程占优势，以物质的转化为主，随之发生瓜皮硬度、果实密度、含糖量、色素、糖酸比及瓜瓤硬度等一系列物理、生物化学变化。无籽西瓜变瓤期的各种物理与生物化学变化速度及变量均比普通西瓜大。这一阶段蔓叶中有部分营养转入果实中去。随着养分向果实中大量转移和累积，叶片的光合、呼吸、蒸腾三大作用也都大大地降低，而果实内部的生物化学变化成为植株生长代谢中心，故该阶段成为果实迅速发生变化的时期。栽培上首先应积极地使叶面积及其同化能力始终保持在较高的水平上，避免损伤叶片，防止蔓叶早衰。为了增加甜度，提高品质，此阶段应停止浇水，并注意及时排水，还应采取垫瓜、翻瓜、荫瓜等措施，以提高无籽西瓜果实的商品性。

第二节　无籽西瓜品种选育

一、三倍体无籽西瓜的选育

（一）产生三倍体无籽西瓜的简单原理

普通西瓜体细胞内的染色体是 11 对（22 条），所以也称为二倍体西瓜。二倍体西瓜经秋水仙碱处理分生组织后，由于在减数分裂时能抑制纺锤丝的形成，因而可使体细胞的染色体加倍成为 22 对（44 条），即通常所说的四倍体。以四倍体西瓜为母本，普通西瓜为父本进行杂交，就可以获得三倍体西瓜种子，所长成的植株，其体细胞内染色体是 33 条，所以也叫三倍体西瓜。

三倍体西瓜细胞在减数分裂时，由于配子中染色体分配的不平衡，所结的果实内不能形成具有生命力的种子，只能形成不孕籽（种泡或幼壳），这就是无籽西瓜。

（二）三倍体无籽西瓜的培育过程

1. 提供四倍体西瓜种子

（1）引进优良的四倍体西瓜种子　购买或通过各种渠道引进。

（2）自育自选四倍体西瓜　用秋水仙碱溶液处理普通西瓜种子或幼苗，选育出四倍体西瓜，经鉴定后繁殖种子。

2. 选配组合

最好选择多个优良二倍体西瓜作父本，进行组合测定，选其中最优者确定为三倍体西瓜的父母本组合。

3. 杂交制种

选出组合后，以四倍体西瓜为母本、二倍体西瓜为父本进行杂交。如果制种数量不多，可以全部采用人工授粉；如果制种数量较大，可采用设隔离区、母本严格彻底去雄自然授粉。

二、亲本种子的保纯和繁殖

因为无籽西瓜没有种子，所以必须常年生产三倍体西瓜种子。为源源不断地提供三倍体西瓜的种子，就必须每年保持足量的杂交亲本。在生产中主要是采用父本、母本分别设置隔离区，自然授粉繁殖保纯。为防止退化，可通过人工授粉进行提纯复壮。

第三节　栽培技术

无籽西瓜栽培技术中与普通西瓜有许多共同之处，如整地、施肥、浇水、整枝、选留瓜、人工辅助授粉及病虫害防治等。但也存在着许多不同之处，如播前种子处理、解决“三低”（采种量低、发芽率低、成苗率低）问题、提高坐果率及果实品质问题（皮厚、空心、着色秕籽）等。

从总体上讲，无籽西瓜的栽培技术比普通西瓜要求更高更严，也更复杂一些。但只要掌握了无籽西瓜的特征特性，就完全能够栽培好无籽西瓜。这就是在前一节以较大篇幅介绍无籽西瓜特征特性的原因。

无籽西瓜的发芽率、成苗率、坐果率、产量及品质除栽培技术外，与品种选择有很大关系。

一、育苗技术

（一）播种前的种子处理

1. 种子挑选

种子在播种前最好还要再经粒选，将混入的二倍体、四倍体西瓜种子及其他杂质全部挑出，然后进行晒种、消毒、浸种和催芽。

2. 消毒灭菌

同有籽西瓜（见第二章第二节三）。

3. 浸种

由于三倍体西瓜种子的种皮硬而厚，吸水量很大，吸水速度相对较慢，所以浸种时间应比有籽西瓜长些。据中国农业科学院郑州果树研究所试验，无籽西瓜种子的吸水率比普通西瓜种子的吸水率高约1倍，其中种皮的吸水率为110%，而普通西瓜种皮吸水率为72.7%；种胚的吸水率为33.3%，为普通西瓜种胚吸水率的3倍（表6-4）。浸种时间因水温、种子大小、种皮厚度而异。水温较高，种子小或种皮薄时，浸种时间较短，反之则浸种时间较长。

表6-4　不同倍数染色体西瓜种子吸水特性的比较

品种名称	种子干重/毫克			浸种后重量/毫克			吸水率/%			除去种皮后
	种胚	种皮	总重	种胚	种皮	总重	种胚	种皮	总重	胚吸水/%
四倍体1号	32.0	40.0	72.0	34.0	80.0	114.0	6.3	100.0	58.3	16.4
蜜宝无籽	27.3	43.6	70.9	36.0	92.0	128.0	33.3	110.0	80.5	50.0
蜜宝	24.0	22.0	46.0	26.0	38.0	64.0	8.3	72.7	39.1	11.1

浸种时应注意以下几点：

（1）在浸种前已进行破壳处理的种子，其浸种时间应适当缩短。对先浸种后剖壳处理的种子，在浸种后将种子用清水冲洗并反复揉搓，以洗去种皮上的黏附物，利于嗑籽破壳。

（2）浸种时间要适当。浸种时间过短，种子吸水不足，发芽迟缓；浸种时间过长，吸水过多，易造成种子开口或酱种。

(3) 利用不同消毒方法处理的种子，浸种时间应有所区别。高温烫种的，种皮软化较快，吸水速度也快，浸种时间可大大缩短，一般 4～6 小时即可；若用 25～30℃的恒温浸种者，所需时间则更短，一般 3～4 小时即可。药剂处理种子时间较长者，其浸种时间也应适当缩短。

4. 破壳处理

由于三倍体无籽西瓜种皮厚而坚硬，不仅吸水缓慢，而且胚根突出种壳时会受到很大阻力，既影响发芽速度，又消耗了大量能量；加之种胚发育不完全，生活力较弱，若任其自然，则发芽更为困难。因此，必须采用破壳的方法进行处理。试验和实践均证明，破壳可以有效地提高三倍体无籽西瓜种子的发芽势和发芽率。尤其在较低的温度条件下催芽，更应进行破壳处理（表 6-5）。破壳处理既可在浸种前进行，也可在浸种后进行。但若在浸种前破壳，浸种时间应适当缩短 2～3 小时。先浸种后破壳时，在破壳前要先用干毛巾或干净布将种子擦干，以免破壳时种子打滑不便操作。

表 6-5　破壳处理对不同西瓜种子发芽率的影响

品种名称	25℃条件下的发芽率/%		32℃条件下的发芽率/%	
	嗑籽破壳	不破壳	嗑籽破壳	不破壳
蜜宝四倍体	78	69	91	82
78366 无籽	69	22	84	38
乐蜜 1 号	72	93	96	94

破壳的方法有口嗑破壳法和机械破壳法两种。

(1) 口嗑破壳法　就是用牙齿将种子喙部（俗称种子嘴）嗑开一个小口。像平时嗑瓜子一样，手拿 1 粒种子将其喙部放在上下两牙齿之间，轻轻一咬，听到响声为止，不要咬破种胚。

(2) 机械破壳法　用钳子将种子喙部沿窄面两边轻轻夹一下即可。为了确保安全，可在钳子后部垫上一块小塑料或小木块，以防用力大时损伤种胚。

5. 催芽

由于三倍体无籽西瓜种胚的发育不完全，种皮较厚，发芽困难，所以要采取破壳处理，解除种子“嘴”上的发芽孔对胚根的束缚，有利于发芽，以提高种子的发芽率。

无籽西瓜种子的发芽适温为32℃左右，较普通西瓜催芽温度略高。但为了避免下胚轴过长，可采用变温催芽法，即在催芽前期的10～12小时使温度升至36～38℃，以促进种子加快萌发，此后使温度降至30℃，直至胚芽露出。

无籽西瓜种子催芽的方法参阅第二章第二节三的相关内容。

（二） 无籽西瓜的育苗

无籽西瓜的育苗方法与二倍体普通西瓜相同，但要求床温较高，所以采用温床或在棚室内育苗较好。

（三） 苗期管理

与普通西瓜基本相同。

二、 定植

定植前5～7天，根据瓜苗长势和天气情况适当锻炼秧苗，以备定植。定植时选晴天上午按株行距开深12厘米、直径12厘米的定植穴，然后将育成的西瓜苗连同营养纸袋或营养土块栽植于穴内(塑料钵需脱去)，封土按实，并随栽随浇透水。如果有条件，可在植株根处铺一层厚2厘米左右的沙子或铺放地膜。定植无籽西瓜时，还必须间植一部分二倍体普通西瓜。因为西瓜无单性结实能力，如果单纯种植无籽西瓜，由于缺乏正常发育的花粉的刺激作用，不能使无籽西瓜子房膨大形成果实，因而坐不住瓜，故必须借助二倍体普通西瓜花粉的刺激作用，才能长成无籽西瓜。无籽西瓜田间配植二倍体普通西瓜的比例一般为1/4～1/3，可每隔2～3行无籽西瓜种1行二倍体普通西瓜。所种二倍体普通西瓜，应在瓜皮颜色或花纹上面与无籽西瓜有明显的区别，以防止采收时混淆不清。二倍体普通西瓜的具体配植比例与无籽西瓜种植面积的大小及蜜蜂多少有关系。如无籽西瓜种植面积大、蜜蜂较多时，可适当减小二倍体普通西瓜比例。

定植时应注意轻拿轻放，勿使破钵散坨。定植深度以营养纸袋或营养土块的土面与瓜沟地面相平为宜。如果采用地膜覆盖栽培时，可随定植随铺地膜。

三、 无籽西瓜的追肥浇水

无籽西瓜在定植后可追肥 2～3 次。第一次追肥在开始伸蔓时，称为催蔓肥。每亩施磷酸三铵 20～30 千克或 60～80 千克饼肥。施用化肥时，应氮、磷、钾配合好。例如在追施纯氮肥（含硫氮肥、尿素）、多肽双脲铵等时，可配合加用硝基磷酸铵、新型硝酸钾等磷钾肥料；也可追施控释复合肥、海藻复合肥、螯合复合肥等任何一种，每亩 20～30 千克。追施方法是在株间开 6～8 厘米深、20 厘米长的追肥沟，将肥料撒入沟中，与土掺匀后封沟。第二次追肥在植株开始坐瓜时，称为坐瓜肥。每亩施多肽缓控复合肥或多元素水溶肥 20～30 千克，施用方法与第一次相同。第三次追肥应当在西瓜果实迅速膨大时（约坐瓜后 12 天），称为膨瓜肥。每亩施双酶水溶肥 20～30 千克或腐殖酸水溶复合肥、靓果高钾复合肥 15～20 千克。施用方法是离西瓜根部 30 厘米左右沿瓜沟方向开 6～8 厘米深、20 厘米长的追肥沟，将肥料均匀撒入沟内，与土混匀，然后封沟；也可结合浇水冲施。

无籽西瓜从定植到果实成熟，一般需浇水 5～8 次。根据浇水时期和作用，分别称为定植水、抽蔓水、坐瓜水和膨瓜水（3～4 次）等。定植水不可过大，以免降低地温，浇时以湿透营养纸袋（杯）及定植穴土壤或基质即可。在每次追肥后应适当浇水，以便充分发挥肥效。果实膨大后，浇水量要逐次增大，直到果实采收前 3～5 天停止浇水。

四、 无籽西瓜栽培管理特点

（一） 种子“破壳”

由于无籽西瓜种子的种皮较厚，尤其种脐部分更厚，再加上种胚（即种仁）又不饱满，所以出芽很困难，必须“破壳”才能顺利发芽。

（二）催芽和育苗温度要高

无籽西瓜的催芽温度比二倍体普通西瓜要高，平均高 2～3℃，即以 30～32℃为宜。育苗温度也要高于二倍体普通西瓜 3～4℃，所以无籽西瓜苗床的防寒保温设备应该比二倍体普通西瓜增加一些，如架设风障、加厚草苫等。此外，在苗床管理时，还应适当减小通风量，以防止苗床降温太大。

（三）早育苗

无籽西瓜幼苗期生长缓慢，应比普通西瓜早播种早育苗。而且由于无籽西瓜耐热性比普通西瓜强，所以多采用温室或电热温床育苗。

（四）加强肥水管理

无籽西瓜生长势较强，根系发达，蔓叶粗壮，因而需肥数量比二倍体普通西瓜多。除增加基肥用量外，还要增加 1 次膨瓜肥或 2 次根外追肥。但无籽西瓜苗期生长缓慢，伸蔓以后生长加快，到开花前后生长势更加旺盛，这时肥水供应不当，很容易疯长跑蔓，坐不住瓜。因此，从伸蔓后到选留的果实开花前应适当控制肥水，开始浇中水和放大水的时间都应比普通西瓜晚 4～5 天。

（五）间种二倍体普通西瓜

由于无籽西瓜的花粉没有生殖能力，不能起授粉作用，单独种植坐不住瓜，所以无籽西瓜田必须间种二倍体普通西瓜。应每隔 2～3行种植 1 行二倍体普通西瓜，作为授粉株，这不是杂交，仅是借助授粉株花粉的刺激作用使无籽西瓜的子房膨大。授粉株所用品种的果皮特征应与无籽西瓜果皮有明显的不同，以便在采收时与无籽西瓜区别开来。

（六）高节位留瓜

坐瓜节位对于无籽西瓜产量和品质的影响比二倍体普通西瓜更

明显。无籽西瓜坐瓜节位低时，不仅果实小，果形不正，瓜皮厚，而且种壳多，并有着色的硬种壳（无籽西瓜的种壳就很软、白色），易空心，易裂果。坐瓜节位高的果实则个头较大，形状美观，瓜皮较薄，秕籽少，不空心，不易裂果。

（七）适当早采收

无籽西瓜的收获适期比二倍体普通西瓜更为严格，生产中一般比二倍体普通西瓜适当早采收。如果采收较晚，则果实品质明显下降，主要表现是：果实易空心或倒瓤，果肉易发绵变软，汁液减少，风味降低。一般以九成至九成半熟采收品质最好。

（八）改善栽培条件

无籽西瓜的生长发育，需要充足的营养物质和良好的环境条件。播种前一定要浸种催芽，如果直接播种干籽，90%以上不出苗。因此，要精细播种和管理，如浅播、分期覆土、营养钵或穴盘育苗、适宜的苗床温湿度等。如在苗床管理中应掌握比二倍体普通西瓜温度高些，发芽期最适宜的温度为30～32℃，幼苗期为25～28℃。无籽西瓜在苗床内浇化肥溶液，对幼苗生长具有明显的促进作用。化肥水溶液是由0.1%尿素加0.2%的硫酸钾或0.2%新型硝酸钾组成的。也可用0.3%磷酸二氢钾液，在出苗后20天左右时，用喷壶洒于西瓜苗床内；8～10天，再用同样浓度的化肥水溶液喷洒一次即可定植。也可用上述肥液在果实膨大期进行根外追肥。

第四节　无籽西瓜生产新途径

一、用天然激素生产无籽西瓜

天然激素无籽西瓜是利用植物“单性结实”的特性，用四倍体西瓜花粉中的天然激素，刺激二倍体有籽西瓜子房，不发生受精过程，而通过内在的生理作用，促使二倍体西瓜坐瓜并长大成熟的无籽西瓜。方法是将四倍体植株的雄花和选作二倍体植株的雌花都在开花前一天进行套袋或束花，防止昆虫传粉，次日早晨花开时，摘下雄花，除去花瓣，以雄花的花药和雌花的柱头轻轻摩擦授粉，再将雌花花瓣束住或套袋，即可生成没有种仁的无籽西瓜。这种瓜无老化空壳，只有和三倍体无籽西瓜相似的白嫩可食的白色秕子，无空心；果皮厚及风味与二倍体西瓜相同。几种西瓜的试验结果表明，不同二倍体西瓜品种的雌花与同一个四倍体西瓜雄花授粉，或不同四倍体西瓜品种的雄花与同一个二倍体西瓜品种的雌花授粉，所形成的果实品质也都不同。

天然激素无籽西瓜，是一种快速发展无籽西瓜的新途径。它的主要优点是：取材方便，方法简便，当年即获无籽西瓜。果形端正，皮薄，不空心，西瓜质地及风味与原二倍体西瓜品种相同，从生长到成熟，不需特殊栽培，可避免培育三倍体无籽西瓜出现发芽率低、成苗率低、坐果率低等问题。缺点是并不是所有的二倍体西瓜品种的雌花与任何四倍体西瓜品种的雄花授粉都能形成无籽西瓜，需进行大量组合筛选才能确定。

为了提高天然激素无籽西瓜的产量和品质，栽培中应注意以下几个问题：

（一）选好父本

父本四倍体西瓜要选种子多、花粉质量和数量都较高的品种；母本二倍体西瓜要选种子少而小、皮薄、品质优良的品种。

（二）要严格保纯

开花前后要采取严格保纯措施，防止二倍体西瓜花粉落到柱头上，否则会出现有籽西瓜。

（三）授粉要适时

要适时授粉，同时不可损伤柱头，花粉要均匀地撒于柱头表面，授给的花粉尽可能多些。

（四）及时除掉同株异型瓜

应及时摘除未经人工授粉的雌花，防止产生异型瓜（即有籽西瓜）。否则由于激素无籽西瓜竞争力弱，瓜很难长大，甚至会夭折。

（五）加强肥水管理及整蔓工作

由于天然激素无籽西瓜果实内没有受精的胚，因此，它的生长发育机质是脆弱的，必须加强肥水管理和整蔓工作，促使无籽西瓜的正常生长发育。

（六）及时采收

采收过早，糖分不高；采收过晚，白秕籽增大。早熟品种一般以开花后 30 天左右为采收适期。采收后不宜久贮，否则白秕籽变硬，影响品质。

二、用合成激素生产无籽西瓜

在一般情况下，西瓜的子房不经过受精是不能正常发育成瓜的。但是，试验证明，如果利用某些激素类物质进行人工诱导，也能结瓜。这种果实里只含无胚的种皮，吃起来几乎与无籽西瓜相似。利用激素生产无籽西瓜应采取以下几项措施：

（一）选用品质优良、无籽成瓜率高的品种

不同品种“单性结实”率不同。据杨香诚（1979）试验，早花是当年生产激素无籽西瓜的优良品种，在其他措施得当时，成瓜率可达 90%左右，与该品种人工授粉产生的有籽西瓜的成瓜率基本相同。

（二）正确配制和施用激素

用蒸馏水分别配成 100 毫克/千克的萘乙酸钠、25 毫克/千克的赤霉素和 25 毫克/千克的 2,4-D 三种溶液。处理雌花时，使用这 3 种溶液的混合液，混合比例为等量（即上述 3 种溶液的比例为

1∶1∶1)。混合液要现用现混合，混合后当日用完。具体处理方法是：在雌花未开放之前，先用人工授粉用的卡子夹住花冠，严防花粉落入柱头（如为两性花时应严格去雄）。药液配好后，逐朵打开卡子，用新毛笔蘸混合液涂在雄花柱头和子房基部上，每朵花一次用药量约 1 毫升，涂药后仍将花冠夹住。涂药后第 4 天再重涂混合液 1 次，或涂用细胞激动素 6-苄氨基嘌呤 20 毫克/千克溶液，对提高成瓜率都有明显效果。试验证明，以对主蔓（双蔓整枝）第二雌花进行处理最为理想。涂药应选择晴天进行，如涂药后遇雨，雨后应重涂 1 次。

（三）精细的田间管理

开花前要求达到植株健壮。涂药处理后，要随即掐去主蔓各叶腋处的侧蔓和生长点，并压好瓜蔓，促使营养物质向瓜内输送。涂第一次药后，如发现幼瓜皮色发暗，要补涂 1 次，可有效地防止化瓜。第一次涂药处理后 10 天左右，可掐去第二条瓜蔓的生长点。同一株的两条瓜蔓上不要保留未经药液处理的幼瓜，因为有籽瓜与无籽瓜同时在一株上，营养物质易被有籽瓜夺去，而引起无籽瓜化瓜。要及时摘除其他雌花，防止坐有籽瓜。第一次涂药处理后 12 天左右，达到安全期，应进行浇水和追肥。但浇水量不可过大，以小水勤浇为宜，一般每次每亩浇 4～5 吨即可，每隔 2～3 天浇 1 次。当幼瓜鸡蛋大后，一次性追施缓控复合肥，每亩施复合肥30～40 千克。追肥方法是离西瓜根部 30 厘米左右沿瓜沟方向开 6～8 厘米深、20 厘米长的追肥沟，将肥料均匀撒入沟内，与土混匀，然后封沟。

三、用其他方法生产无籽西瓜

20 多年前作者还曾用西瓜种胚和茎尖细胞进行过组织培养，并育出 6000 多株无籽西瓜成品苗，由于成本太高而不适于在生产中推广。国外还有人用染色体多次移位方法生产无籽西瓜。

第七章 西瓜的间种套作

第一节 西瓜间种套作的主要方式

间种套作，是农作物高产栽培的重要措施，西瓜又是最适宜进行间种套作的作物之一。西瓜的间种套作方式有以下几种：

一、西瓜地早春种植春菜

春白菜、菠菜、油菜、红萝卜或甘蓝、莴苣、春菜花等，耐寒性较强，生长期又短，适宜早春种植，可充分利用瓜田休闲期多收一茬。西瓜还可以与春马铃薯、芋头等间作。瓜田一般作东西向整畦，在坐瓜畦远离西瓜植株基部的一侧，种植这些蔬菜。这些蔬菜对不耐寒冷和易受风害的西瓜幼苗还有一定的保护作用，能为西瓜苗挡风御寒，促进西瓜早发棵、早伸蔓。另外，在西瓜田内适当种植这些蔬菜，还有利于调节市场余缺，增加经济收入，并为西瓜生产提供资金。

二、西瓜地初夏套种夏菜

当春菜收获以后，可紧接着在坐瓜畦内点种豆角或定植甜椒、茄子等夏菜。这些蔬菜苗期生长较慢，植株较小，到西瓜收获后才能进入旺盛生长阶段，一般不会影响西瓜生长，可为西瓜的接茬作物，使地面始终在作物的覆盖下，充分利用农时季节和土地、阳光等自然条件，而且豆角、甜椒、茄子等蔬菜在7月下旬才进入采收盛期，可调剂市场供应。

三、西瓜与粮、棉、油料作物间种套作

西瓜可以与夏玉米、夏高粱、冬小麦、棉花及花生等农作物间种套作。西瓜与冬小麦套作，在种小麦时，如人工畦播，应先计算好西瓜的行距，然后根据西瓜行距确定小麦的畦宽和播种行；如果采用机播，可在播幅留好西瓜行，以免挖瓜沟时损伤麦苗。西瓜与夏玉米、夏高粱、棉花和花生等作物套种时，关键要掌握好套种时间、品种和方法。

第二节 西瓜与蔬菜间种套作

西瓜和蔬菜都是收入较高的经济作物，同时在栽培技术和生产设备方面有许多共同之处。因此，西瓜与蔬菜间种套作不仅可以充分利用地力、空间和时间，增加作物种类和产量，提高经济效益，而且还可以因地制宜地充分利用综合栽培技术（包括人才）、各种生产设备（如育苗设备、排灌设备等），使人力、物力、地力和技术等各种生产因素都得到更加充分地发挥。西瓜与蔬菜的间种套作方式主要有以下几种：

一、间种春白菜

在坐瓜畦内整20～25厘米宽的畦面。于3月中旬浇水灌畦，撒播春白菜。白菜于3叶期间苗，5叶期定棵，株距7～9厘米。4月下旬（即断霜后）移栽或直播西瓜，5月中旬西瓜伸蔓后收获春白菜。也可以在坐瓜畦内直播春菠菜、小油菜和红萝卜等。

二、移栽春甘蓝

1月中旬用棚室温床育春甘蓝苗，当苗龄达60天时，于3月

中旬在坐瓜畦内按 20 厘米的行距开沟移栽 1 行春甘蓝，每亩 1800 株。西瓜于 3 月下旬育苗，4 月下旬定植在春甘蓝行间，5 月中旬西瓜伸蔓后可收获甘蓝。此外，也可以在坐瓜畦内移栽定植 1～2 行春莴苣、春油菜或春菜花等。

三、点种矮生豆角

西瓜于 3 月下旬阳畦育苗，4 月底移栽定植大田。当西瓜开花坐瓜前后，于 5 月中下旬按株行距为 35 厘米×40 厘米的规格，在西瓜行间点播矮生豆角，每墩 2～3 株，每亩 2000 墩，不需支架，短蔓丛生半直立生长。当西瓜采收后，豆角即进入结荚盛期，7 月下旬可大量采摘上市。

四、西瓜与甜椒或茄子套作

西瓜比甜椒、茄子提前 15 天左右育苗，由于甜椒、茄子苗龄较长，可以使西瓜与甜椒或茄子的共生期缩短。西瓜于 3 月中旬育苗，4 月中旬移栽定植，甜椒或茄子于 3 月下旬育苗，苗龄 60～70 天（即显蕊期），于 5 月下旬或 6 月上旬（当西瓜开花坐瓜后）在坐瓜畦内移栽定植 2 行甜椒或茄子，株行距为 20 厘米×30 厘米，每亩 3700 株。6 月下旬到 7 月上旬，地膜西瓜头茬瓜采收后，紧接着采收甜椒或茄子。7 月下旬西瓜拉秧后，甜椒或茄子即进入采收盛期。

五、西瓜与马铃薯间种套作

西瓜与马铃薯间种套作方法如下：

（一）选种催芽

马铃薯品种最好选用克新 3 号、东农 303 和脱毒品种。栽前 20 天切种催芽，方法是先把整薯和切好的种薯块用沙培在阳畦或暖炕上，畦（炕）温保持在 20～25℃。当幼芽刚萌动时（如米粒大）即可播种。用整薯催芽后，小的种薯可直接播种，大的种薯每千克应切成 50～60 块，每块保持有 1～2 个健壮芽，切后马上播种。西瓜品种应选用早佳、京欣等早熟品种。

（二）马铃薯播种和管理

土地应在立冬前后冬耕，耕前每亩施 4000～5000 千克优质圈肥、20～30 千克磷酸三铵或 25～30 千克新型硝酸钾复合肥。翌年 3 月上中旬播种马铃薯。可采用大垄双行种植，垄宽 90 厘米，每垄栽 2 行马铃薯，行距 33 厘米，株距 30 厘米，对角栽植，每亩 4500 株，栽后覆盖地膜。每隔两个垄（4 行马铃薯）留出 1 米宽的大垄，为西瓜种植行。马铃薯幼苗出土后，及时破膜放苗，以免灼伤幼苗；其他水肥等的管理与不间种套作的相同。

（三）西瓜套种和管理

西瓜苗移栽于马铃薯留出的大垄上，按 40～50 厘米的株距栽植 1 行西瓜。西瓜应在移栽定植前 30 天以营养钵育苗；栽后浇水，以促使早缓苗。西瓜栽植后最好用拱棚覆盖，以促进其生长。到西瓜甩蔓时收获马铃薯。马铃薯收获后立即推垄平地，对西瓜加强肥水管理和整枝。西瓜采收结束，倒茬整地播种小麦。

六、西瓜与蔬菜间种套作应注意的问题

（一）应以西瓜为主栽作物

在瓜田内间种套作种植，应以西瓜为主栽作物，蔬菜为搭配作物，搭配作物不应与主栽作物争水争肥。

（二）选适宜品种

西瓜与蔬菜作物都要选用早熟品种，并尽量缩短其共生期。

（三）茬口安排要紧凑

西瓜应注意生育期和生长势，蔬菜除要注意生育期、生长势外，还须注意蔬菜种类和品种特性，尽量减少共生期的各种矛盾。在茬口安排上除了要考虑到西瓜与蔬菜（尤其是黄瓜等瓜类蔬菜）、

蔬菜与蔬菜之间的轮作换茬问题外，还要最大限度地发挥田间套作的优势和最佳经济效益。

（四）田间管理要精细

西瓜与蔬菜作物间种套作后，在共生期间必然存在着程度不同的争水、争肥、争光、争气等矛盾，这些矛盾除了通过选择适宜的品种和调整播期外，加强田间管理也可以使其缓和到最低限度。对间种套作的蔬菜主要管理工作是中耕除草、间苗、追肥、浇水及病虫害防治等。对西瓜要特别注意加强整枝、摘心和病虫害防治等。

第三节　西瓜与粮、棉、油作物间种套作

一、西瓜与夏玉米、夏高粱间种套作

西瓜与夏玉米、夏高粱、冬小麦、水稻间种套作，是瓜粮间种套作的主要方式。瓜粮间种套作的关键是选择适宜的品种、及时间种套作和管理好间套作物等。

（一）选择适宜的品种

间种套作品种的选择必须尽力避免种间竞争，而利用互补关系，使其均能生长良好，方可获得瓜粮双丰收。因此，应尽量选择生长期短、适宜于密植的品种。

（二）间种套作时间

间种套作时间是直接影响瓜粮产量的重要因素之一。玉米、高粱播种过早，对西瓜的生长发育不利；玉米、高粱播种过晚，则其适宜的生长期缩短，玉米或高粱的产量将大大降低。根据各地经验，在西瓜成熟前20天播种玉米或高粱，对瓜粮生长发育及产量互不影响，并可及时倒茬播种小麦。

（三）种植密度和间套方法

试验证明：西瓜间作套种夏玉米，西瓜行距 1.8 米、株距 0.6 米，夏玉米每亩 4000 株时，西瓜产量接近最高水平，夏玉米产量较高。

间套方法是在西瓜的行间距西瓜根部 0.3 米和 0.5 米处分别各播 1 行夏玉米或夏高粱，其行距为 0.2 米，株距为 0.3 米。瓜畦中间为 0~8 米宽的行间。这样拔掉瓜蔓时，夏玉米或夏高粱成为宽窄行相同的大小垄，不但可以充分发挥“边行优势”作用，还可以在夏玉米的宽行中再套种短蔓绿豆。

夏玉米可于播种前浸种催芽，夏高粱通常干播。套种时，均可采用点播法。

（四）田间管理

西瓜按常规管理。夏玉米或夏高粱播后 20 天内要防止踩伤、倒伏。西瓜收获后，要抓紧对夏玉米或夏高粱进行管理。

1. 中耕

瓜蔓拉秧后要进行深中耕，除掉杂草，疏松土壤，增大通气蓄水能力。

2. 疏苗

夏玉米每穴定苗 1 株；夏高粱每穴定苗 1~2 株。缺苗应移栽补苗。

3. 追肥

通常应追施 2 次速效肥，第一次是提苗肥，第二次是孕穗肥。提苗肥应于西瓜拉蔓后及时追肥，以加速幼苗生长，可结合第一次中耕于疏苗后每亩追施螯合复合肥 25~30 千克或多肽双脲铵 20~25 千克。孕穗肥可于玉米抽穗前（点种后约 35 天）、高粱伸喇叭口时追施，以加速抽穗和促进籽粒成熟，一般每亩追多肽尿素 20~30 千克。

（五）病虫防治

夏玉米和夏高粱的主要病虫害有黑穗病、黑粉病和黏虫、钻心虫、蚜虫等，防治方法同大田作物。

二、冬小麦套种西瓜

在冬小麦的麦田套种西瓜是一种成功的套种方式，北方有许多省市推广后均获得了粮瓜双丰收。麦田套种西瓜，秋种前就应选择好地块，并将麦田畦面做成宽1.5～1.7米、畦埂宽0.5米、畦长25～30米的规格。畦面平整、流水畅通、畦面规格与此相一致的麦田，也可以在畦埂上套种西瓜。为施好西瓜基肥，小麦比较稀的地块，于小麦拔节期可在畦埂上开沟预施部分优质圈肥，每亩施2500千克即可。地下虫害较重的地块，每亩可在基肥内对施3～5千克辛硫磷颗粒剂，以便防治地下虫害。

麦田套种西瓜，西瓜幼苗处在温度较高、空气不够流通的套种行内，瓜苗生长瘦弱，伸蔓早，无明显的团棵期。因此，瓜苗与小麦的共生期不宜过长，一般以在麦收前15～20天播种西瓜为宜。北方地区夏播西瓜在5月中旬播种即可。西瓜要选用生育期在100～120天的中熟品种，种子要精选，并用烫种方法消毒后播种。为保证西瓜适墒下种，出苗齐全，可雨后抢墒播种或结合浇小麦灌浆水播种。播种时，先在畦埂上按40厘米的穴距，开长7～10厘米、深3～4厘米的穴。每穴撒播2～3粒西瓜种子，覆2厘米厚的细土盖种，6～8天后即可出齐苗。为防止鼠害，可顺垄撒施毒饵诱杀。

西瓜苗期管理要以促为主，使雨季到来前就能坐好瓜。第一片真叶展开后间苗。伸蔓后，先将瓜蔓引向顺垄方向伸展。为早倒茬便于西瓜幼苗生长，小麦蜡熟期就应抓紧时间收割，并防止踩伤瓜苗或扯断瓜蔓。小麦收后及时灭茬。小麦的根茬要留在坐瓜畦内，将原来畦埂两边的土向外翻，使畦埂形成50厘米宽的垄，垄两边为深、宽各15厘米的排灌水沟；原来的畦面也要整成两边低、中间高的坐瓜畦。没有施基肥的，可在排灌水沟内侧撒施优质圈肥，每亩2000～2500千克，施后浇水。对瓜苗瘦弱、生长明显缓慢的植株，每株穴施10～15克速效氮肥提苗。浇水后要划锄保墒，除去瓜垄上的杂草。这时可将瓜苗间成单株，去弱留强，多余的苗和近株杂草最好从基部除掉，但要避免拔苗（草）时损伤保留瓜苗的根系。其他管理与夏播西瓜相同。

三、西瓜与花生间种套作

间种套作方法：早春整地时每亩施3000～4000千克圈肥、30～40千克硝酸磷钾或200～300千克水解油渣有机肥作基肥。为使花生早熟高产，要选用早熟品种，于4月上中旬催芽播种，一般行距33厘米，墩距17～20厘米，每墩播种2粒，每亩7000墩左右。花生最好起垄播种，每垄种植2行。花生播种后，接着喷除草剂盖地膜。每播6行花生，留出130厘米宽的套种带，套种2行西瓜。种西瓜前，在套种带中间开50厘米深的沟，每亩施3000～4000千克优质圈肥和15～20千克复合肥料，于4月下旬前后栽定植（提前1个月用营养钵育苗）。西瓜行距33厘米，株距66厘米，每亩套种600株左右。采用双蔓整枝，单向理蔓，坐瓜后留5～7叶摘心，每株只留1个瓜。为使西瓜早熟、高产、早收，减少对花生的影响，要选用极早熟品种或早熟品种，栽植后用拱棚覆盖保温。西瓜和花生的管理技术与一般不间作套种的相同。

西瓜自6月下旬陆续采收上市，到7月上中旬结束。花生在8月20日前后收获，收后整地种早茬小麦；也可在西瓜、花生收获后，栽种一季花椰菜（花椰菜提前1个月育苗），花椰菜收后，播种小麦，这样可每亩增产1500千克花椰菜。

四、西瓜与棉花间种套作

广大棉区通过多年的实践，已形成一套棉花套种西瓜的栽培体系。瓜棉套种，西瓜产量接近单作，棉花产量略低于单作，但西瓜棉花套种能够充分利用光热资源、空间和有限的生长季节，高矮搭配，充分利用边行优势，棉花密度与单作变化不大的情况下，充分利用肥力，提高肥料的利用率。同时做到一膜两用，节省人工和成本，投入产出比高。西瓜棉花套种技术要点如下：

（一）选用适宜的品种

西瓜宜选择早熟品种如极早熟蜜龙、早佳、特早红、世纪春蜜、春光、早红玉等；棉花则宜选择株型高大、松散、单株产量高的中棉 10、中棉 13 等品种。

（二）掌握适宜播种期

为促进棉花的生长，缩短共生期，如根据山东的气候条件和栽培经验，育苗移栽的早熟西瓜，播种期以 2 月 20 日至 3 月初为宜，而小棚双膜覆盖直播，可于 3 月中下旬催芽播种。棉花的播种期以 4 月 15～20 日为宜。

（三）西瓜、棉花植株配置

常用的西瓜行距 1.4～1.5 米，株距 0.4～0.5 米，每亩 1000 株左右。在距西瓜 20 厘米处种一行棉花，单行双株的穴距 0.3 米，每穴留 2 株；单行单株的穴距 0.18 米，每亩留苗 3000 株左右为宜。

（四）西瓜提早育苗

用电热温床培育苗龄 35～40 天具有 4 叶 1 心的大苗，提前定植于双膜覆盖小拱棚，这是缩短瓜棉共生期的关键措施，以利提早采收，减少对棉花生长的影响。

（五）加强田间管理

前期西瓜生长迅速，匍匐于地面无序生长而棉苗小，应对西瓜采取整枝、理藤、压蔓等措施，以保证棉苗生长的空间。可采用人工辅助授粉，促进坐果，避免徒长，其他管理同单作西瓜。

（六）防止农药污染

在防治棉花害虫时必须坚持做到四点：一是作好预测预报，掌握防治适期，减少用药次数；二是选用高效低毒农药；三是采取涂茎用药技术；四是用药时对西瓜采取覆盖措施，即在坐瓜后用药时将西瓜用塑料薄膜盖好，确保安全。

（七）其他措施

要针对西瓜和棉花作物不同生育特点，采取必要的措施。如棉花要及时整枝、抹芽和打老叶，减轻对西瓜遮阴。西瓜与棉花相比，根系细弱，抗旱能力较差，若土壤含水量下降到18%时，应及时浇水；同时要防止过早坐瓜，一般以12～18叶结的瓜产量高，质量好。

五、麦—瓜—稻的间种套作

我国南方许多地区大力推广“麦—瓜—稻”三熟栽培模式。例如湖北省荆州地区已在全区推广，江苏省南京市该栽培模式90年代一度曾占西瓜栽培总面积的80%以上。

（一）麦—瓜—稻间种套作的好处

1. 提高了温光条件利用率

麦株为西瓜御寒防风，有利于促进西瓜的前期生长，而西瓜则为麦类作物改善光照条件，促进了后期生长，这样充分利用了不同层次的光温条件与土壤肥力。麦类作物收获灭茬后，气温高、日照强，有利于西瓜的生长和结果。

畦向和预留行的宽度与麦（油菜）、瓜套种的温光条件有密切关系。据河南农业大学的测定结果表明，东西带向不同预留行带的宽度、日照时数明显大于南北带向。而南北带向即使预留行宽达100厘米，带内的日照时数仍不能满足西瓜生长的基本要求。因此，麦瓜套种适宜的带向是东西向。预留行较宽，西瓜行内的光照、温度条件优越，有利于前期生长，但小麦的播幅小，产量低。因此，确定适宜的预留行宽度，对小麦的产量和西瓜前期生长有重要的意义。据测定，东西带向50厘米宽的预留行内光照条件基本上能满足西瓜初期生长的需要，而同时使小麦的边行优势基本上达到最大值，且优势边行数较多，能保证小麦有较高的产量，故麦瓜套种的预留行宽以50厘米为宜。以上是在北方条播情况下测定的结果。南方采用4～5米宽的高畦，在畦两侧各留约70厘米预留瓜行，中间播种小麦，麦瓜共生期间光照条件可以满足西瓜和小麦的生长需求。

2. 改良土壤

麦、瓜、稻实行水旱轮作，由于耕作和施肥的关系，耕作层质地疏松，有利于土壤熟化。根据湖南省衡阳地区农科所试验，西瓜后作耕作层疏松，有利于土壤熟化，增加团粒结构。据在水稻孕穗期测定0.25～0.5毫米土壤团聚体总量占82.3%，比双季稻土壤团聚体总量72.2%增加10.1个百分点，地下水位降低。在晚稻收割后测定土壤的物理性状，西瓜轮作后土壤容重较双季稻低0.27克/厘米^3；孔隙度增加8.89%，渗漏量增加0.45毫米，沉降系数增加0.26，氧化还原电位值增加80毫米。可见，栽培西瓜以后水稻土耕作层疏松，耕性好，通气透水性得到改善，有利于微生物的活动和养分的转化。在早稻、西瓜收获后测定土壤的养分，有机质较早稻增加3.6%，全氮增加13.6%，全磷增加7.5%，速效磷增加59.1%，速效钾增加41.9%。因此，西瓜后作晚稻较双季晚稻的分蘖力增强，有效穗增加3.5%，千粒重增加6.6%，平均每亩产量达515.5千克，较双季稻增产11.2%。

（二）麦—瓜—稻间种套作方法

前一年水稻收割后按4～5米距离开沟，在沟两侧各留0.6～0.7米作为栽植西瓜的预留行。畦中间播种大（小）麦，长江中下游地区的播种期为10月下旬至11月上旬。预留行冬季深翻晒垡熟化土壤，早春施肥起垄，4月中下旬栽植西瓜大苗，大麦5月底收割，小麦6月上中旬收割，大（小）麦收割后加强西瓜管理，西瓜7月上旬开始采收，7月底收完及时栽插晚熟稻。

（三）麦—瓜—稻间套技术要点

1. 加强农田排水

选土质疏松的田块，开好排水沟，以便及时排除积水。

2. 选用适宜良种

麦种选用早熟品种，西瓜选用耐湿抗病品种，水稻选用晚熟高产品种。为了尽量缩短共生期，西瓜采用育大苗移栽方式。如前作为大麦时，西瓜可采用拱棚覆盖早熟栽培；前作为小麦时，西瓜则应露地栽培。

3. 强化共生期管理，重视麦后管理

共生期间加强综合管理，麦收后对西瓜及时追肥浇水，并进行整枝理蔓。如难坐瓜时，还需人工授粉。

4. 及时采收西瓜

根据坐瓜早晚分批及时采收，及时清理瓜畦，确保及时栽插晚稻。

第四节 瓜粮间种套作应注意的问题

一、连片种植

连片种植，实行规模化生产。大面积连片种植有利于农田水利建设，降低地下水位，便于农田区划轮作，实行机械化作业，提高劳动生产率。瓜粮、瓜棉间种套作应统一规划和部署，采用不同的间种套作模式进行轮作，改善农业生态环境。

二、简化西瓜栽培技术

与粮食作物相比，西瓜是一种娇气的作物，栽培技术环节多，要求高，时间性强，特别在南方多雨地区用工多，成本高。露地栽培应采用抗病、高产、优质品种，栽培技术则应抓住要点，尽量简化栽培技术。

三、选择适宜茬口

选择适宜茬口，优化品种组合。可根据当地条件因地制宜地选择适宜的茬口，在此基础上确定前后茬的品种，优化组合。如西瓜早熟栽培应以耐低温弱光、易结果的早熟品种为宜，前茬则以生育期较短、耐肥、抗倒伏的品种为宜。

四、合理安排季节

采用提前播种、育苗移栽、推迟播种等措施，尽量利用主作物和副作物时间差，以缩短共生期，缓解作物生育之间的争光、争肥等矛盾。

五、充分利用空间

合理配置两种作物的种植方式，充分利用空间。如麦行套种西瓜，从西瓜光照条件考虑，以东西向为宜，预留瓜行以 50 厘米以上为宜。

六、科学施肥

麦瓜套种一般按各自的要求在播种、定植时施肥，在小麦生长中后期，适当控制追肥，防止倒伏影响西瓜生长。

第五节　幼龄果园种植西瓜应注意的问题

幼龄果园地间种西瓜，可以充分利用土地和光能资源。如果种植方法得当，不仅能增加经济收入，而且能够促进幼树生长。幼龄果园地种植西瓜要注意以下几点：

一、合理做畦

目前乔砧、普通型品种的苹果及山楂、梨等果园，一般密度为株行距 4 米×4 米。这样的幼龄果园种植西瓜时，可在 2 行幼树之间种植 2 行西瓜。即在幼树的两侧，距树 1 米处各挖一条宽、深均 50 厘米的西瓜沟（图 7-1），施足基肥，浇足底水，做成瓜畦。生产实践证明，按照这种方式做畦，不但可使幼树和西瓜获得充足的光照，同时对幼树能起到开穴施肥的作用。因此，能在取得西瓜高

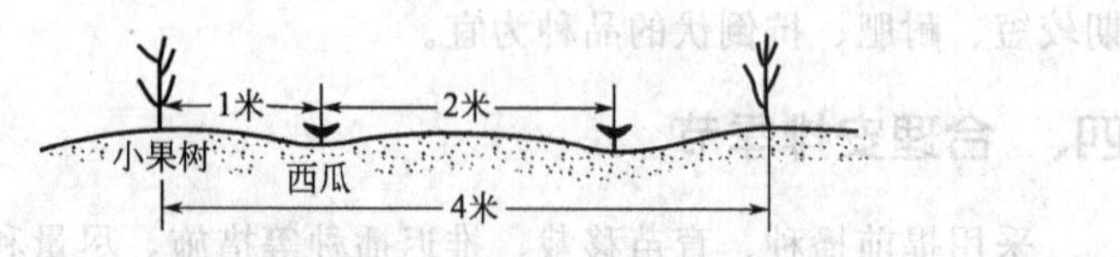

图 7-1　幼龄果园地种植西瓜畦式示意图

产的同时，促进幼树的生长。

二、 正确引蔓

西瓜伸蔓后要及时引蔓，避免瓜蔓纵横交叉缠绕幼树。一般可将侧蔓引向幼树一侧，主蔓引向另一侧。这样2行西瓜可坐瓜于一垄，而幼树所在的垄不坐瓜。这对追肥、浇水及树上、树下的管理十分方便。

三、 合理施用农药

幼龄果园地种植西瓜后，应当注意合理施用农药。如进入5月中旬以后，气温逐渐上升达20℃，如果此期间空气湿度较大，特别是连续数天阴雨时，西瓜常易发生炭疽病、疫病等，而果树则常发生褐斑病、灰斑病等引起叶片早落、树势衰退的病害。在此期间合理而及时地在田间喷施200～240倍石灰倍量式波尔多液（硫酸铜1份、生石灰2份、水200～240份），或喷施800～1000倍50%多菌灵等农药，可以兼治西瓜和果树的病害。另外，对于果树红蜘蛛、卷叶蛾、蚜虫等，也可以与西瓜的蚜虫、黄守瓜等害虫同时防治。值得注意的是：西瓜生育期较短，而且食用部分又是地上部的瓜，所以对农药的应用要有选择性，例如在防治西瓜病虫害时严禁使用国家明令禁止使用的农药和限制使用的农药。

第八章 西瓜的收获、经销与贮藏

第一节 西瓜的采收

一、采收适期

采收过早过晚，都会直接影响西瓜的产量和质量，特别是对含糖量以及各种糖分的含量比例影响更大。用折光仪只能测定出可溶性固形物的浓度，一般称为全糖量。但是西瓜所含的糖，有葡萄糖、果糖和蔗糖等，其甜度各不相同，若以蔗糖甜度为100%，则葡萄糖甜度为74%，果糖甜度为173%，麦芽糖甜度仅为33%。成熟度不同的西瓜，各种糖类的含量不同，最初葡萄糖含量较高，以后葡萄糖含量相对降低，果糖含量逐渐增加，至西瓜十成熟时，果糖含量最高，蔗糖含量最低。但是西瓜十分成熟之后，葡萄糖和果糖的含量相继减少，而蔗糖的含量则显著增加。因此，不熟的西瓜固然不甜，过熟的西瓜甜度也会降低。所以正确判定西瓜的成熟度，在其果糖含量最高时采收，是保持西瓜优良品质的重要一环。

二、西瓜的成熟度

根据用途和产销运程，西瓜的成熟度可分为远运成熟度、食用成熟度、生理成熟度。远运成熟度可根据运输工具和运程确定。如用普通货车运程在5～7天者，可采收八成半至九成熟的瓜；运程在5天以下者，可于九成熟时采收。当地销售者可于九成半至十成熟时采收。食用成熟度要求果实完全成熟，充分表现出本品种形状、皮色、瓤质和风味，含糖量和营养价值达到最高点，也就是所说的达到十分成熟。生理成熟度就是瓜的发育达到最后阶段，种子充分成熟，种胚干物质含量高，胎座组织解离，种子周围形成较大空隙。由于大量营养物质由瓜瓤流入种子，而使瓜瓤的含糖量和营养价值大大降低。所以，只有供采种用的西瓜才在达到生理成熟度时采收。

三、采收时间

采收西瓜最好在上午或傍晚进行，因为西瓜经过夜间冷凉之后，发散了大部分田间热，采收后不致因体温过高而加速呼吸，引起质量降低，影响贮运。如果采收时间不能集中在上午进行，也要避免在中午烈日下采收。西瓜成熟时节如果正遇连阴雨而来不及采收、运输时，可将整个植株从土中拔起，放在田间，待天晴时再将西瓜割下，否则西瓜易崩裂。为了防止过熟和采收生瓜，栽培者通常用标记法来确定采收日期。因为西瓜从雌花开花授粉到该瓜成熟，在同一环境条件下大致都有一定的天数。所以，只要开花授粉时作好标记，就可以根据该品种果实发育期按日期采收。

四、西瓜的采收与运输

（一）采收

准备贮藏保鲜的西瓜，宜从瓜形圆整、色泽鲜亮、瓜蔓和果皮上均无病虫害的果实中挑选。采收时间最好在无雨的上午进行。用于贮藏的西瓜至少应在采摘前1周停止灌水。采摘时应连同一段瓜蔓用剪刀镰刀割下，瓜梗保留长度往往影响贮藏寿命（表8-1）。这可能是与瓜蔓中存在着抑制西瓜衰老的物质及与伤口感染距离有关。另外，采收后应防止日晒、雨淋，而且要及时运送到冷凉的地方进行预冷。采下的西瓜应轻拿轻放，用铺有瓜蔓或木屑的筐搬运，并尽量避免摩擦。

表 8-1　瓜梗保留长度与贮藏的关系

处理	10 天后发病率/%	20 天后发病率/%	30 天后发病率/%
基部撕下	16	36	82
保留 3 厘米	0	4	18
保留 8 厘米	0	6	14
两端各带半节瓜蔓	0	0	8
两端各带一节瓜蔓	0	0	12

（二）包装及运输

采收后的西瓜在运往贮藏场所时，应进行包装。西瓜的包装最好用木箱和纸箱，木箱用板条钉成，体积为 60 厘米×25 厘米，箱的容量为 20～25 千克，每箱装瓜 4 个。近年来，为了节省木材，已逐步发展成采用硬纸箱包装。西瓜装箱时，每个瓜用一张包装纸包好，然后在箱底放一层木屑或纸屑，把包好纸的西瓜放入箱内。若采用西瓜不包纸而直接放入箱内的方法时，每个瓜之间应用瓦楞纸隔开，并在瓜上再放少许纸屑或木屑衬好，防止磨损，盖上盖子，用钉子钉好，或用打包机捆扎结实，以备装运。

贮藏用瓜运输时要特别注意避免任何机械损伤。异地贮藏时，必须用上述包装方法，轻装、轻卸，及时运往贮藏地点。途中尽量避免剧烈震荡。近距离运输时可以采用直接装车的方法，但车厢内先铺上 20 厘米厚的软麦草或纸屑，再分层装瓜。装车时大瓜装在下面，小瓜装在上面，减少压伤，每层瓜之间再用麦草隔开，这样可装 6～8 层。

第二节　西瓜的销售与经营

一、对商品西瓜的要求

（一）品质优良

西瓜品质优良主要指瓜瓤含糖量高，纤维少，风味好等。具体要求：可溶性固形物在10%以上，中糖边糖梯度小，味甜爽口，种子数量少，果肉色泽均匀，无白筋硬块，瓜皮较薄，可食率高。

（二）商品性好

西瓜的商品性是指果实的外观性状、果形、皮色等，应具有品种的典型性，不允许有杂瓜出现，果形圆整，大小均匀，无畸形瓜、裂果、日晒和病果等。

（三）耐贮运

耐贮运是指耐贮藏和运输的能力。西瓜商品性生产均为大面积栽培，一般均需长途运销，因此要求果实外皮坚硬、在运输过程中不易破损的品种，果皮薄的品种在运输中破损率高，只能就近栽培，当地供应。

（四）成熟度适当

作为商品瓜的成熟度要适当，采收充分成熟的西瓜在运输过程中易组织败坏，影响品质。应根据销售地点距离的远近确定采收成熟度，如在采收后1～2天到达销售地点的可摘九成熟以上的瓜，而远途运输的则采摘八成熟的瓜，使其在运输途中继续成熟。作为需要长途运输的商品瓜不能使用激素处理催熟。

（五）品种多样

品种多样性是指果实的大小、果皮色泽、果肉颜色等商品多样化。如果实的形状有圆球形、近圆形、椭圆形、长椭圆形；按果实大小有大型果和小型果；果皮色泽有黑色、绿色、黄色及花皮；果皮特征主要有光皮、麻皮（麻点小突起）之分；果肉颜色有乳黄、黄、桃红、红色、紫、白等。为体现西瓜品种丰富多样，便于消费者的选择，由于不同品种熟性不同，多品种可达到延长供应期的目的。

二、商品西瓜的经营管理

西瓜生产，多以商品生产为目的，尤其是一些西瓜主产区，西瓜果实已成为当地季节性较强的大宗商品。因此，做好商品西瓜的经营管理，对西瓜产区，特别是西瓜主产区，非常重要。

西瓜属鲜活商品，容易腐烂，且不耐贮存。为适应当前开放、搞活、多渠道经营的新形势，保证商品西瓜在激烈的市场竞争中立于不败之地，在购销业务中应抓好几个环节：

（一）订立产销合同

合同的签订，以法律形式监督产、销双方执行有关条款，为经营单位有计划、按规格进行购销提供保证；同时也解除了生产者卖瓜难的后顾之忧，有利于瓜农安心生产，提高产量和品质，增加收入。合同的内容主要有：品种、上市时间、数量、规格、质量以及双方职责等。

（二）预报上市计划

西瓜经营具有时间短、上市集中、工作量大的特点。有计划地安排购销业务，以利于调拨、运输计划的实施，同时也能避免因上市量的大起大落，影响市场价格。故在实际工作中，应建立预约登记、分批上市的制度。在具体收购中，应根据不同品种、运输时间、消费习惯、天气变化等情况，制定西瓜成熟标准。验收西瓜，要求只只过手，杜绝生瓜上市，以利于提高商品西瓜信誉，扩大销售。

（三）制订合理的购销价格

价格实行随行就市，根据经济杠杆原则调节市场供求关系。根据上市时间、品种、规格、质量以及供求关系等因素合理定价，对优质西瓜可适当地拉大价格差，以利于优良品种的推广。

（四）实行贴标签销售

有条件的生产单位或个人，可采取商标瓜和印子瓜，实行“三保”销售（保熟、保甜、保产地），以利于扩大销路，增加消费，促进生产。

（五）充分发挥各地瓜协的作用

目前全国许多县市相继成立了瓜类协会（有些地区叫瓜类研究会、专业合作社），它是由瓜农、县（市）乡、村科技人员参加的社区性服务型的群众组织，具有专业协会的性质。其主要任务是：积极引进和推广新技术、新品种，组织重点课题协作攻关，开展技术交流活动，发展瓜类科学技术；举办各种讲座、培训班，利用广播、幻灯、编印科技刊物、印发技术资料等多种形式普及种瓜技术；开展咨询服务，向广大瓜农和消费者提供各方面的服务。实践证明，各地瓜协在西瓜生产、经营中发挥了很大作用。

总之，商品西瓜经营要适应当前改革开放的形势，有利于生产的发展，有利于经营者提高经济效益，有利于消费者得到实惠。只有这样才能促进商品西瓜生产的稳定发展。

三、商品西瓜的收购及调运

（一）收购单位的组织形式

根据货源和调运数量的不同，收购的组织形式也不同。当收购数量很大时，一般应设立多个西瓜收购站。各收购站（点）的任务是组织好西瓜产地货源，按收购规格验质验级，把好质量关，及时收购，随时调运。当收购数量不很大时，可根据产地分布、收购量、调运去向等情况设 1～2 个收购站（点）。当收购调运数量小时，通常直接到西瓜产地收购，边收边运边结算。

（二）收购计划的制订与实施

当收购调运数量很大时，应在正式收购之前召开有关人员会议，对西瓜产地的货源情况及上市时间进行分析和现场考察，根据货源分布和现场考察结果以及客户的需求数量，制订出切实可行的收购计划。收购计划一般应尽早制订，收购之前再落实 1～2 次。

最初的收购计划可结合落实西瓜栽培面积，与生产单位签订收购合同，一般每亩瓜田可收购商品瓜 2000～3000 千克左右。在西瓜生长后期再进一步落实具体收购时间和收购数量。将各生产点的落实情况进行汇总，即可制订出本地区或可控范围的收购计划。

在具体实施收购计划时，应留有余地。一般可先按计划总收购量与客户的总需求量进行平衡，再按一定比例分配到各家各户。各收购站（点）在西瓜收购期间，要及时编报收购进度，一般每 5 天向西瓜收购办公室报 1 次。

（三）运输的方式方法

西瓜系鲜嫩易腐商品，要求边收购边调运，不要在货场积压。运输方式可根据产地选择。例如靠近港口码头的产地，可在码头附近设收购货场，组织货源由产地直送码头进行“水运”；如果靠近火车站的产地，可在火车站内的货场站台设收购站（点）进行“铁运”；产地附近既无港口又无火车站时，可组织车辆进行“汽运”。对急需的少量特供品种，有条件时也可进行“空运”。总之，为了及时调运和减少损伤，应尽量减少运输环节。能做到由产地直接运的就直运到客户，实在无法直运时，也要尽可能减少中转次数。

（四）包装及衬垫物

包装衬垫物可根据运输工具而定。汽车运输时一般散装；火车运输时多数散装加设木条挡门（敞篷车厢，其上再封盖苇席），少数采用包装（如纸箱、木板条箱、柳条筐、集装箱等）；轮船、飞机运输时，一般都采用各种包装（同上）进行运输。

（五）调拨及结算方法

原则上应按收购计划和与客户签订的合同书进行调拨，但如果因收购量减少或增多或因其他情况，需调整调拨计划时，可会同客户协商进行。调拨时，一般应由客户当面验收数量和质量，并在发运单上签字，以示负责。

结算方法可采用现金、划拨、信汇、限额支票以及电汇等。原则上发运一批结算一批，发运后即行结算。

第三节 西瓜的贮藏

西瓜成熟比较一致，上市过分集中，使市场供应突出地表现为淡、旺、淡的特点。因为淡旺季突出，所以市场上西瓜的季节差价很大，最早上市或最晚上市的价格往往比旺季市场的价格高出2～4倍。因此，搞好西瓜的贮藏保鲜，不仅对调节市场供应，满足消费者的需要具有十分重要的意义，而且对生产、经营单位还可增加经济收入。

一、影响西瓜贮藏的因素

影响西瓜耐贮运性的因素分内因和外因两类。内因方面主要是成熟度、瓜皮厚度与硬度、贮运期间瓜内部的生理变化等。外因方面主要是有无机械损伤，以及湿度、温度、病虫危害等。

（一）成熟度及瓜皮特性

作为贮藏的西瓜宜选择八成熟左右的瓜，九成熟以上者不宜作长期贮藏。瓜皮较厚、厚度较大且具有弹性的西瓜耐贮运性也较强。

（二）贮藏期间瓜内的生理变化

主要是含糖量和瓜瓤硬度的变化。在贮藏期间测定西瓜含糖量的变化，发现在最初20天内，可溶性固形物含量减少较大，由10.4%减少到7.3%，减少了29.8%，以后则缓慢减少。在贮藏期间瓜瓤的硬度逐渐下降，总的趋势也是前期下降快、后期下降慢。

（三）机械损伤

西瓜采收后，在搬运过程中常常造成碰压挤伤。由于西瓜大小和品种间的差异，这些损伤的程度可能不同。这些损伤在当时一般从外表都难以看出来，但经短时间的贮藏即可逐渐表现出来，如伤处瓜皮变软、瓜瓤颜色变深变暗、细胞破裂、汁液溢出、风味变劣等。

（四）温湿度的影响

西瓜贮藏期间，在不受冻害的前提下，尽量要求较低的温度，最好维持在5～8℃。温度越高，呼吸消耗越大，后熟过程也越强烈，糖分和瓜瓤硬度的下降也就越大。而且温度高，有利于某些真菌的滋生，会造成西瓜的腐烂。对湿度的要求则不可过低，也不可过高，湿度过低易使西瓜失水多，皮变软；湿度过高，易滋生霉菌。据试验，以80%的相对湿度为宜。

二、提高西瓜耐贮运性的主要措施

（一）选择耐贮运的品种

凡是耐贮运的西瓜品种，大都瓜皮硬，而且具有弹性，含糖量和瓜瓤硬度的变化比较缓慢。

（二）适宜的成熟度

西瓜的产销运程在5天以上者，八成熟采收；运程在3～5天者，可于八成半熟采收；运程在3天以内者，可于九成至九成半熟时采收；当地销售者，可九成半至十成熟采收。

（三）减少机械损伤

从采收到运销过程中，要始终轻拿轻放。尽量减少一切碰、压、刺、挤等机械损伤。

（四）适宜的温湿度

在贮藏运输过程中，应避免温度和湿度过高或过低，作为长期贮藏的环境，以5～8℃的温度和80%的相对湿度最为适宜，可以有效地延长贮藏时间。

三、西瓜贮藏应注意的问题

西瓜的长期贮藏，关键在于控制其后熟过程和避免机械损伤。后熟过程不仅与品种特性有关，而且还与播种期有关。凡春播夏收的西瓜，一般均比夏播秋收的西瓜后熟过程短，所以一般夏播西瓜比春播西瓜耐贮藏。机械损伤则除与品种（特别是瓜皮特性）有关外，更主要的还与包装和运输工具等有关。因此，对拟贮藏的西瓜，应尽量做到以下几点：

（1）选种瓜皮较硬而且具有弹性的品种，或者选晚熟品种或进行延迟栽培。

（2）尽量避免一切机械损伤。

（3）在低温（5～8℃）和较适宜的空气湿度（例如 80%）条件下贮藏。

（4）贮藏场所和瓜应进行严格消毒，例如用 1%高锰酸钾溶液或 100～150 倍的福尔马林溶液喷洒贮藏场所。

（5）每隔 10 天左右进行一次倒垛，将不宜继续存放的西瓜挑出，先投放市场。

四、贮藏前的准备

（一）预冷

所谓预冷是指运输或入库前，使西瓜瓜体温度尽快冷却到所规定的温度范围，才能较好地保持原有的品质。西瓜采后距离冷却的时间越长，品质下降越明显。如果西瓜在贮运前不经预冷，品温较高，则在车中或库房中呼吸加强，引起环境温度继续升高，很快就会进入恶性循环，很容易造成贮藏失败。

预冷最简单的方法是在田间进行，利用夜间较低的气温预冷一夜，在清晨气温回升之前装车或入库。有条件的地方可采用机械风冷法预冷，采用风机循环冷空气，借助热传导与蒸发潜热来冷却西瓜。一般是将西瓜用传送带通过有冷风吹过的隧道。风冷的冷却速度取决于西瓜的品温、冷风的温度、空气的流速、西瓜的表面积等。

（二）贮藏场所及西瓜表面的消毒

西瓜贮藏场所及西瓜表面的消毒可选用福尔马林150～200倍液，或6%硫酸铜溶液，或倍量式波尔多液240倍液，或70%甲基硫菌灵可湿性粉剂800倍溶液，或15%～20%食盐水溶液，或0.5%～1%漂白粉溶液，或250毫克/千克抑霉唑，或0.1毫升/千克克霉灵，或40毫升/千克仲丁胺浸果剂，或1%葡萄糖衍生物等选择喷洒。

库房消毒可用喷雾器均匀喷洒，对其包装箱、筐、用具、贮藏架等也要进行消毒。西瓜可采用浸渍法消毒，消毒后沥干水分，放到阴凉处晾干，最好与预冷结合一起进行。

五、贮藏方法

（一）简易贮藏方法

1. 普通室内贮藏

选择阴凉通风、无人居住的空闲房屋作贮藏室。清扫干净，严格消毒，房屋内先铺放一层麦秸、高粱或玉米秸，然后摆放西瓜。西瓜按其在田里生长的阴阳面进行摆放，高度以2～3层为宜。房屋中留出1米左右的人行道，以便管理检查。白天气温高时，封闭门窗，减少人员进入。夜晚气温低开窗通风，温度最好控制在15℃以下，相对湿度保持在80%左右。

2. 用沙藏法保鲜

选择通风透光的房屋，打扫干净，用干净细河沙垫底15～20厘米，抢晴天的傍晚或阴天采收七成熟的西瓜，要求瓜形正、无损伤、无病虫害，每个西瓜留三个蔓节，在蔓节两端离节33厘米处切断，切口立即沾上干草木灰，以防细菌侵入。每个蔓节留一片绿叶，西瓜排放于沙床上，再加盖细河沙，盖过西瓜5厘米厚，三片瓜叶露于沙外，保瓜后熟。应注意几个问题：

（1）搬运西瓜时轻拿、轻装、轻放、防止损伤西瓜皮。

（2）沙床只贮藏一层西瓜，防止压伤。

（3）每10天用磷酸二氢钾50克水50千克进行叶面追肥，保持叶片青绿。

（4）表面的沙子干燥现白时适当喷水，以提高湿度。

（5）当天做沙床，当天采收、运输、贮藏。

3. 涂抹法

用鲜西瓜茎蔓研磨成浆喷涂西瓜，然后在普通房中进行贮藏，可贮藏85天，好瓜率可达80%。具体做法：处理的“药剂”是鲜的西瓜茎蔓，研磨成浆，经过滤后稀释为300～500倍液，喷湿西瓜表面，稍经晾干，即用包装纸（牛皮纸、旧报纸）包好，放到凉爽通风、不过分潮湿处存放。贮存过程中，每隔10天左右翻拣一次，把瓜顶变软、有霉烂个体处理掉。

4. 地窖贮藏

选择地势高燥、土层结构较坚实的地方，挖一个上口小、下口大、形似葫芦的地窖，深约3米，底部整平垫上1厘米厚的细沙，用200倍的福尔马林溶液进行消毒，然后趁凉将瓜入贮。沿窖四周分层摆放、中间留出空间以便检查和装卸。窖口留1米见方，并略高出地面，用支架撑起遮阴物遮阴、防雨。窖温保持在15℃左右，二氧化碳浓度2%～4%。用此法贮存，保鲜可达3个月。

5. 臭氧保鲜法

选择瓜秧健壮、瓜形端正、无病斑、七成熟的西瓜，剪掉秧蔓，戴瓜套捧拿，尽量避免振动或磕碰，运到贮窖内。窖内先进行消毒，西瓜分级存放，用柔软的草垫垫起，不要直接接触地面或塑料薄膜，上面覆盖松柔的草袋，防止灰尘及水珠落到瓜上。贮藏期间保持在4℃较好，高于5℃呼吸加强，低于3℃就会受冻。随着昼夜气温的变化及时增减保暖层，湿度保持在85%以上。适量放氧，定期翻运。施放臭氧，可以起到封闭和杀菌作用。150千克西瓜一昼夜需要20克臭氧，每隔12小时施放一次，每次15分钟，施放10克。隔5天戴干净手套轻轻将瓜翻动一次，发现病瓜及时挑出。贮藏西瓜的窖内不能同时存放其他水果或蔬菜。

6. 硅橡胶薄膜集装袋贮藏

硅橡胶薄膜集装袋贮藏是由 0.15～0.18 毫米厚的聚乙烯塑料薄膜做成的封闭袋，上有一定面积的硅橡胶气体交换窗（硅窗），对二氧化碳、氧气等有较高的选择通透能力，使集装袋内保持一定的氧气和二氧化碳浓度，并起到自动调节的作用。对不同品种和熟性的西瓜，只要调节硅窗，即可达到安全贮藏的目的。用这种方法保存西瓜，既简化管理又可提高贮藏效果，而且成本低。

7. 盐水保鲜

选取成熟的中等大的西瓜，放入15%盐水中浸泡，然后捞起晾干，再密封在聚乙烯口袋里，藏入地窖，也可在窖里设置木板做成集装箱，将西瓜放入箱内。采用这种方法贮藏保鲜西瓜，经一年取出时西瓜表皮仍然鲜嫩如初，香甜可口，味道不变。此法还可用于葡萄、黄瓜、苹果等的保鲜贮藏。

（二） 窑窖贮藏

窑窖是一种结构简单、建造方便、管理容易、贮藏效果良好的贮藏方式。窑窖的种类很多，如陕西的土窑洞（包括砖砌、石砌），河北、山东的棚窖，山西的窑窖，四川的吊金窖等。

1. 窑窖的建造

窑址选择地势高燥、土质较好的地方（立土）。为了充分利用窑外冷空气降温，特别注意选用偏北的阴坡。窑形根据地形而定，可以打平窑、直窑，也可打带有拐窑的子母窑。窑的结构要牢固安全，便于降温和保温。以平窑为例，窑内长度不短于 30 米，高 2.5～3 米，宽 3 米左右。门道深 3 米，宽 1.5 米左右，设三道门，门上留小通风窗。头道门为栅栏门；二道门紧靠一道门，要能关严；三道门位于门道的末端，加设棉被门帘。窑顶呈“人”字形，窑正中间设排气孔，底部直径 1.5 米，顶部 1 米左右，排气孔高度不少于窑长的 1/3，顶部高出地面。为了能迅速降低后部窖温，也可在窖内加设地下通风道。这种窖，门道长，窖身长，便于保持比较稳定的窖温。排气孔高而大，比一般土窖容易通风降温。因此贮藏效果较好。

棚窖建造时，先在地面挖一长方形的窖身，窖顶用木料、作物秸秆、土壤做棚盖，根据窖的深浅可分为半地下式和地下式两种类型。较温暖的地区或地下水位较高处，多采用半地下式，一般入土深1.0～1.5米，地上堆土墙高1.0～1.5米。寒窖的长度不限，视贮藏量而定，也不宜太长，为便于操作管理，一般20～50米为宜。窖顶上开设若干个窖口（天窗），供出入和通风换气用。窖口的数量和大小应根据当地气候特点而定，一般每隔8～10米设一个50厘米×50厘米的天窗。大型的棚窖常在两端或一侧开设窖门，以便于西瓜入窖，并加强贮藏初期的通风降温作用，天冷时再堵死。

2. 窑窖的贮藏方法与管理

（1）消毒　窑窖，特别是已贮藏过西瓜的旧窑，入库前一定要进行打扫和消毒，以减少病菌传播的机会。一般消毒可采用硫黄熏蒸（10克/米^3）或采用150倍的福尔马林溶液均匀喷布，然后密闭2天，再通风使用。地面可撒一层石灰。

（2）码垛　西瓜一般先包纸箱或装筐后再在窖内码垛。筐装最好立垛，筐沿压筐沿，“品”字形码垛，箱装最好采取横直交错的花垛，箱间留3～5厘米宽的缝隙。垛高离窖顶1米左右，下面用枕木或石条垫起，离地5～10厘米，以利通风，窖内层靠两侧码垛，中间留50厘米的走道。也有在窖内散装的，一般排2～3层。

（3）温度调节　温度调节是窑窖贮藏西瓜成败的关键。窑温一般是上部高，下部低；靠门外受外界影响大，后部比较稳定。一般在窑身中间部位设置温度计，固定时间观察窑温并记录。西瓜入窖后，窖内温度就会迅速上升，当高于贮藏的适宜温度，而窖外气温又较低时，应打开窖门及通风孔通风降温，特别要注意利用每天凌晨4～6时的低温或寒流通风降温。

（4）湿度调节　用干湿球度计观察窖内空气相对湿度，当相对湿度过高时，可通风换气予以降低，过低可采用撒湿锯末、喷水等方法提高湿度。

（5）质量检查　每隔10天左右进行一次倒架，将不宜继续存放的瓜挑出，先投放市场。采用这种方法，如果管理得当，一般贮藏期可达30～50天。

西瓜出窖后，要立即将窑窖打扫干净，封闭窖门，以保持窖内低温，为一下季贮藏创造条件。

（三）通风库贮藏

通风库贮藏是在良好的绝热建筑和灵活的通风设备条件下，利用库外昼夜气温变化的差异进行通风换气，使库内保持比较稳定而又适宜的贮藏温度。通风贮藏库应有冷气进口和热气出口的良好控制设备。自然温度的变化大，而贮藏库的温度要求保持相对恒温。为了防止库外高温影响库内西瓜的贮藏，对库房的墙壁、天花板、地面、门窗、通风设备等，均要求安装隔热材料。这种贮藏库，管理比较方便、贮藏费用低，适用于昼夜温差大的地区，只要修建合理，管理得当，就能取得较好的贮藏效果。而且，如果安装的隔热材料质量好，稍加改修，安装上制冷机，就可以成为简易冷库。

1. 通风库的建造

（1）库址选择　在建库的要求上，库底应距最高地下水位1.5米以上，地势开阔，通风良好。

（2）库墙的建筑　根据热阻系数计算，以双层砖墙中间加用绝热填充材料的结构较为理想。为减少建筑成本和提高绝热效果，尽量采用地下式和半地下式。

（3）库顶结构　采用“人”字形结构性能较好，库顶的内部设天花板，板上铺一定厚度的隔热材料，如干锯末、糠壳等，并铺油毡或塑料薄膜作防潮用。

（4）库门结构　最好建造分列式通风贮藏库，库门在通道之内，这样具有良好的气温缓冲地带，开关库门对库温的影响较小。

（5）通风设备　根据热空气上升，冷空气下降，形成对流的原理，利用通风设备导入低温的新鲜空气，排出西瓜在贮藏中释放出的二氧化碳、热量、水汽、乙烯等，使库内保持适宜的低温。

在导气方面，一般在库房基部设有导气筒或导气窗，每隔5～6米设置一个，口径为35厘米×35厘米。排气方面，一般在库顶设排气筒或排气窗，排气窗的多少和口径要与导气窗对应相等，建筑中应注意以下问题：在导气筒和排气筒的面积一定时，两者的垂直距离越大，通风效果越好；在导气口和排气口垂直距离一定时，通风的速度和导排气筒的面积成正比；在导气筒和排气筒的面积一定时，导、排气筒的数量越多，通风效果越好。导、排气筒均应设置隔热层，导气筒在地下的入库口和排气筒的出库口设活门，作为通风换气的调节开关。

2. 通风贮藏库的管理

（1）贮藏准备　在西瓜贮藏前及贮藏后，应进行清扫、通风、设备检修和消毒工作，消毒方法同窖窖贮藏。入库码垛也同窖窖贮藏。

（2）温湿度控制　通风库的管理工作，主要是根据库内外温差和西瓜要求的适宜温度，灵活掌握通风的时间和通风量，以调节库内的温湿度条件。为了加速库内空气对流，可在库内设电风扇和抽气机。

第九章 西瓜病虫害的防治

第一节 真菌性病害的防治

一、 西瓜叶枯病

西瓜叶枯病，多在西瓜生长中后期发生，一旦发生，如不及时防治，常造成叶片大量枯死，严重影响西瓜产量和品质。近几年有蔓延发展的趋势，在全国各西瓜产区均有发生。

（一） 症状

初期叶片上出现褐色小斑点，周围有黄色晕，开始多在叶脉之间或叶缘发生，病斑近圆形，直径 0.1～0.5 厘米，略呈轮纹状，很快形成大片病斑，叶片枯死。瓜蔓无病斑，不枯萎。

（二） 发病规律

以菌丝体和分生孢子在土壤中或病株残体上、种子上越冬，成为次年（季）初侵染来源。分生孢子借气流传播，形成再侵染，病害会很快进行传染。病菌在 10～35℃条件下均能生长发育。一般多发生在西瓜生长中期。西瓜果实膨大期，若遇到连阴天最易发病。

（三）防治方法

清理瓜田，减少病源；种子消毒［详见第二章第二节三（一）］。药剂防治：在发病初期，选用70％安泰生600倍液，或20％噻唑锌500倍液，或40％施佳乐600～800倍液，或50％扑海因1500倍液喷雾防治，10天喷1次，连喷2～3次。此外，还有25％剔病乳油、10％苯醚甲环唑乳剂、20％丙环唑乳剂或20％科献乳剂等。施用剂量因厂家、规格与含量不同而有所不同，请参阅该包装上的使用说明进行施用。

二、西瓜蔓枯病

西瓜蔓枯病又叫腐病、斑点病。西瓜的蔓、叶和果实都能受其危害，而以蔓、叶受害最重。

（一）症状

叶子受害时，最初出现黑褐色小斑点，以后成为直径1～2厘米的病斑。病斑圆或不正圆形，黑褐色或有同心轮纹。发生在叶缘上的病斑，一般的呈弧形。老病斑出现小黑点。病叶干枯时病斑呈星状破裂。

连续阴雨天气，病斑迅速发展可遍及全叶，叶片变黑而枯死。

蔓受害时，最初产生水浸状病斑，中央变为褐色枯死，以后褐色部分呈星状干裂，内部呈木栓状干腐。

蔓枯病与炭疽病在症状上的主要区别是，蔓枯病病斑上不产生粉红色黏物质，而是生有黑色小点状物。

（二）发病规律

西瓜蔓枯病是一种子囊菌侵染而成的。病菌以分生孢子器及子囊壳附着于被害部混入土中越冬。来年温湿度适合时，散出孢子，经风吹、雨溅传播为害。种子表面也可以带菌。病菌主要经伤口侵入西瓜植株内部引起发病。病菌在5～35℃的温度范围内都可侵染为害，20～30℃为发育适宜温度，在55℃温度条件下，10分钟即死亡。高温多湿，通风透光不良，施肥不足而植株生长衰弱时，容易发病。

（三）防治方法

1. 种子处理

播种前用60%高巧0.5～1倍拌种，阴干后播种，防止种子传病。

2. 加强栽培管理

创造比较干燥、通风良好的环境条件，并注意合理施肥，使西瓜植株生长健壮，提高抗病能力。要选地势较高、排水良好、肥沃的沙质壤土地种植。防止大水漫灌，雨后要注意排水防涝。及时进行植株调整，使之通风透光良好。施足基肥，增施有机肥料，注意氮、磷、钾肥的配合施用，防止偏施氮肥。发现病株要立即拔掉烧毁，并喷药防治，防止继续蔓延为害。

3. 药剂防治

瓜苗定植后，及时穴浇20%噻唑锌500倍液，或72%农用链霉素等药液，每株50～100毫升，每10～15天1次，连续浇灌2～3次。西瓜坐瓜以后，在发病初期选用20%噻唑锌500倍液+43%富力库3000～4000倍液喷雾根部，可停止发病，恢复植株健壮，保证西瓜生长。还可试用最新农药5%索菌、10%苯醚甲环唑乳剂。施用剂量详见该药包装。

三、西瓜炭疽病

西瓜炭疽病俗称黑斑病、洒墨水。炭疽病是瓜类作物的常见病，主要危害西瓜和甜瓜，也危害黄瓜、冬瓜等。此病除在生长季节发生外，在贮藏运输中也可发病，使西瓜大量腐烂。

（一）症状

炭疽病主要危害西瓜叶片及果实，也危害幼苗及瓜蔓；主要在西瓜生长的中、后期发生。

幼苗期发病，茎基部病斑黑褐色，缢缩，以致使幼苗突然倒伏死亡。子叶受害时，多在边缘出现圆形或半圆形病斑，呈褐色，上边长出黑色小点及淡红色黏稠物。这是病菌的分生孢子盘及黏孢子团。

叶片发病，最初呈水浸状圆形淡黄色斑点，很快变为黑色或紫黑色的圆斑，外围有一紫黑色晕圈，有的出现同心轮纹。病斑干燥时容易破碎。严重时病斑汇合成大斑，叶片干枯死亡。

蔓和叶柄发病，病斑圆形或纺锤形，黑色，稍凹陷。病斑上着生许多小黑点，呈环状排列。潮湿时，病斑上生出粉红色的黏物质。幼果受害后，发育不正常，多呈畸形。

（二）发病规律

西瓜炭疽病是由半知菌黑盘孢科炭疽菌属真菌侵害引起的。病菌在土壤中的病残体上或种子上越冬。种子带菌可侵入子叶。病菌的分生孢子，主要靠风吹、雨浅、水冲及整枝压蔓等农事活动传播。湿度大是诱发此病的主要因素，在温度适宜，空气相对湿度为87%～95%时，病菌的潜育期只有3天，相对湿度低于54%时，此病不能发生。温度在10～30℃都可以发病，最适温度为20～24℃。湿度越大，发病越重，高温低湿发病轻或不发病。另外，酸性土壤（pH 5～6），偏施氮肥、排水不良、通风不佳、西瓜植株生长衰弱以及重茬地，发病均严重。西瓜果实贮藏运输中亦可发病，并随果实成熟度而发展，果实越老熟，越易感染发病。果皮上的病菌是从田间带来的，雨后或浇水后马上收获，再放在潮湿的地方，发病更甚。

（三）防治方法

1. 选用无病种子或种子消毒

要从无病植株、健康瓜内采种。如种子可能带有病菌，应进行浸种消毒。

2. 加强栽培管理

曾发生过西瓜炭疽病的地，要隔3～4年再种西瓜，也不要种其他瓜类作物。西瓜要适当密植和及时进行植株调整，使之通风透光良好。不要用瓜类蔓叶沤肥，要施用不带菌的净肥，注意增施磷、钾肥，使西瓜生长健壮，不要大水漫灌，雨后注意排水防涝，果实下部要铺草垫高。随时清除病株、病叶，并烧毁。

3. 防止运输和贮藏中发病

要适时采摘，严格挑选，剔除病伤瓜，用40%福尔马林水剂100倍液喷布瓜面消毒。贮运中要保持阴凉，并注意通风除湿。

4. 药剂防治

在发病初期可选用：80%炭疽福美可湿性粉剂800倍液、70%代森锰锌可湿性粉剂500倍液、40%多福溴菌可湿性粉剂800倍液、50%咪鲜胺锰络合物可湿性粉剂1000倍液、50%福美双可湿性粉剂500倍液、10%恶醚唑水分散粒剂800倍液等中的任何一种药液喷雾，每隔7～10天一次，连喷3～4次。为防产生耐药性，以上药剂应交替使用。

四、西瓜枯萎病

枯萎病俗称蔓割病、萎凋病，是瓜类作物的主要病害之一。全国各地都有发生，以黄瓜、西瓜受害最重，冬瓜、甜瓜次之，南瓜、瓠瓜、葫芦等抗病。

（一）症状

西瓜整个生长期都能发病，但以抽蔓期到结瓜期发病最重。苗期发病，幼茎基部缢缩，子叶、幼叶萎蔫下垂，突然倒伏。成株发病，病株生长缓慢，下部叶片发黄，逐渐向上发展。发病初期，白天萎蔫，早晚恢复，数天后，全株萎蔫枯死，枯萎植株的茎基部的表皮粗糙，根茎部纵裂。潮湿时，茎部呈水浸状腐烂，出现白色至粉红色霉物，即病菌的分生孢子座和分生孢子。病部常流出胶质物，茎部维管束变成褐色。病株的根，部分或全部变成暗褐色、腐烂，很容易拔起来。

（二）发病规律

西瓜枯萎病菌为半知菌亚门、丛梗孢目、镰刀菌属的真菌。病菌在土或粪肥中的病残体上越冬，也可附着在种子表面越冬。病菌的生活能力很强，可在土中存活 5～6 年，通过牲畜的消化道后依然可以存活。种子、粪肥和水流等都能带菌传播。病菌从根部伤口侵入，也可直接从根毛顶端侵入。病菌在导管内发育，分泌毒素，堵塞导管，影响水分运输，引起植株萎蔫死亡。病菌在 8～34℃均能繁殖。在 pH 4.6～6.0 的土壤中，发病较重。另外，地势低洼、排水不良、磷钾肥不足、氮肥过量、大水漫灌和连作地，都会引起或加重枯萎病的发生。

（三）防治方法

1. 实行轮作及时拔除病株

病菌在土壤中存活时间长，连作地发病重，在生茬地发病轻或不发病。因此，发过西瓜枯萎病的地，最好隔 8～10 年再种西瓜。发现病株应立即拔掉烧毁，并在病株穴中灌入 20%的新鲜石灰乳，每平方米灌药液 3～5 千克。

2. 选用抗病品种和培育无病幼苗

注意选用高抗病品种。育苗时，苗床应选用未种过瓜类作物的无菌土作为床土。如床土可能带有病菌，可用 50%代森铵水剂 400 倍液浇灌消毒，每平方米床土用配好的上述药液 3～5 千克；也可用 50%多菌灵可湿性粉剂或 70%甲基托布津可湿性粉剂或 70%敌克松原粉，每平方米用药 10 克，与床土充分混匀后播种。要从健康无病的植株上留种，要用无病种子播种。如种子可能带有病菌，应浸种消毒。

3. 加强栽培管理

瓜地要选地势较高、排水良好、肥沃的沙质壤土地。雨后要注意排水，防止积水成涝。浇水最好沟浇，要防止大水漫灌。施足底肥，注意氮、磷、钾肥配合施用，防止偏施氮肥，特别是结瓜期更要控制氮肥的用量，以免引起蔓叶徒长，诱发枯萎病。不要用瓜类作物的蔓叶沤肥，避免施用带菌的堆肥和厩肥。新鲜的有机肥，必须充分发酵腐熟后才可施用。酸性土壤应施入适量石灰进行改良后才可种西瓜。

4. 嫁接换根

用葫芦、瓠瓜、新土佐等西瓜砧木进行嫁接，可有效地防止枯萎病的发生。

5. 药剂防治

（1）种子消毒　如种子可能带有病菌，应进行种子消毒。方法见第二章第二节三（一）。

（2）土壤消毒　播种或定植前，用40%五氯硝基苯或50%多菌灵可湿性粉剂1份加细干土200份充分拌匀，结合施用沟肥或穴肥时掺入沟、穴内，每亩使用原药1.3～1.5千克。

（3）零星灌根　发病初期对首先发病的零星植株用70%敌磺钠可湿性粉剂500～700倍液，或10%双效灵水剂200倍液，或50%苯菌灵可湿性粉剂800～1000倍液，或36%甲基硫菌灵悬浮剂400～500倍液，或50%多菌灵可湿性粉剂600倍液加15%三唑酮可湿性粉剂4000倍液灌根，每株病苗灌兑好的药液200～250毫升，隔4～6天灌1次，连灌2～3次。每次灌药应在晴天下午。

（4）全面防治　对轮作年限短或往年发病较重的地块，除采用以上措施外，还需进行全面防治。从西瓜伸蔓开始，特别当坐瓜后，可用50%多菌灵可湿性粉剂500倍液、50%立枯净可湿性粉剂800倍液、20%甲基立枯磷1000倍液、36%甲基硫菌悬浮剂500倍液等交替喷施，5～7天1次，连续4～5次。此外，还可结合根外追肥喷施0.3%聚能双酶水溶肥或0.3%磷酸二氢钾或0.3%黄腐酸钾水溶肥。对出现典型症状的单株，可用20%三唑酮乳油500倍液灌根，每株每次250毫升，连续3～4次。

（5）以水冲菌　对沙质土或透水性好的地块，可采用以水冲菌的方法防治枯萎病。老瓜区采用“水旱轮作”栽培西瓜和防止“水重茬”的做法，就充分证明了水对枯萎病菌的冲洗作用和菌随水走的真实性。山东省昌乐县的老瓜农当发现有枯萎病植株时，就立刻将这一病株根部周围用土围起一圈，随即浇满水，等水刚渗下去接着再灌。每天反复灌3～4次，非常有效。但仅限于沙土或透水性好的土地，黏性土效果差。

五、西瓜疫病

西瓜疫病又叫疫霉病，除危害西瓜外，甜横瓜、南瓜、西葫芦、冬瓜等也能感病。

（一）症状

疫病主要侵害西瓜茎叶及果实。

苗期发病，子叶上出现圆形水浸状暗绿色病斑，然后中部变成红褐色，近地面缢缩倒伏枯死。

叶片被侵害时，初期生暗绿色水浸状圆形或不正形病斑。湿度大时，软腐似水煮，干时易破碎。茎基部被侵害产生纺锤形凹陷暗绿色水浸状病斑，扩展到全果软腐，表面密生绵毛状白色菌丝。

（二）发病规律

西瓜疫病的病原菌是藻状菌。病菌以卵孢子等在土中的病残组织内越冬。次年条件适宜时，病菌借风吹、雨淋、水冲等由西瓜植株伤口侵入引起发病。发病适宜温度为28～32℃，最高温度为37℃，最低温度为5℃。排水不良或通风不佳的过湿地块发病重。降雨时病菌随飞溅的水滴附于果实上蔓延危为害。

（三）防治方法

（1）种子消毒　详见本书“西瓜育苗中种子处理”部分。

（2）及时排水　注意雨后及时排水，勿使瓜田积水，可防止或减轻此病。

（3）药剂防治　发病初期喷50%甲霜铜可湿性粉剂700～800倍液，或35%甲霜·唑铜可湿性粉剂800倍液，或70%乙磷·锰锌可湿性粉剂500倍液。每隔7～10天一次，连续2～3次。

六、西瓜霜霉病

霜霉病俗名烘叶、火烘、跑马干，除危害西瓜外，也危害黄瓜。

（一）症状

西瓜霜霉病仅危害西瓜叶片，一般是先从基部叶片开始发病，逐步向前端叶片上发展，发病初期，叶片上呈现水浸状淡黄绿色小斑点，随着病斑的扩大，逐渐变为黄绿色至褐色。因叶脉的限制，病斑扩大后呈多角形，而且变为淡褐色。空气潮湿时，叶背面长出灰褐色至紫黑色霉层，即病菌的孢囊梗及孢子囊。严重时，病斑连成片，全叶像被火烧烤过一样枯黄、脆裂、死亡。连阴雨天气，病叶会腐烂。

（二）发病规律

西瓜霜霉病菌为真菌中的藻状菌。病菌以卵孢子在土壤中的病叶残体上越冬，来年温湿度合适时，经风吹传播危害。病菌的卵孢子在气温 5～30℃、湿度适宜时都可萌发侵染为害，而以 15～25℃、湿度又大时发病最快。

另外，地势低洼、排水不良、种植过密、生长衰弱时都易发病。病菌还可在温室黄瓜上越冬，以后从黄瓜传播到西瓜上，所以靠近黄瓜的西瓜往往容易发病。

（三）防治方法

1. 农业防治

培育选栽壮苗。要选择地势高、排水良好的肥沃沙质壤土地种植，而且要远离黄瓜地。要施足基肥，增施有机肥和磷、钾肥。栽植密度适宜，注意植株调整使其通风透光良好。苗期浇水要选晴暖天气，并注意中耕松土，提高地温，促使幼苗生长健壮，增加抗病能力。在温室或大棚等保护地栽培，应严格控制温湿度，注意通风透光，适当控制浇水，切忌阴天灌水。拉秧清洁田园和高温烤棚灭菌。在拉秧拔园时，要把棚内的残枝、落叶、杂草等上茬残留物都清扫干净，运到棚外烧毁。然后选择连续晴朗的天气，严封大棚 6～7 天，使晴日中午棚内气温升高到 60～70℃，以这样的高温杀灭病菌，从而减少下茬侵染病害的菌源。

2. 药剂防治

（1）熏烟　在苗期或在发病初期，每亩用45%百菌清安全型烟剂200～250克熏烟。傍晚闭棚后，将烟剂分4～5份，均匀置于棚室中间，用暗火点燃，从棚室一头点起，着烟后关闭棚室，熏1夜，次日早晨通风，隔7日熏1次，视病情决定熏烟次数，一般熏3～6次。

（2）药剂喷施　发现中心病株立即喷洒雾剂，用58%雷金·锰锌可湿性粉剂700倍液、58%甲霜·锰锌可湿性粉剂700倍液、70%乙磷·锰锌可湿性粉剂700倍液、用72.2%霜霉威（普力克）水剂800倍液、75%百菌清可湿性粉剂600倍液、72%霜脲·锰锌（克露）可湿性粉剂700倍液、64%噁霜·锰锌（杀毒矾）可湿性粉剂500倍液交替喷施，每6～7天喷一次，连续喷雾3～4次。若霜霉病和细菌性角斑病混合发生时，为兼防两病，可用铜脂剂配药防治，用50%琥胶肥酸铜可湿性粉剂500倍液加40%三乙磷铝可湿性粉剂250倍液，或60%琥·乙磷铝可湿性粉剂600倍液，或50%琥胶肥酸铜可湿性粉剂500倍液加25%甲霜灵可湿性粉剂1000倍液，或100万单位硫酸链霉素150毫克/升加40%三乙磷铝可湿性粉剂250倍液等喷施。若霜霉病与炭疽病混发时，可选用40%三乙磷铝可湿性粉剂200倍液加25%多菌灵可湿性粉剂500倍液喷施。若霜霉病与白粉病混发时，可选用40%三乙磷铝可湿性粉剂200倍液加15%三唑酮（粉锈宁）可湿性粉剂2000倍液喷施。

七、西瓜白粉病

白粉病俗称“白毛”，是瓜类作物的严重病害之一，能危害西瓜、甜瓜、黄瓜、西葫芦、南瓜、西葫芦、南瓜、冬瓜等。

（一）症状

西瓜白粉病可发生在西瓜的蔓、叶、果等部分，但以叶片上为最多。发病初期，叶正面或叶背面出现白色近圆形小粉斑，以叶正面最多。以后病斑扩大，成为边缘不明显的大片白粉区。严重时，叶片枯黄停止生长。以后，白粉状物（病菌的分子孢子梗和分生孢子）逐渐变成灰白色或黄褐色，叶片枯黄变脆，一般不脱落。

（二）发病规律

西瓜白粉病为子囊菌侵染发病。病菌附于植株残体上在土表越冬，也可在温室西瓜上越冬。病菌主要由空气和流水传播。白粉病菌发育要求较高的湿度和温度，但病菌分生孢子在大气相对湿度低至25%时也能萌发，叶片上有水滴时，反而萌发不利。分生孢子在10～30℃内都能萌发，而以20～25℃为最适宜。田间湿度较大；温度在16～24℃时，发病严重。植株徒长，蔓叶过密，通风不良，光照不足，均有利于发病。

（三）防治方法

1. 农业防治

选用抗病品种。加强栽培管理，注意氮、磷、钾肥的配合施用，防止偏施氮肥。培养健壮植株。注意及时进行植株调整，防止叶蔓过密，影响通风透光。及时剪掉病叶烧毁，防止蔓延。

2. 药土防治

定植时在栽植穴内撒施药土，还可兼治枯萎病。药土配方：每亩用50%多菌灵可湿性粉剂85～100克，按1份药、50份细干土的比例，将药土混合均匀就可使用。

3. 喷药防治

用15%三唑酮可湿性粉剂2000倍液、50%苯醚甲环唑水分散粒剂600倍液、70%甲基硫菌灵可湿性粉剂1000倍液、40%氟硅唑乳油600倍液交替喷施，7天1次，连续3～4次。发病重时，用50%可湿性硫黄粉与80%代森锌可湿性粉剂等量混匀，然后兑水700倍喷雾。此法还可兼治炭疽病、霜霉病。

八、西瓜猝倒病

猝倒病为西瓜苗期的一种主要病害。

（一）症状

发病后先在瓜苗茎部出现水渍状，维管束缢缩似线，而后倒折，病部表皮极易脱落，病株在短期内仍呈绿色。

（二）发病规律

猝倒病菌活动要求较低的温度和较高的湿度，在 15～16℃、土壤相对湿度 85%以上时发病最快。苗床温度低、湿度高；夜间冷凉、白天阴雨时发病严重。

（三）防治方法

1. 农业防治

以防为主。要加强苗床管理，培育壮苗，增强幼苗抗病力。苗床及时通风，控制适宜的温湿度，可防猝倒病发生。对已发病的幼苗，应及时拔除烧掉。

2. 土壤消毒

（1）苗床土药剂处理　每 100 千克床土加入 70%敌磺钠可湿性粉剂 50 克充分混合均匀装钵（育苗盘）或作育苗土。

（2）药土覆盖种子　直播时，用 50%多菌灵可湿性粉剂 50 克或 40%五氯硝基苯粉剂 200 克，加细干土 100 千克配成药土，当播种后作覆盖种子用土（厚度一般为 1 厘米）。

（3）苗期喷药　出苗后发病可用 25%瑞毒霉可湿性粉剂 600 倍液或 64%杀毒矾可湿性粉剂 500 倍液喷施根茎部。幼苗发病可用 58%甲霜·锰锌可湿性粉剂 800 倍液、72%霜脲·锰锌可湿性粉剂 800 倍液、70%敌磺钠可湿性粉剂 500 倍液、69%烯酰·锰锌可湿性粉剂 1000 倍液交替喷施，6～7 天 1 次，连续 2～3 次。

（4）兼治用药　如果有立枯病同时发生，可用 75%百菌清可湿性粉剂加绿亨 3 号 800 倍液，或 72%普力克加 50%福美双可湿性粉剂 800 倍液喷雾。7～10 天 1 次，连续 3～4 次。

九、西瓜立枯病

（一）症状

多发生于床温较高或育苗后期。幼苗自出土至移栽定植都可以受害。早期病苗白天萎蔫，晚上可恢复。主要被害部位是幼苗茎基部或地下根部，初在茎基部出现暗褐色椭圆形病斑，并逐渐向里凹陷，边缘较明显，扩展后绕茎一周，致茎部萎缩干枯后，瓜苗死亡，但不折倒，潮湿时病斑处长有灰褐色菌丝。根部染病多在近地表根茎处，皮层变褐色或腐烂。开始发病时苗床内仅个别苗在白天萎蔫，夜间恢复，经数日反复后，病株不猝倒，死亡的植株是立枯不倒伏，故称为立枯病。另外，病部具轮纹或不十分明显的淡褐色蛛丝状霉，即病菌的菌丝体或菌核，且病程进展较缓慢，这也有别于猝倒病。

（二）发病规律

立枯病由半知菌亚门、丝核菌属真菌浸染所致。该菌生育适温为17～28℃，湿度大，有利于菌丝生长蔓延。病菌腐生性强，以菌核和菌丝在土壤中可存活4～5年。湿度大是诱发立枯病的重要条件。苗床保温差、湿度过大、幼苗过密、通风不良等均可加重病害。

（三）防治方法

宜采取栽培技术防治与药剂防治相配合。

1. 种子消毒

用占种子重量0.2%的40%拌种双拌种，即每1000克种子用40%拌种双2克拌种。

2. 土壤消毒

播种前、后分别铺、盖药土，可用40%五氯硝基苯与福美双1∶1混合，也可单用40%拌种双粉剂，或40%根腐灵粉剂，按每平方米苗床用药8克于细土部分，施法同猝倒病的防治。

3. 加强管理

直播后加强田间管理；育苗时，加强苗床管理，注意科学放风调节温湿度，防止苗床温度和湿度过高。

4. 药剂防治

发病初期喷淋20%甲基立枯磷乳油（利克菌）1200倍液，或36%甲基硫菌灵悬浮600倍液，或15%恶霉灵水剂450倍液，或

5%井冈霉素水剂1500倍液。立枯病与猝倒病混发时，可用72.2%普力克水剂1000倍液加50%福美双可湿性粉剂1000倍液喷淋。每平方米苗床喷药水2～3升，7～10天喷1次，连续2次。

十、西瓜白绢病

西瓜白绢病在长江以南地区发生较多，除西瓜外，甜瓜、黄瓜等类作物也常发生。

（一）症状

病菌主要侵害近地部的瓜蔓和果实。发病初期，病部呈水渍状小斑，病斑扩大后由浅褐色变黑褐色，其上生出白色丝状菌丝体，多数呈辐射状，边缘特别明显。后期在病斑部可产生许多茶褐色油菜籽开头的小菌核。病情进一步发展，可造成近地部瓜蔓基部腐烂，叶片萎蔫，直至枯死。

（二）发病规律

病菌以菌核在土壤中越冬，次年萌发生出菌丝而侵染西瓜基部茎蔓。病菌借流水、压蔓整枝等传播引起侵染。菌核在土壤中可存活5～6年。病菌发育最适温度为32～33℃，适温范围为8～40℃，但在高湿高温条件下发病较重。酸性土壤和棚室连作发病严重。

（三）防治方法

1. 农业防治

（1）在南方可进行水旱轮作。

（2）施用腐熟有机肥。

（3）酸性土壤施用石灰。

（4）早期发病株及时拔除并深埋。

（5）西瓜采收后，彻底清理田间残株，集中深埋或烧毁。

2. 药剂防治

（1）喷药防治　50%腐霉利可湿性粉剂1000倍液、50%代森铵可湿性粉剂1000倍、50%异菌脲可湿性粉剂1000倍液、50%甲基硫菌灵可湿性粉剂500倍液在西瓜茎蔓基部浇灌，每株每次250毫升，5～7天1次，连续2～3次。

（2）药剂灌根　可用以下药剂之一灌根：72%霜脲·锰锌（克露）可湿性粉剂700倍液、50%多菌灵可湿性粉剂500倍液、58%甲霜·锰锌可湿性粉剂500倍液、64%噁霜·锰锌可湿性粉剂500倍液浇灌西瓜茎基部，隔7～10天再灌1次，每株灌药液250毫升。

十一、西瓜灰霉病

西瓜灰霉病是西瓜常见多发病，全国各地均有发生。

（一）症状

苗期发病幼叶易受害，造成“龙头”（瓜蔓顶端）枯萎，进一步发展，全株枯死，病部出现灰色霉层。幼果发病，多发生在花蒂部，初为水浸状软腐，以后变为黄褐色并腐烂、脱落。受害部位表面，均密生灰色霉层。

（二）发病规律

病菌以菌丝体和菌核随病残体在土壤中越冬，次年春天菌丝体产生分生孢子、菌核萌发产生分生孢子盘，并散布分生孢子，借气流和雨水传播，危害西瓜幼苗、花及幼果，引起初侵染，并在病部产生霉层，进一步产生大量分生孢子，再次侵染西瓜。入秋气温低时，又产生菌核潜入土壤越冬。病菌生长适宜温度为22～25℃，存活温度为−2～33℃，分生孢子形成的相对湿度为95%。所以在高温高湿条件下，病害发生较重。

（三）防治方法

1. 农业防治

（1）轮作　实行3年以上的轮作换茬。

（2）苗土消毒　育苗床或定植穴用70%敌克松原粉1000倍液，每平方米育苗床或定植穴浇灌药液4～5千克。

（3）施肥　施用充分腐熟的有机肥。

(4) 棚室消毒　用百菌清烟剂或扑海因烟剂熏棚，每棚用药0.25千克，8～10天熏1次，连熏2～3次。

2. 药剂防治

(1) 生物制剂　可选用1%武夷菌素（BO-10）200倍液，每亩喷洒20～30升，每隔7天左右喷1次，连续喷2～3次。

(2) 化学农药　可用25%三唑酮可湿性粉剂3000倍液、50%腐霉利可湿性粉剂1000倍液、3%多抗霉素可湿性粉剂800倍液、25%嘧菌酯悬浮剂1500～2000倍液、50%多菌灵可湿性粉剂500倍液、70%甲基硫菌灵可湿性粉剂800倍液交替喷施，7～10天1次，连续2～3次。

第二节　细菌性病害的防治

一、细菌性果腐病

西瓜果腐病是一种毁灭性细菌病害，主要侵染西瓜果实，有时也侵染叶片和幼苗。该病菌由国外传入，近年来，我国东北、西北等地时有发生。

（一）症状

发病初期，果实表现出现水渍状斑点，后逐渐发展扩大为边缘不规则的深绿色水浸状大斑。果面病斑连片后可致使西瓜表皮溃烂变黄而开裂，最后造成果实腐烂。叶片感病后，瓜叶背面初为水浸状小斑点，后变成黄色晕圈斑点。西瓜幼苗一旦感病，整株出现水浸状圆斑，迅速扩大后使全株溃烂死苗。

（二）发病规律

潮湿多雨或高温是本病发生的有利条件。该菌在土壤中存活时间很短，只有8～12天，其传染途径主要为种子带菌。

（三）防治方法

1. 加强种子检疫

要特别防止进口种子带菌。

2. 种子消毒

方法见第二章第二节三（一）有关部分。

3. 拔除病株

发现病株应及时拔掉，带出瓜田深埋。

4. 药剂防治

发病初期可用72%农用链霉素可湿性粉剂4000倍液、50%琥胶肥酸铜可湿性粉剂500倍液、14%络氨铜水剂300倍液、20%噻唑锌悬浮剂600倍液、47%春·氧氯化铜可湿性粉剂700倍液交替喷施，7～10天1次，连续2～3次。

二、细菌性角斑病

细菌性角斑病，是西瓜大田生产中后期和棚室生产前期多发、常见的细菌病害，若控制不好，危害较大。

（一）症状

主要侵染叶片、叶柄、茎蔓，卷须和果实上也可发病，但不常见。在子叶上病斑呈水浸状圆形或近圆形凹陷小斑，后期病斑变为淡黄褐色，并逐渐干枯。在真叶上，病斑初为透明水浸状小斑点，以后发展成沿叶脉走向的多角形黄褐斑。潮湿时，叶背病斑处可见白色菌液，后变为淡黄色，形成黄色晕圈。干燥时，病斑中央呈灰白色，严重时呈褐色，质脆易破成多边状。茎蔓、叶柄、果实发病时，初为水浸状圆斑，以后逐渐变成灰白色。潮湿时，病斑处有白色菌液溢出。干燥时，病斑变为灰色而干裂。

（二）发病规律

种子带菌，发芽后细菌侵入子叶；土壤带菌，细菌随雨水或浇水溅到蔓叶上均可造成初次侵染。病斑所产生的菌液，可通过风雨、昆虫、整枝打杈等进行传播。细菌通过叶片上的气孔或伤口侵入植株。开始先在细胞间繁殖，后侵入组织细胞内扩大繁殖，直至侵入蔓叶的维管束中。果实发病时，细菌沿导管进入种子表皮。在高温高湿的条件下，有利于病菌的繁殖，所以发病较重。

（三）防治方法

1. 种子消毒

用 50～55℃温水浸种 20 分钟或用 200 毫克/升的新植霉素或硫酸链霉素浸种 2 小时。

2. 农业防治

清除病残叶和病瓜；避免重茬，与非瓜类蔬菜 2～3 年轮作；掌握轻浇水和及时放风排湿，控制和降低棚室内土壤和空气湿度。控制苗床或棚室适宜西瓜生长的温湿度，特别应适当降低湿度，提高地温，整枝打杈时，遇到病株，在摘除病叶、病蔓后，要远离瓜田深埋，并用肥皂充分洗手后或用 75％酒精擦手后再到瓜田继续进行整枝打杈等管理工作。

3. 农药防治

（1）种子消毒　首先避免从疫区引种或从病株上采种。种子消毒的方法是：可用 55℃温水浸种 15 分钟或用 50％代森铵 600 倍液浸种 1 小时，或用 40％甲醛 150 倍液浸种 1.5 小时，清水洗净后催芽，或用 100 万单位硫酸链霉素 500 倍液浸种 2 小时后催芽，或用氯霉素 500 倍液浸种 2 小时后催芽播种。

（2）喷药防治　发病初期用 50％琥胶肥酸铜可湿性粉剂 600 倍液、50％甲霜铜可湿性粉剂 600 倍液、72％硫酸链霉素可溶性粉剂 3000 倍液、72％氢氧化铜水分散粒剂 400 倍液交替喷施，6～7 天 1 次，连续 2～3 次。

三、细菌性叶斑病

（一）症状

该病害可为害西瓜的叶片、叶柄和瓜蔓。初期病斑呈水渍状针头大小斑，后病斑扩大，呈圆形或多角形，病斑周边有黄晕，背面不易见到菌脓，对光可见病斑呈透明状。病害一般从西瓜下部向上发展，几天后造成整株西瓜干枯，严重时连片西瓜死亡。

（二）发生规律

该病害病菌主要通过种子、流水、灌溉水以及劳动工具进行传播。当气候条件为高温、高湿和通风条件不良时，病害容易发生流行。

（三）防治方法

1. 种子消毒

播种前使用40%福尔马林150倍液浸种1小时，或100万单位硫酸链霉素500倍液浸种2小时。

2. 发病期用药

使用77%多宁600倍液，或2%佳爽1000倍液+20%叶枯唑600倍液，或2%春雷霉素1000倍液+20%叶枯唑600倍液，进行叶面喷施。5～7天1次，连续2～3次。

四、细菌性青枯病

西瓜细菌性青枯病又称西瓜凋萎病。过去只发生在我国南方局部地区，近年来，随着棚室等保护地栽培的发展，北方如河北、山东、河南等西瓜老产区也不断发现细菌性青枯病，且发病面积有逐年扩大、发病程度有逐年严重的趋势。

（一）症状

西瓜茎蔓发病时，受害处初为水浸状不规则病斑，后侵染扩展，可环绕茎蔓一周，病部变细，两端仍呈水浸状，茎蔓前端叶片出现萎蔫，自上而下萎蔫程度逐渐加重。

剖视病蔓，维管束不变色，但用手挤压病斑严重处，可见有乳白色黏液自维管束断面溢出。此病不侵染根系，故根部不变色、不腐烂。这也是与西瓜枯萎病相鉴别的特征。

（二）发病规律

细菌从伤口侵入植株，引起初次侵染。细菌在25～30℃条件下，迅速繁殖，其浓度可阻塞、破坏西瓜蔓叶的维管束，从而引起蔓叶萎蔫甚至凋枯而死。只要温度适宜细菌繁殖，西瓜整个生育季节均可发病。病菌传播主要为某些食叶甲虫类害虫，如黄条跳甲、象鼻虫等。瓜田甲虫发生越严重或管理越粗放，青枯病发生就越严重。此外，当温度在18℃以下或33℃以上时，也不发生青枯病。

（三）防治方法

1. 农业防治

结合虫害防治，检查田间或棚室内食叶甲虫类害虫的发生发展情况，一旦发现及时扑杀或喷药专防（详见虫害防治部分）。发现有萎蔫病株，要立即拔除，并将其带出棚室深埋。

2. 土壤消毒

育苗土用2％福尔马林液喷施消毒。

3. 药剂灌根

发病植株可用20％噻菌铜悬浮剂1000倍液或72％硫酸链霉素可湿性粉剂3000倍液灌根，每次每株0.25～0.5升，5～7天1次，连续2～3次。

4. 叶面喷施

发病前后用78％波尔·锰锌可湿性粉剂500倍液或25％琥胶肥酸铜可湿性粉剂600倍液，或47％春·氧氯化铜可湿性粉剂700倍液交替喷施，7～10天1次，连续2～3次。

第三节　病毒病的防治

西瓜病毒病也叫毒素病、花叶病，俗称疯秧子、青花。近年来，西瓜病毒病有发展趋势，已成为西瓜生产中的一种主要病害。

（一）症状

西瓜病毒病分花叶和蕨叶两种类型。花叶型的症状，主要是叶子上有黄绿相间的花斑，叶面凹凸不平，新生出的叶子畸形，蔓的顶端节间缩短。蕨叶型（即矮化型）的症状，主要表现为新生出的叶子狭长、皱缩、扭曲。病株的花发育不良，难以坐瓜，即使坐瓜也发育不良，而成为畸形瓜。

（二）发病规律

西瓜病毒病主要是由甜瓜花叶病毒侵染引起的。本病毒还可侵染西葫芦。西瓜种子可以带病毒传播。春季在甜瓜上最先发病，可由蚜虫带毒传染给西瓜。春西瓜多在中后期发病。天气干热，干旱无雨，阳光强烈，是主要的发病条件。西瓜植株缺肥，生长势弱，容易感病。在西瓜生长期间，病毒主要靠蚜虫带毒传播。另外，进行整枝、打杈等田间管理工作时，也可将病毒从病株传至健康株，病毒从伤口侵入而发病。

（三）防治方法

1. 农业防治措施

选用抗病品种，建立无病留种田。如种子可能带有病毒，应进行浸种消毒。

种植西瓜的地块要远离菜园，也不要靠近甜瓜地；有西瓜地里带种甜瓜习惯的应改掉，防止甜瓜、西葫芦上的病毒经蚜虫传给西瓜，发现病株要立即拔除烧掉。在进行整枝、授粉等田间管理工作时，要注意减少损伤，打杈时要在晴天阳光下进行，使伤口迅速干缩，而且要对健康植株和可疑病株（如病株附近的植株）分别进行打杈，防止接触传病。

加强田间管理，施足基肥，注意追肥，增施钾肥，及时浇水防止干旱，并做好植株调整工作，使西瓜植株生长健壮，提高抗病能力。

2. 及时消灭蚜虫

防治方法详见虫害防治部分。

3. 药剂防治

（1）种子消毒　10%磷酸三钠液浸种20～30分钟，冲洗净药液后催芽播种。

（2）土壤消毒　育苗土可用福尔马林消毒。每立方米育苗土用40%福尔马林液400毫升充分拌匀堆积覆膜，经2～3天堆闷后再装钵（育苗盘）。棚室栽培西瓜，可用闷棚熏蒸土壤消毒。每平方米用溴甲烷50克，放药后密闭棚室48～72小时。

（3）喷施药剂　可用20%病毒A可湿性粉剂500倍液、40%病毒灵可溶性粉剂1000倍液、2%宁南霉水剂200倍液、22%烯羟硫酸铜可湿性粉剂1500倍液、7.5%菌毒·吗啉胍水剂500倍液、3.85%三氮唑铜锌水乳剂600倍液、1.5%植病灵水剂1000倍液交替喷施；发生花叶病毒病时，可用45%吡虫啉微乳剂3000倍液＋6%乙基多杀菌悬浮液800倍液＋10%盐酸吗啉胍可湿性粉剂1000倍液喷施。5～7天1次，连续3～4次。

第四节　生理性病害的防治

一、锈根病和烧根

锈根病也叫沤根、烂根毛病。在苗床或移栽定植后，遇到低温、阴雨天时易发生这种病。

（一）症状

幼苗生长极慢，以致叶片萎蔫。根部最初呈黄锈色，以后变黏腐烂，而且迟迟生不出新根来。

（二）发病规律

西瓜锈根病是一种生理性病害。如苗床管理不当，或阴雨天，气温下降，苗床无法通风晒床，土壤低温高湿，根系生长发育受到抑制或根毛死亡等原因，均可发生锈根病。

土壤温度过低、湿度过大是发生锈银病的根本原因。在土壤低温高湿条件下，根系发育受阻，根部的再生能力、吸收机能和呼吸作用遭到严重抑制，根毛大批死亡，进而使地上部萎蔫。

（三）防治方法

以综合措施为主，如多施有机肥料作基肥，选择晴朗天气定植，定植不要过深，灌水量不要过大，勤中耕松土以及培育大苗，移栽多带土（营养钵、营养纸袋或割大土坨）等，可避免或减少锈根病的发生。

烧根也是一种生理病害。发生烧根时，根系发黄，不发新根，但不烂根，地上部生长缓慢，植株矮小脆硬，形成小老苗。烧根主要是施肥过多及土壤干燥造成的。苗床土中施用没有充分腐熟的有机肥，或者有机肥、化肥不与床土充分混合，都易发生烧根。因此，配制苗床土时，用肥量要适当，特别是不要施用化肥过多，一定要用充分腐熟的有机肥；各种肥料要与床土充分拌匀。苗床浇水要适宜，注意保持土壤湿润，勿使苗因床土缺水而烧根。已经发生烧根时要适当增加浇水量，降低土壤溶液浓度。浇水后应十分重视苗床的温度变化，晴天白天尽量加大通风量，以降低苗床内湿度；夜间则应当以保温为主，适当提高床温有利于根系恢复生长，促发新根。浇水以湿透床土为宜，防止浇水过多和床土长期过湿。因这时苗根已十分衰弱，如果浇水过多或床土长期过湿，有可能导致幼苗发生沤根而无法救治。

二、西瓜叶白枯病

西瓜叶白枯病是一种生理性病害，多在西瓜生长中后期发生。

（一）症状

发病初期由基部叶片、叶柄表皮老化、粗糙开始，且叶色变淡，逆光透视叶片，可见叶脉间有淡黄色斑点。发展后，病斑叶肉由黄变褐，数日后叶面形成一层像盐斑似的凹凸不平的白斑。

（二）发病规律

此病发生与根冠比失调有关，特别与强整枝、晚整枝有关。侧蔓摘除越多、摘除越晚或节位越高时，发病越重。

（三）防治方法

（1）及时整枝，低节位打杈。

（2）叶面喷施光合微肥，或0.3%～0.4%磷酸二氢钾水液，每亩每次60升水液，3～5天1次，连续2～3次。

三、西瓜卷叶病

西瓜卷叶病为生理性病害。当土壤中缺镁或植株坐瓜过多、生长势过弱时，坐果节及附近节位的叶片易发生该病。

（一）症状

发病时叶脉间出现黑褐色斑点，发展后扩大遍及全叶，最后叶片上卷而枯死。坐果节位及相邻高节位叶片易发病，严重时基部节位叶片也会发病。

（二）发病规律

不坐瓜或徒长植株不发病。土壤缺镁易发病。嫁接栽培者，葫芦砧比南瓜砧易发病。土壤水分波动过大（忽涝忽旱）时易发病。整枝不当（过早、过重、摘心不当），使植株内的磷酸在局部叶片累积，从而使其老化、卷曲。

（三）防治方法

（1）培育壮苗，适时、适当整枝。合理灌水，勿使土壤忽干忽湿，波动剧烈。

（2）增施有机肥料，特别注意适当增施磷、钾和微量元素肥。提高植株长势，合理留瓜（勿使坐果过多）。

（3）叶面喷施0.5%硫酸镁或复合微肥，5～7天1次，连续2～3次。

第五节　虫害的防治

一、瓜地蛆

（一）形态和习性

瓜地蛆的成虫，是一种淡灰黑色的小苍蝇，体长4～6毫米（雄成虫较小，雌成虫较大），复眼、赤褐色，腹背面中央有一条灰黑色纵线，第三、四节腹背板中央有较明显的长三角形黑色条纹，全身生有黑色刚毛，而以胸背部的刚毛最明显（图9-1）。幼虫即瓜地蛆，蛆状，体长6～7毫米，白色，头咽骨黑色，体末臀节斜切状，周缘有5对三角形小突起，各突起的末端都不分叉，肾为纺锤形，尾端略细，长4.5～4.8毫米，淡黄褐色，尾端灰黑色，外壳很薄，半透明。

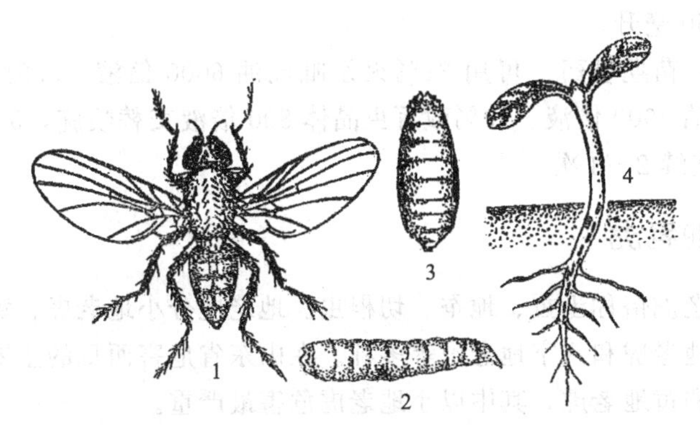

图9-1　瓜地蛆及成虫

1—瓜种蝇（成虫）；2—瓜地蛆（幼虫）；3—蛹；4—西瓜子叶苗被害状

种蝇一年发生3～4代，以蛹在粪土内越冬，春天孵化，4月份开始在田间活动。成虫喜在潮湿的土面产卵，每只雌蝇可产卵150粒左右。卵期在10℃以上7～8天，老熟幼虫在土内化蛹。

（二）危害状况

瓜地蛆除危害西瓜外，还危害甜瓜、黄瓜等其他瓜类、豆类等多种蔬菜及玉米、棉花等作物，是一种主要的地下害虫。瓜地蛆常常三五成群地危害瓜苗表土下的幼茎（即下胚轴），使已发芽的种子不能正常出土，或从幼苗根部钻入，顺着幼茎向上危害，使下胚轴中空、腐烂，地上部凋萎死亡，引起严重缺苗。

（三）防治方法

1. 农业防治措施

要施用充分腐熟的有机肥。人粪尿、圈肥在堆积发酵期间要用泥封严，防止成虫聚集产卵。种植西瓜时最好不用大田直播法，而采用大田移栽法，以防止种蝇聚集在播种穴上产卵。

2. 药剂防治

（1）种子消毒　温汤浸种或快速烫种方法。

（2）苗床灌根　用1.8%阿维菌素乳油2000倍液、5%除虫菊素乳油1500倍液、90%敌百虫晶体800倍液交替灌根，每次每穴200～250毫升。

（3）苗期喷药　可用21%灭杀吡乳油6000倍液、2.5%溴氰菊酯乳油3000倍液、90%敌百虫晶体800倍液交替喷施，5～7天1次，连续2～3次。

二、地老虎

地老虎俗称土蚕、地蚕、切根虫。地老虎分小地老虎、黄地老虎、大地老虎和八字地老虎等多种。在山东省危害西瓜的主要是小地老虎和黄地老虎，其中以小地老虎危害最严重。

（一）形态和习性

1. 小地老虎

成虫体长19～23毫米，翅展开40～50毫米，灰黑色至棕褐色，所以又叫黑地老虎。小地老虎成虫的主要特征在前翅，翅窄长，呈船桨形，有内外横线、楔形纹、环形纹及肾形纹；肾形纹外侧有一条黑色的“一”字纹。幼虫体长可达 50 毫米。幼虫背部淡灰褐色，两侧颜色较深，体表有明显的大小颗粒状突起，臀板上有“］［”形褐色斑纹。卵半球形，橘子状。蛹体长 26～30 毫米，淡红褐色（图 9-2）。

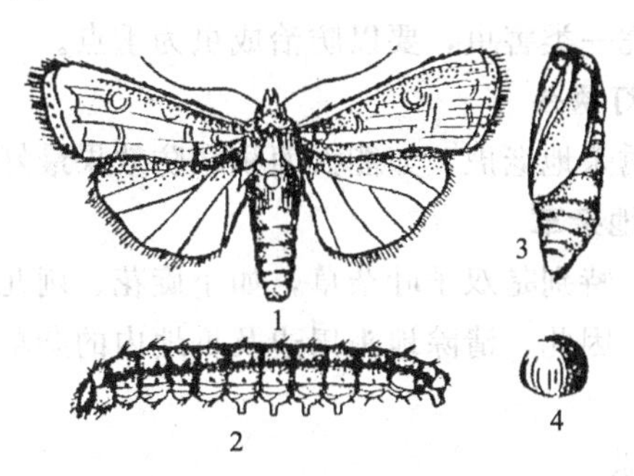

图 9-2　小地老虎

1—成虫；2—幼虫；3—蛹；4—卵

小地老虎每年可发生 3～5 代，在山东省和华北地区通常只发生 3 代。大部分地区第一代幼虫于 5 月下旬至 6 月上旬危害西瓜主蔓或侧蔓，特别在阴雨天危害较重。1 只雌蛾可产卵千粒左右，卵散产在地面或西瓜蔓叶上。第一代卵期 5～6 天，孵出的幼虫先在嫩叶上啃食，3 龄后转入土内，昼伏夜出危害。幼虫有伪死习性。幼虫共 6 龄，4 龄以后危害最重，以蛹越冬。

2. 黄地老虎

成虫体长 14～20 毫米，翅展 32～44 毫米，土褐色或暗黄色。前翅略窄而短，表面斑纹变化较大，有的内外横线、环形纹、肾形纹、楔形纹都比较明显（多为雄成虫），有的前翅为灰黑色，只是肾形纹较清楚（多为雌成虫）。

黄地老虎每年可发生 3 代。第一代幼虫 5～6 月发生为害，第二代幼虫 8～9 月发生为害。

（二）危害状况

小地老虎和黄地老虎对西瓜的危害状况基本相同。在 3 龄以前，多聚集在嫩叶或嫩茎上咬食，3龄以后转入土中，昼伏夜出，常将幼苗咬断并拖入土穴内咬食，造成缺苗断垄，或咬断蔓尖及叶柄，使植株不能生长。

（三）防治方法

防治地老虎一类害虫，要以防治成虫为重点。

1. 用黑光灯诱杀

用黑光灯诱杀地老虎，如能大面积联防效果最好。

2. 清除瓜地杂草

田间杂草，特别是双子叶杂草，如小旋花、刺儿草等，是地老虎产卵的场所。因此，清除地头田边及瓜地内的杂草，是防治地老虎的重要措施。

3. 人工捕杀

发现地老虎危害时，可于每天早晨扒土捕杀。一般地老虎危害后并不远离，仍在附近表土层隐藏。亦可在灌水后及时捕杀，因为当地老虎遇水后，即很快从土内爬出，极易捕杀。

4. 药剂防治

（1）毒饵诱杀　90%敌百虫晶体100克加200毫升水充分溶化，拌入炒香的麦麸3千克，傍晚投放在西瓜幼苗周围，特别是与麦田、路边草地邻近处，更要多投放些。每亩投放2～2.5千克毒饵。

（2）药土毒杀　用0.04%二氯苯醚菊酯粉或2.5%敌百虫粉1千克，加细干土8～10千克，充分拌匀，撒覆在被害处及其周围。用量根据被害面积酌情使用。

（3）植株喷施　可用50%辛硫磷可湿性粉剂1000倍液或90%敌百虫晶体1000倍液，也可用2.5%氯氟氰菊酯（功夫）乳油5000倍液、40%菊杀乳油3000倍液、20%多灭威乳油2000倍液、10%溴氰菊酯乳油1000倍液交替喷施，6～7天1次，连续2～3次。

三、金龟子和蛴螬

金电子又名金龟甲，俗称瞎撞子，是蛴螬的成虫。蛴螬俗称地漏、地黄，是金龟子的幼虫。金龟子的种类很多，危害西瓜的主要是大黑金龟子、暗黑金龟子和它们的幼虫——蛴螬。

（一）形态和习性

1. 大黑金龟子

大黑金龟子又名华北大黑金龟子、朝鲜金龟子，各地发生比较普遍。

成虫长椭圆形，体长16～21毫米，体宽8.1～11毫米，黑褐色，有光泽，胸部腹面有黑色长毛，鞘翅上散生小黑点，并各有3条隆起线。幼虫体长40毫米，头部黄褐色，胴部黄白色，头宽4.9～5.3毫米；头部顶毛每侧3条，后顶毛各1条，额中毛各1条（少数2条）；臀节覆毛区散生钩状刚毛，肛门三裂。

大黑金龟子2年发生一代，以成虫和幼虫隔年交替在土中越冬。越冬成虫4月上中旬开始出土。越冬幼虫4～5月开始为害，5～6月间陆续化蛹，6月下旬至7月下旬羽化，在土中越冬。成虫寿命很长，白天潜伏土内，早晚活动为害，有伪死习性，趋光性不强。

2. 暗黑金龟子

暗黑金龟子又名黑金龟子，各地发生比较普遍。成虫长椭圆形，体长18.3～19.5毫米，初羽化为红棕色，以后逐渐变为红黑色，被有灰蓝色粉，无光泽；前胸背板前缘密生黄褐色毛，鞘翅上散生较大的黑点，并有4条隆起线。幼虫体长可达4.5毫米，头部黄褐色，胴部黄白色，头宽5.6～6.1毫米；头部前顶毛每侧1条，后顶毛各1条，额中毛各1条，臀节覆毛区形态与大黑金龟子基本相同（见图9-3）。

暗黑金龟子每年发生一代，以幼虫和少数成虫在土中越冬。越冬幼虫在第二年5月化蛹，6月中旬至7月中旬羽化，7月间发生小幼虫，一直为害到9月，以后潜入深土层越冬。成虫有伪死性和趋光性。

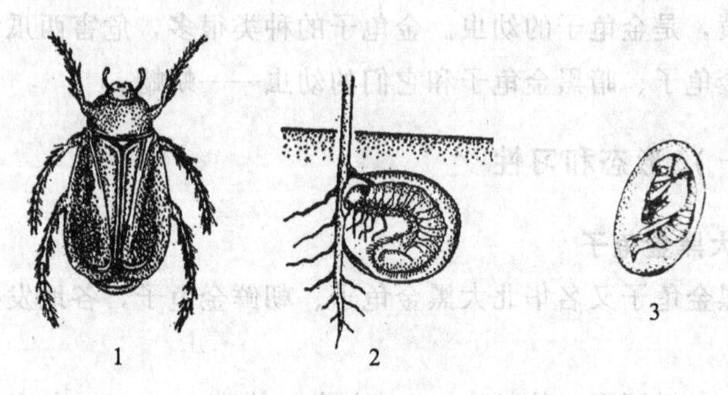

图 9-3 暗黑金龟子

1—成虫；2—幼虫；3—蛹

（二）危害状况

金龟子昼伏夜出，从傍晚一直为害到黎明，主要咬食叶片。蛴螬是西瓜的一种主要地下害虫。它咬断幼苗根茎，造成缺苗断垄。在西瓜生长期，蛴螬继续为害，使根受损伤，吸收水、肥的能力大大降低，植株生长瘦弱，严重时会使全株枯死。

（三）防治方法

1. 杀死成虫

金龟子多有假死性，可振动瓜蔓乘其落地装死时捕捉杀死，也可用毒饵诱杀。杀饵的办法：4％二嗪磷颗粒剂或诺达 25 克兑水 1.5 千克，洒拌于 2.5 千克切碎的鲜草或菜叶内。在早晨或傍晚，将毒饵撒在西瓜苗周围（特别是靠近麦田的西瓜苗周围），可引诱金龟子取食而被毒死。

2. 药杀幼虫

可用 4％二嗪颗粒剂 25 克兑水 1.5 升，喷洒在幼虫出没的地方。

上述药液喷洒后拌匀，经堆闷后即可施用。

四、黄守瓜

黄守瓜全名叫黄守瓜虫，俗称黄萤子、瓜萤子。

（一）形态及习性

成虫长 8～9 毫米，身体除复眼、胸部及腹面为黑色外，其他部分皆呈橙黄色。体形前窄后宽，腹部末端较尖，露出于翅鞘之外，雌虫露出较多，雄虫露出较少（图 9-4）。幼虫长筒形，体长可达 14 毫米，头灰褐色，身体黄白色，前胸背板黄色，臀板为长椭圆形，有褐色斑纹，并有纵凹纹四条。蛹呈纺锤形，乳白色。

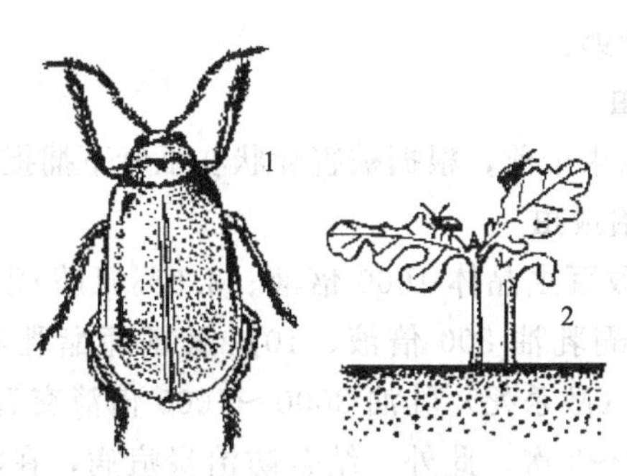

图 9-4 黄守瓜

1—成虫；2—危害西瓜苗状

（二）危害状况

黄守瓜的成虫和幼虫都能危害西瓜，成虫多危害瓜叶，以身体为半旋转咬食一周，然后取食叶肉，使叶片残留若干环形食痕或圆形孔洞。幼虫半土生，常常群集于瓜根及果实贴地面部分，蛀食为害，初期多蛀食表层，随着虫体长大，便蛀入幼嫩皮内为害。瓜根受害后，轻者植株生长不良，重者整株枯死。果实受害后，轻者果面残留疤痕，重者形成蛀孔，深入瓜瓤，常因由蛀孔灌入污水或侵入菌类而引起西瓜腐烂。黄守瓜幼虫危害重于成虫。

黄守瓜在山东省每年发生一代，以蛹在表上下越冬，少数成虫亦能在草丛、土隙中越冬。4 月份开始出蛰活动，先在蔬菜田间为害，以后转移到瓜田为害。成虫白天为害，并在西瓜主根部和瓜的下面潮湿土壤中产卵，在瓜的垫草下面和土块上产卵最多。幼虫孵出后，在土中取食瓜根及近地面的茎蔓和幼果，老熟后在表土下

10～15 厘米处化蛹。成虫在晴天的午间活动最盛，夜晚、雨天和清晨露水未干时都不活动，有假死性，对声音和影子都很敏感。

（三）防治方法

1. 防止成虫产卵

在瓜根周围 30 厘米内铺沙，成虫便不去产卵。也可用米糠或锯末 10 份，拌入煤油或废机油 1 份，撒在瓜苗周围（不要接触瓜苗）防止成虫产卵。

2. 捕捉成虫

趁早晨露水未干前，根据被害症状在瓜叶下捕捉成虫。

3. 药剂防治成虫

可用 90%敌百虫晶体 1000 倍液、3.5%氟腈·溴乳油 1500 倍液、7.5%鱼藤酮乳油 800 倍液、10%氯氰菊酯乳油 2500 倍液、2.5%溴氰菊酯（敌杀死）乳油 3000～4000 倍液交替喷施，7～10 天 1 次，连续 2～3 次。此外，结合防治炭疽病，在波尔多液中加入 90%敌百虫晶体 800 倍液，每 7～8 天喷 1 次，连续 2～3 次，还可用 90%敌百虫晶体 1000 倍液、3.5%氟腈·溴乳油 1500 倍液、7.5%鱼藤酮乳油 800 倍液、10%氯氰菊酯乳油 2500 倍液、2.5%溴氰菊酯（敌杀死）乳油 3000～4000 倍液交替喷施，7～10 天 1 次，连续 2～3 次。

4. 防治幼虫

可用 2.5%溴氰菊酯乳油 2500 倍液或 10%氯氰菊酯 3000 倍液喷雾。

五、蓟马

蓟马（图 9-5），属缨翅目蓟马科。危害西瓜的蓟马主要为烟蓟马和黄蓟马。

（一）形态和习性

1. 烟蓟马

雌虫体长 1.2 毫米，淡棕色，触角第四、第五节末端色较浓。、

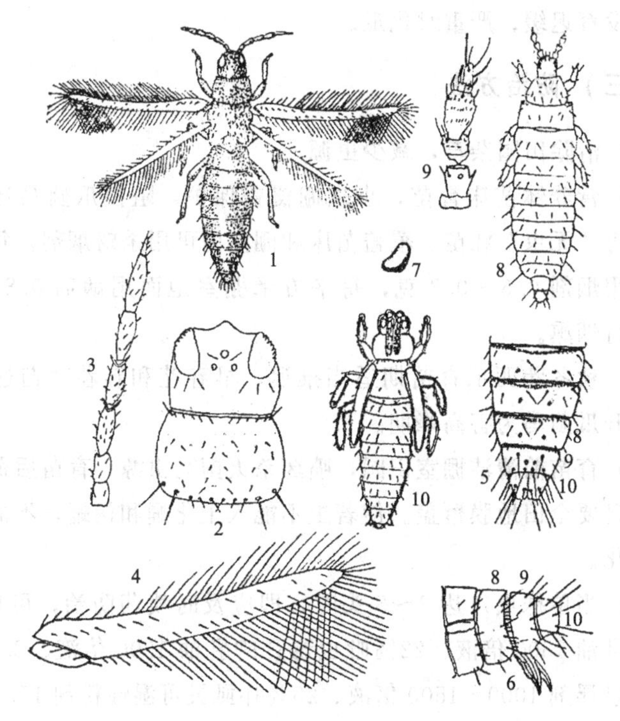

图 9-5　蓟马

1—成虫；2—成虫头部及前胸背面；3—成虫触角；
4—成虫前翅；5—雌成虫腹部背面；6—雌成虫腹部侧面；
7—卵；8—二龄若虫；9—二龄若虫触角；10—蛹

前胸后角有 2 对长鬃。前翅前脉基鬃 7 或 8 根，端鬃 4～6 根，后脉鬃 15 根或 16 根。

2. 黄蓟马

黄蓟马的雄虫体长 1～1.1 毫米，黄色。头宽大于头长，短于前胸。前胸背板有弱横交线纹，前角 1 对短鬃，后角 2 对长鬃间夹有 2 对短鬃。前缘鬃约 26 根，后脉鬃 15 根。

（二）危害状况

成虫和若虫均能锉吸西瓜心叶、幼芽和幼果汁液，使心叶不能舒展，顶芽生长点萎缩而侧芽丛生。幼果受害后表皮呈锈色，幼果畸形，发育迟缓，严重时化瓜。

（三）防治方法

（1）清除田园杂草，减少虫源。

（2）营养钵苗床育苗，小拱棚覆盖保护，阻挡瓜蓟马迁入苗床，培育“无虫”壮苗。覆盖苗床和棚室内可用杀蚜烟剂，每平方米苗床用烟剂 0.6～0.8 克，每平方米棚室地面用烟剂 0.8～1.0 克，进行烟熏。

（3）秋冬茬西瓜育苗期适当推迟，早春茬和春茬育苗适当提前，避开瓜蓟马为害高峰期。

（4）育苗前清洁棚室田园，喷药杀灭蓟马虫源。育苗后覆盖地膜，而且要全田地膜覆盖。使若虫不能入土化蛹和伪蛹，不能在表土中羽化。

（5）当单株虫口达 2～5 头时，即应及时喷药防治，可用 5％氟虫腈乳油 1500 倍液、22％吡虫毒死蜱乳油 1500 倍液、2.5％多杀霉素悬浮剂 1000～1500 倍液、25％扑虱灵可湿性粉剂 1500 倍液交替喷施，7～8 天 1 次，连续 2～3 次。

六、潜叶蝇

（一）形态特征

潜叶蝇也叫斑潜蝇，又称夹叶虫，常见危害西瓜的是豌豆潜叶蝇。潜叶蝇是变态性害虫，每个生育周期要历经卵、幼虫、蛹、成虫这四个形态发育阶段。

1. 卵

椭圆形或梨形，大小为(0.2～0.3)毫米×(0.1～0.15)毫米，乳白色，多产于植物叶片的上、下表皮以内的叶肉组织，因此在田间不易发现。但卵在孵化幼虫时变成长圆形棕色，仔细观察可发现，若用放大镜观察可见明显口沟。

2. 幼虫

在接近孵化时，幼虫在卵壳内做180度旋转后，从前面突破或咬破卵壳而出。一龄幼虫几乎是透明的，二、三龄变成鲜黄或浅橙黄色，四龄在预蛹期。幼虫蛆状，身体两侧紧缩，老熟幼虫体长达3毫米，腹末端具后气门，气门顶端有数量不等的后气门孔，可作为区别种的主要依据。

3. 蛹

圆形，腹部稍扁平，浅橙黄色，有时变暗至金黄色，大小为(1.3～2.3)毫米×(0.5～0.75)毫米。

4. 成虫

成虫是一种灰色至灰黄色的小苍蝇，体长5～6毫米，全身密生刺毛，雌雄成虫均为灰黑色（图9-6）。

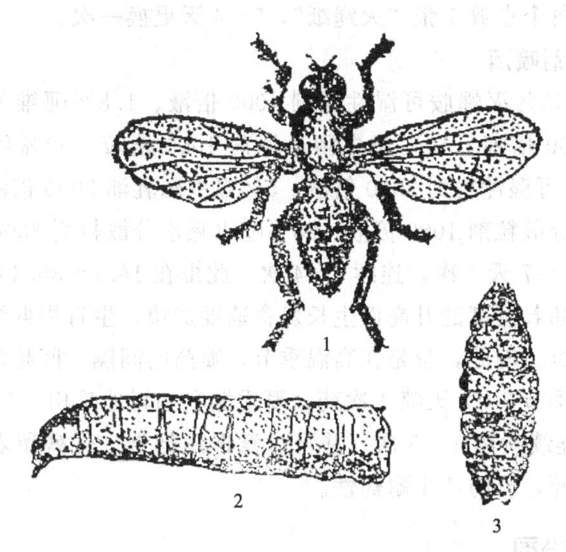

图9-6　潜叶蝇

1—成虫；2—幼虫；3—蛹

(二) 防治方法

对斑潜绳的防治，应坚持综合防治策略，化学防治的适期在产卵至1龄期，因此虫严重世代重叠，打药间隔时间要短，要连续用药次数较多。具体防治方法如下：

1. 摘除虫害叶片

此虫寄生范围广泛，品种间抗性差异不明显，至今未发现有效的抗病品种。但在棚室保护地内或露地西瓜田发生次数少、虫量少的情况下，定期摘除有虫叶片（株），有一定的控制效果。

2. 使用防虫网

棚室栽培和育苗畦用防虫网封闭。可选20～25目、丝径0.18毫米、幅宽12～36米（白、黑、银灰各色任选一种）的防虫网，将棚室出入口和通风口封闭起来。

3. 诱杀成虫

在成虫活动盛期，用“灭蝇纸”诱杀成虫。每亩设10～15个诱杀点，每个点放1张“灭蝇纸”，3～4天更换一次。

4. 药剂喷洒

可用40%灭蝇胺可湿性粉剂4000倍液、1.8%阿维菌素乳油3000～4000倍液、10%溴虫腈悬浮剂1000倍液、50%环丙胺嗪（蝇蛆净）可湿性粉剂2000倍液、5%氟虫脲乳油2000倍液、70%吡虫啉水分散粒剂1000倍液、25%噻虫嗪水分散粒剂3000倍液交替喷施，6～7天1次，连续3～4次。此虫在14.7～35.4℃的温度范围内，随着温度的升高而生长发育速度加快，生育周期缩短，世代重叠加重。因此，越是在高温季节，喷药的间隔时间越短。棚室内，冬春季节7～8天喷1次药；夏季棚室和露地瓜田，4～5天喷1次药，连续喷药4～5次。并且注意选用低毒、低残留农药，交替轮换用药，以防产生耐药性。

七、白粉虱

白粉虱（图9-7）属同翅目、粉虱科，俗称小白虫、小白蛾，原产北美西南部，20世纪70年代传入我国，近年来，随着温室大棚的发展，迅速传遍大江南北。目前，在一些西瓜主产区，白粉虱已严重威胁棚室西瓜的生产。

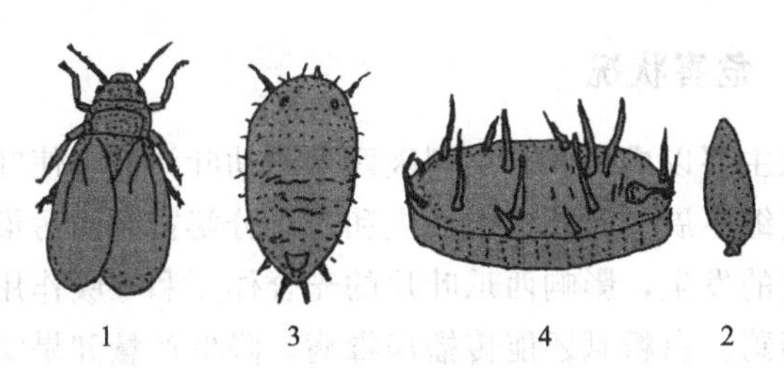

图 9-7 白粉虱

1—成虫；2—卵；3—若虫；4—伪蛹

（一）形态和习性

1. 成虫

体长 1.5 毫米左右，淡黄色。翅面覆盖白色蜡粉。

2. 卵

长椭圆形，长 0.2～0.25 毫米，有短卵柄，初产时淡黄色，后变黑色。

3. 若虫

长卵圆形，扁平，淡黄绿色，体表有长短不一的蜡质丝状突起。共 3 龄。

4. 伪蛹

伪蛹实为 4 龄若虫。体长 0.7～0.8 毫米，椭圆形，初期扁平，随发育逐渐加厚，中央略高，体背有长短不齐的 8～11 对蜡质刚毛状突起。

白粉虱不耐寒冷。成虫繁殖适温为 18～21℃，卵的发育适温为 20～28℃。在棚室生产条件下，白粉虱每 24～30 天可繁殖 1 代。其中，卵期 6～8 天，1 龄若虫 5～6 天，2 龄若虫 2～3 天，3 龄若虫 3～4 天，伪蛹 8～9 天。成虫寿命 12～60 天，随温度升高而减少。

白粉虱的繁殖方式除雌雄交配产卵外，也能进行孤雌生殖。成虫喜食西瓜幼嫩叶片，故卵多产于瓜蔓顶部嫩叶背面。

（二）危害状况

白粉虱主要以成虫和若虫刺吸西瓜的幼叶汁液，使叶片生长受阻变黄或萎缩不展。此外，因成虫和若虫分泌蜜露而污染叶片，常引起煤污病的发生，影响西瓜叶片的光合作用和呼吸作用，造成叶片或瓜苗萎蔫。白粉虱还能传播病毒病，降低产量和果实品质。植株上各虫态分布形成一定规律：最上部幼叶以成虫和淡黄色的卵为主，稍下部叶面多为低龄若虫和黑卵，再下多为中、老龄若虫，基部叶片蛹最多。

（三）防治方法

1. 农业防治

定植前棚室内应清除杂草，密闭消毒。

2. 黄板诱杀

棚室内设黄板诱杀成虫。黄板的制作可用废旧硬纸板裁成长条，表面染成橙黄色并涂上一层由10号机油加少许黄油调成的黏着剂。将黄板置于与西瓜植株同高的行间，每亩棚室内可放置20～30条。

3. 棚室熏蒸

西瓜定植前，用25%甲基克杀螨乳油1000倍液全棚喷施并连续3～5天密闭棚室。也可用10%异丙威烟雾剂烟熏［具体方法见本节九（三）3］。

4. 喷施药剂

可用25%噻虫嗪水分散粒剂6000倍液、25%甲基克杀螨乳油1000倍液、25%噻嗪酮（扑虱灵）乳油1000倍液、2.5%氯氟氰菊酯（功夫）乳油5000倍液、20%啶虫脒乳油2500倍、36%苦参碱水剂500倍液、2.5%联苯菊酯（天王星）乳油3000倍液交替喷施，每5～7天1次，连续3～4次。

药物防治白粉虱，最好在点片发生阶段用药，且在1～2龄若虫阶段用药效果更好。喷药时应注意叶片背面虫口密度大的地方。

八、叶螨

叶螨危害西瓜幼苗的生长点、嫩茎和叶片。主要有茶黄叶螨、截形叶螨、朱砂叶螨和二斑叶螨。

茶黄叶螨（图 9-8），又名侧多食跗线螨、茶丰跗线螨，俗名茶嫩叶螨，杂食性强，可危害茶、果树、瓜类蔬菜等 30 个科的 70 多种植物。近年来，随着大棚、温室栽培面积的增加，茶黄叶螨在我国南北各地均有不断扩大为害的趋势。据安徽、湖南、浙江、山东、河北、北京、黑龙江等省市的调查，茶黄叶螨在大棚和日光温室内，以成螨和若螨危害西瓜、甜瓜的叶片花蕾和幼果。

（一）形态和习性

1. 成螨

身体卵形，长 0.19～0.21 毫米，淡黄至橙黄色，半透明有光泽，足 4 对，背部有 1 条白色纵带。雌螨腹部末端平截，雄螨腹部末端呈圆锥形。

2. 卵

椭圆形，长约 0.1 毫米，灰白色而透明，卵面具有 5～6 行纵向排的瘤状突起。

3. 幼螨

椭圆形，乳白色，足 3 对，体背有 1 条白色纵带，腹部末端有 1 根刚毛。

4. 若螨

半透明，是发育的一个暂时静止阶段，被幼螨的表皮所包围。

茶黄叶螨一年能繁殖 20 多代，可在棚室中全年生活。茶黄叶螨以两性生殖为主，也能进行孤雌生殖，但卵孵化率低。雌成螨将卵散产于西瓜叶背面、幼果或幼芽上。雌成螨寿命最长 17 天，最短 4 天，平均 10.7 天。在不同温度下，其发育历期不同。温暖高湿的环境有利于茶黄叶螨的发生为害，所以在棚室栽培西瓜时发生较重。茶黄叶螨主要靠爬行和风进行扩散蔓延，也可通过田间管理、衣物、农具等在棚室内传播。

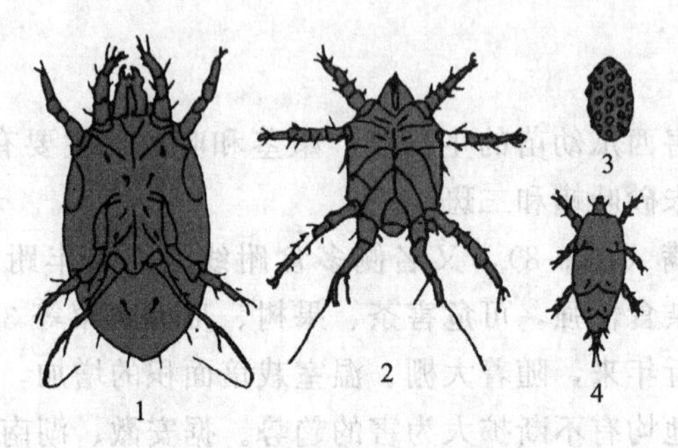

图 9-8　茶黄叶螨

1—雌成螨；2—雄成螨；3—卵；4—幼螨

（二）危害状况

叶螨以成螨和若螨刺吸西瓜幼嫩叶片、花蕾和幼果汁液致使幼叶变小，叶片变厚而僵直，叶背呈油渍状，叶缘向背面卷曲。嫩茎表面变成茶褐色。花蕾受害后，不能正常开花或成畸形花。幼果受害后，子房及果梗表面呈灰白色或灰褐色，无绒毛，无光泽，生长停滞，幼果变硬。

（三）防治方法

1. 农业防治

清除田间残株败叶，铲除田边渠旁杂草，用石灰泥封严大棚内的墙缝，可消灭部分虫源。天气干旱时注意浇水，增加棚室保护地温度，并结合浇水增施速效磷肥，可抑制叶螨发展，减轻危害。

2. 药剂防治

可用20％四螨嗪悬浮剂2000倍液、1.8％阿维菌素乳油3000倍液、20％氟螨嗪悬浮剂3000倍液、5％唑螨酯（霸螨灵）悬浮剂2000倍液、20％哒螨酮可湿性粉剂2000倍液、10％溴虫腈乳油3000倍液、10％喹螨醚乳油3000倍液、10％吡虫啉可湿性粉剂1500倍液、20％灭扫利乳油2000倍液、2％氟丙菊酯乳油2000倍液交替喷施，7～10天1次，连续2～3次。

九、瓜蚜

瓜蚜（图 9-9）亦是棉蚜。蚜虫俗称蜜虫、腻虫、油汗，是作物的一种主要害虫。

（一）形态和习性

成虫分有翅和无翅两种类型。无翅孤雌胎生蚜（不经交配即胎生小蚜虫）成虫，体长 1.8 毫米，夏季为淡黄绿色，秋季深绿色，复眼红褐色，全身有蜡粉，体末生有 1 对角状管。有翅孤雌胎生蚜成虫，黄色或浅绿色，比无翅蚜稍小，头、胸部均为黑色，有 2 对透明翅。

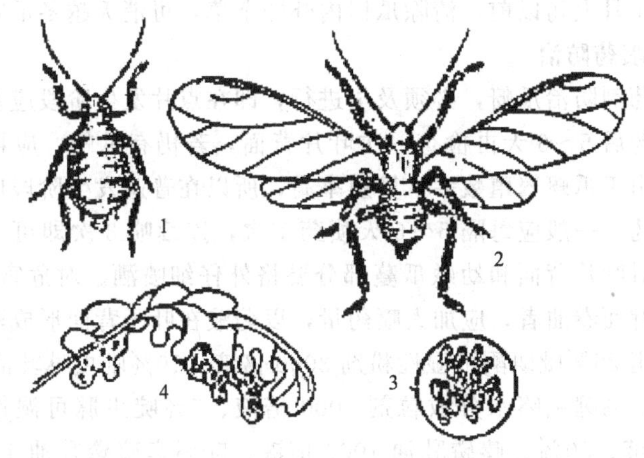

图 9-9　瓜蚜

1—无翅雌蚜；2—有翅雌蚜；3—越冬卵；4—西瓜叶片被害状

瓜蚜在山东省以卵越冬。瓜蚜每年可繁殖 20～30 代，在适宜的温湿度条件下，每 5～6 天便完成一世代。成虫寿命 20 多天。一个雌虫一生中能胎生若蚜（小蚜虫）50 余只。瓜蚜 5 月份由越冬寄主（某些野菜等）迁入西瓜田继续繁殖为害，形成点片发生阶段，至 6 月份可出现大量有翅孤雌胎生蚜，形成大面积的普遍发生。西瓜收获后，瓜蚜转移到棉花上继续为害。秋季棉株衰老时，产生有翅雌蚜和雄蚜交配，飞回越冬寄主上产卵越冬。高温干旱的天气，瓜蚜发生特别严重。

（二）危害状况

瓜蚜主要危害西瓜叶片或幼苗、嫩茎。瓜蚜以针管状的口器刺吸被害植株的汁液。叶片被害后多形成皱缩、畸形以致向叶背面卷缩，危害严重时，植株生长发育迟缓，甚至停滞；开花及坐瓜延迟，果实变小，含糖量降低，影响西瓜的产量和质量。瓜蚜还能传染西瓜病毒病，造成更大的危害。

（三）防治方法

1. 清除杂草

在4月上旬以前，清除瓜田内外的杂草，可消灭越冬瓜蚜。

2. 喷药防治

用药剂防治瓜蚜，必须及早进行，即在点片发生阶段应及时喷药。喷药后5～6天再检查一次叶片背面，若仍有瓜蚜，应再喷一次药。由于瓜蚜繁殖数多，繁殖率高，所以在普遍发生阶段应连续多次喷药。一般应每隔5～6天喷药1次，连续喷3次即可。但喷药时需对叶片背面和幼嫩瓜蔓部分要格外仔细喷洒。对危害较重、叶片向背面卷曲者，应加大喷药量，以药液在叶子背面形成药流为度。可用25％吡蚜酮可湿性粉剂3000倍液、10％吡虫啉乳油4000倍液、25％噻虫嗪水分散粒剂5000倍液、5％啶虫脒可湿性粉剂3000倍液、50％二嗪磷乳油1000倍液、50％辛硫磷乳油1500倍液、1.8％阿维菌素乳油2000倍液、50％辛硫磷乳油1000倍液交替喷施，6～7天1次，连续2～3次。

3. 烟熏

棚室内密闭烟熏，可用10％异丙威烟雾剂，每亩0.5千克。使用方法是在傍晚先将棚室密闭好，沿棚室人行道（通常靠北墙）分5个燃点，每处点燃0.1千克烟熏剂，点燃后立即退出棚室并封好门，熏一夜。

4. 避蚜

铺放银灰色地膜或在棚室内张挂，或喷施50％避蚜雾可湿性粉剂1000倍液。或覆盖24～30目、0.18毫米丝径的银灰色防虫网。

十、 黄曲条跳甲

黄曲条跳甲（图 9-10）俗名地蹦子、土跳蛋。全国各地均有分布，是跳甲虫科的主要种类。

（一） 形态和习性

成虫体长约 2 毫米，长椭圆形，黑色，有光泽，前胸背板及鞘翅上有许多的刻点，排成纵行。鞘翅中央有一黄色纵条，两端大，中部窄而弯曲（故名为黄曲条跳甲），足 3 对，后足腿节发达，善跳。

卵长约 0.3 毫米，椭圆形，刚产下为淡黄色，后变乳白色。幼虫体长 4 毫米，长圆筒形，尾部稍细，头和前胸背板淡褐色，胸腹部黄白色，各节有短小肉瘤。蛹长约 2 毫米，椭圆形，乳白色，头部隐现于前胸下面，翅芽和足达第 5 腹节，腹末有 1 对叉状突起。

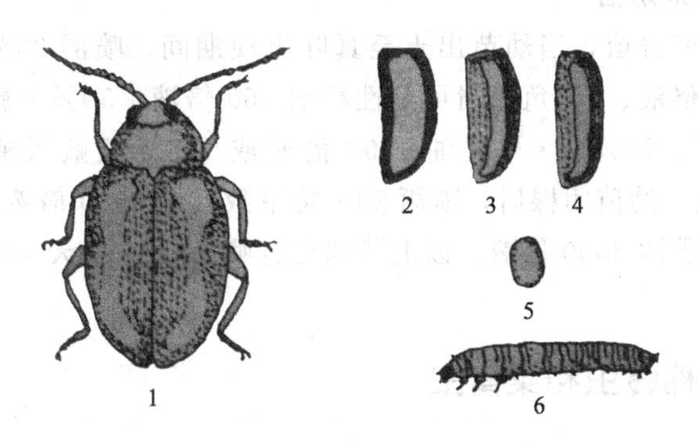

图 9-10　黄曲条跳甲

1—黄曲条跳甲成虫；2—黄宽条跳甲鞘翅；3—黄狭条跳甲鞘翅；4—黄直条跳甲鞘翅；5—卵；6—幼虫

成虫性喜温暖，各类多在土缝、杂草或棚室内越冬，夏季半热时，则在阴凉瓜叶下或土块下潜伏。生长发育适温为 22～28℃。在我国北方每年可发生 4～5 代，南方 7～8 代。成虫趋光性较强，不但对黑光灯敏感，而且还有趋黄光和绿光的习性。

（二）危害状况

黄曲条跳甲以成虫和幼虫为害，成虫主要咬食幼嫩瓜叶，使西瓜幼苗叶片造成许多小孔。幼虫主要在瓜苗根部剥食麦皮，蛀食成许多环状虫道，可引起地上部叶片黄化。

（三）防治方法

1. 安排好茬口

最好选大田作物如玉米、谷子等为前茬作物，避免以十字花科蔬菜为前茬。

2. 加强中耕松土

在蔬菜幼苗期，加强菜田中耕松土，使土壤通气升温，促进根系发育，降低土壤湿度，不利于跳甲卵的孵化，可明显减轻菜苗受害。

3. 药剂防治

直播或育苗，当幼苗出土至真叶出现期间，喷洒90%敌百虫晶体800倍液、5%鱼藤精可湿性粉剂160倍液、50%辛硫磷乳油1500倍液、20%氯·马乳油1500倍液或2.5%氯氟氰菊酯乳油4000倍液。幼苗团棵后，喷洒20%瓢甲敌乳油2000倍液或2.5%溴氰菊酯乳油3000倍液。以上药剂交替喷施，6～7天1次，连续2～3次。

十一、棉铃虫和菜青虫

（一）形态特征

棉铃虫、菜青虫二者是近缘种，在成虫、卵、幼虫、蛹的形态上均相似，但也有较明显的区别之处。

1. 成虫（蛾）

棉铃虫蛾体长14～18毫米，翅展30～38毫米，一般雌蛾红褐色，雄蛾灰绿色或灰褐色。前翅外缘较直，正面具褐色环状纹及肾形纹，但不清晰，肾形纹前方的前缘脉上有二褐纹，纹外侧为褐色宽横带，端区各脉间有黑点，中横线由肾形纹下面斜伸至后缘，其末端位于环状纹的正下方。后翅黄白色或淡褐色，翅脉黑褐色，其外缘有一黑褐色宽带，内侧无内横线。而菜青虫蛾形体较小。雌蛾棕黄色，雄蛾淡灰绿色。前翅正面上的各线纹（花纹）清晰，外缘近弧形。中横线只稍倾斜，直达后缘，其末端不到环状纹的正下方。后翅棕黑色宽带中段内侧有一棕黑线，即平行的内横线，翅脉黄褐色。

2. 卵

棉铃虫的卵半球形，高大于宽，直径约 0.5 毫米。初产卵乳白色，具纵横网络，但卵壳上纵棱达底部，有二岔或三岔。菜青虫的卵半球形稍扁，高小于宽。纵棱不到底部，不分岔，一长一短双序式。

3. 幼虫

棉铃虫幼虫，老熟的体长 32～42 毫米。体色变化很大，有淡绿、绿、黄白、淡红、红褐、黑紫色，但常见为绿色型及红褐色型。体表有许多长而尖的刺，刺尖呈灰色或褐色，体壁较为粗厚。两根前胸毛的连线与前胸气门下端相切或相交。

4. 蛹

棉铃虫蛹 5～7 腹节的刻点较大，分布较稀，腹部末端的一对刺在基部分开。而菜青虫蛹 5～7 腹节的刻点较小，分布较密，腹部末端的一对刺在基部是相近的。

菜青虫老熟幼虫体长 31～41 毫米，体色变化与棉铃虫相似。体表的小尖刺比棉铃虫的短。体壁较薄而柔软，且较为光滑。两根前胸侧毛的边线离前胸气门下端较远。其成虫和幼虫见图 9-11。

（二）防治方法

要采取以防为主，露地与棚室相结合的综合防治措施。

1. 农业防治

育苗前 10～15 天，深翻地破坏棉铃虫蛹和菜青虫蛹的土巢，然后闭棚高温烤棚，使棚室内温度达 60～70℃，既灭菌，又可高温杀死棉铃虫蛹和菜青虫蛹。或深翻地后灌水，淹杀越冬蛹。在棚

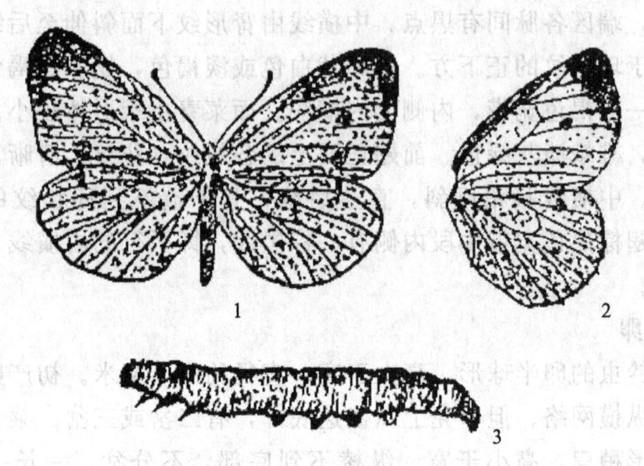

图 9-11　菜青虫

1—成虫；2—翅；3—幼虫

室通风窗口处设置防虫网，避免外界的棉铃虫蛾和菜青虫蛾迁飞入棚室内产卵；采用地膜覆盖栽培，可使老熟幼虫不能入土做巢在土壤中化蛹。

2. 诱杀蛾、卵

在露地栽培田，可插杨树枝把诱捕成虫，方法是剪取半米长的带叶杨树枝条，8～10 根绑为一把，并绑在小木棍上，插于田间略高于蔬菜植株顶部。每亩设 10 把，5～10 天换一次，在成虫产卵盛期内，每天清晨露水未干时，用塑料袋套住枝把，捕杀成虫。或按 50 亩地面积设黑光灯 1 盏，可大量诱杀成虫。其中雌蛾约占半数，未产卵和正在产卵的占雌蛾数的 80% 以上，因此，灯光诱杀区内产卵量明显下降。在番茄、青椒田中间种少量胡萝卜、芹菜留种株或玉米等对棉铃虫蛾和菜青虫蛾诱引力强的作物，以诱蛾产卵，集中灭卵，可显著减少虫量。

3. 生物防治

在主要为害世代产卵高峰后 3～4 天及 6～8 天，喷 2 次 Bt 乳剂（每克含活孢子 100 亿）250～300 倍液，对 3 龄前幼虫有较好的防治效果，尤其对棚室蔬菜上的 3 龄以前幼虫防治效果更加明显。

4. 药剂防治

掌握在棉铃虫和菜青虫产卵高峰期至2龄幼虫期喷药，以上午施药为宜，重点喷洒植株中、上部，可选用下列药剂之一喷雾：50%克蚜宁乳油1500倍液，2.5%联苯菊酯（天王星、虫螨灵）乳油2000～3000倍液，5.7%氟氯氰菊酯（百树菊酯、百树得）乳油2000～3000倍液，2.5%三氟氯氰菊酯（功夫、pp321）乳油2000～3000倍液，5%顺式氯氰菊酯（高效氯菊酯、高效灭百克、高效安绿玉）乳油2000～3000倍液，2.5%溴氰菊酯（敌杀死、凯素灵、凯安保）乳油1500～2000倍液，20%甲氰菊酯（灭扫利）乳油2000～3000倍液，20%氟胺氰菊酯（马朴立克）乳油2000～3000倍液。

十二、西瓜根结线虫

根结线虫侵入并寄生西瓜根系，引起根部变形膨大，形成许多瘤状节结，对西瓜产量和品质影响很大。

（一）危害状况

西瓜根系寄生线虫后，首先在须根和侧根上产生瘤状结节，反复侵染寄生时，则形成根结状肿瘤，或呈串球状，鸡爪状根系。严重时，植株发育不良，瓜蔓细短，不易坐瓜。

（二）生活习性

根结线虫主要在土壤中生活，以2龄幼虫侵入西瓜根系，刺激根部细胞增生，形成根结或瘤状物。根结线虫在土温25～30℃、含水量40%左右时发育最快，10℃以下幼虫不活动。连作地块严重，前茬为蔬菜、果树苗木时，虫害也严重。

（三）防治方法

1. 轮作

最好与禾本科作物进行3年以上轮作。

2. 灌水灭虫

线虫需土壤通气良好，若土壤长期积水时，线虫会因缺氧时间过长而死亡。

3. 土壤消毒

用石灰氮每亩75～100千克原液施入瓜沟内，覆盖地膜熏蒸7～10天。采用此法的最佳时间是高温、休闲季节。也可在定植前每平方米定植沟内用1.8%阿维菌素乳油3000倍液喷施，并划锄一遍，使药液与土混匀。还可在定植前每亩沟施10%噻唑磷4～5千克。

4. 药剂防治

（1）结合施肥用50%克线磷颗粒剂，每亩300～400克，与有机肥充分混匀使用。

（2）用1.8%阿维菌素乳油5000倍液灌根，每株150～200毫升，或用70%辛硫磷乳油1000～1500倍液灌根，每株300～400毫升，7～10天1次，连续2～3次。

第六节　病虫害的综合防治

一、 综合防治方法

（一） 选用抗病虫品种

不同品种对病虫害的抵抗力不同。例如蜜宝西瓜甚易感染炭疽病、疫病等，而西农8号、美抗9号、华西7号、西农10号、豫星15、郑抗1号、丰乐旭龙等品种，则对炭疽病抵抗力较强。多数品种对枯萎病缺乏抵抗力，而高抗3号、墨丰、重茬王、新先锋和四倍体西瓜则对枯萎病抵抗力较强。德州喇嘛瓜对蚜虫有一定抗性（也可能由于产生某种特殊气味，而形成对蚜虫的忌避作用）。在一般情况下，一代杂交种比常规固定品种具有较强的抗逆性；多倍体西瓜比普通二倍体西瓜具有较强的抗病虫能力。

（二） 实行轮作

不同作物发生不同的病虫害，实行轮作可以减少土壤中的病虫害；特别是对西瓜枯萎病，轮作是防病的最好方法。

（三）冬季深翻

许多病菌和害虫在土壤中越冬，冬季深翻西瓜沟可以冻死大量病菌和害虫。

（四）清洁田园

瓜田中病株、病叶是继续发病的传染源，应及时清除烧毁。田间杂草则是许多害虫的藏身之所，因而清除杂草是防止虫害的重要措施。

（五）合理施肥

施用腐熟粪肥可减少的瓜地蛆、蛴螬等地下害虫；氮、磷、钾肥配合适当，适当控制氮肥和增施磷、钾肥，可以促进植株健壮成长，提高抗病能力。

（六）加强苗期管理

苗期病虫防治十分重要。苗期治虫彻底，可以大大减轻病害。苗床中常易发生立枯病、猝倒病和沤根等。苗床和苗期管理工作，如合理浇水、松土，铺沙以及通风调温、调湿等，能减轻这些病害的发生。同时，苗子生长健壮，也会提高抗病虫的能力。

（七）人工捕杀害虫

有些害虫，如金龟子、黄守瓜等有假死习性，可以人工捕捉；小地老虎等危害症状明显，可以人工捕杀。

（八）控制病虫传播

在进行田间管理，如理蔓、整枝和摘心等工作时，应避免将病菌、虫体无意间由病虫处带至无病虫处。例如病毒病可因整枝、摘心时不注意手的消毒，而由病株传至健株；蚜虫也可因整枝由甲地传至乙地。

二、药剂防治病虫害时应注意的问题

（一）早发现，早防治

有些病虫害，在普遍发生之前，一般先在田间部分植株上为害，称为发病（虫）中心或中心病株。如西瓜病毒病、白粉病等，往往首先在个别生长衰弱的植株上发生。因此应经常检查瓜田，要特别注意弱苗、衰株和老叶，一旦发现中心病（虫）株，要及时用药。这样可以缩小中心病（虫）区，把病虫消灭在初发生阶段，防止扩大蔓延，还可以缩小药剂可能有的污染面积，节约用药和保护害虫天敌等。

（二）连续用药，维持药效

任何药物施用后都有一定的有效时间，称为残效期。西瓜农药的残效期一般为7～10天。果实生长后期施用的多为5～7天。但是病菌和害虫却是在不断地传播和繁殖，所以喷药应根据所用药剂的残效期和病虫危害情况，连续交替使用，就可以避免病虫产生耐药性。

（三）轮换用药，避免耐药性

防治同一种病虫害，经常使用一种药剂，防治效果会逐渐降低，这种现象称为病虫害的耐药性。如果不同药剂轮换交替使用，就可以避免病虫产生耐药性。

（四）经济有效地选择农药

选择农药时，应注意性价比和广谱性（兼治性）。根据其有效成分含量、使用浓度（倍数）和价格可计算出性价比；根据其广谱性可得知兼治性。

（五）发挥药效，减少药害

药剂喷雾应在露水退去后进行，以免药液变稀或流失。喷粉剂应在早晨有露水时进行，有利于黏着药粉，以便充分发挥药效。气温较高的中午或风雨天不可喷药，以便充分发挥药效。用药量和用药浓度一定要严格控制，防止因用药过多过浓而发生药害。

（六）安全用药，防止中毒

由于西瓜的生长期较短，又是生食瓜果，所以禁止使用剧毒农药；结果期禁止使用药效长的农药，以免发生中毒事故。喷药人员应戴口罩、手套、风镜等防护用具，并应顺风喷药。配药、用药等都要严格按照要求去做，防止发生中毒事故。

（七）综合防治，重点用药

防治病虫害的措施有农业防治、生物防治、物理和机械防治、化学防治等，只有各种防治措施综合运用，才能收到最大的防治效果，使用农药防治病虫害是化学防治，它虽然有吸收快、作用大、使用方便、不受地区和季节限制等特点，但是不少农药能污染环境，可能发生药害和中毒事故，病虫还会产生耐药性等，应尽量用在发病（虫）中心，用在病虫迅速蔓延之时，一般情况下用其他措施有效时，应尽量少用农药。

第七节　草害防治

一、西瓜地除草剂的使用

（一）杂草的种类

西瓜地常见的主要杂草有马齿苋、野苋菜、灰菜、马唐、画眉草、狗尾草、旱稗、三棱草、蒺藜、牛筋草、苍耳、田旋花、刺儿菜、苦菜、车前子等。杂草一般都具有繁殖快、传播广、寿命长、根系庞大、适应性强、竞争肥水能力强等特点。杂草同西瓜争夺阳光、水分、肥料和空间，使西瓜的生活条件恶化，得不到正常的营养，生长受到抑制，致使产量降低，而且有些杂草是传播病虫害的媒介，许多杂草都是病原菌、病毒和害虫的中间寄主，所以杂草的滋生有助于病虫的蔓延和传播。杂草对西瓜危害严重，还往往形成“草盛瓜苗稀”的局面。尤其是西瓜膨大阶段，由于气温较高，浇水或降雨增多，常常使瓜田杂草丛生，拔不胜拔。如果施用化学除草剂，则可以防除杂草，减少除草用工，节约肥水，提高西瓜产量。

（二）除草剂种类

除草剂的种类很多，我国生产并在农业生产中使用的就有20多种。各种除草剂杀草的特点不同，有的除草剂只杀草不杀苗，称为选择性除草剂，有的除草剂既杀草又杀苗，称为灭生性除草剂。在西瓜上应用除草剂的目的是除草保苗，因此要选用能杀死杂草而对西瓜无毒害的除草剂，如地乐安、扑草净、氟乐星，盖草、稳杀得、拉索、禾草克、杀草净及扑草净等。

（三）除草剂的使用技术

1. 土壤处理剂

土壤处理剂类除草剂品种较多，若使用不当，极易对西瓜苗产生伤害。

（1）直播田　露天直播时，可于播种后、西瓜苗出土前施用敌草胺、大惠利、都尔等除草剂处理土表。其中敌草胺、大惠利对土壤墒情要求较高，若土壤干旱、喷水量正常，田间反映效果较差，想使用此类农药，必须加大用水量。这两种农药对西瓜非常安全，对禾本科杂草防效很好，但对少部分阔叶草如马齿苋、藜防效较差，制剂亩用量在120～180克。以阔叶杂草为主的瓜田不要选择这类除草剂。都尔或金都尔（异丙甲草胺）对西瓜杂草防效很好，但在实际应用中，用药量稍大，药害就很明显。保护地直播时，人工锄草很困难，而保护地墒情都不错，除草剂正好大施拳脚。但在品种选择上要格外慎重。在用量上，不管使用哪种农药，按实际使用面积（1亩土地保护地面积约400平方米）认真核算使用量，绝不能随意加大用量。

（2）地膜栽培　敌草胺、大惠利效果都比较不错，都可以应用。在西瓜播后苗前用药，因膜下墒情较好，可选择推荐用药的低限。综合其安全性和防效，敌草胺、大惠利最好。

（3）大棚、拱棚栽培　多年筛选试验表明，在大棚、拱棚西瓜田，敌草胺、大惠利是最合适的土壤处理剂。仲丁灵（地乐胺）、氟乐灵、施田补（二甲戊乐灵）、都尔或金都尔（异丙甲草胺）都不能使用。地乐胺、氟乐灵、施田补等对西瓜均有回流药害。西瓜播种后，如使用上述除草剂，因田间小气候气温较高，喷在土壤表面的药液蒸发，遇见拱棚的膜面形成伴有药液的水滴，水滴滴落下来，若滴到生长点上，生长点坏死。敌草胺、大惠利没有回流药害，既安全又高效，用量掌握在150克/亩左右。

（4）西瓜移栽田　西瓜移栽田使用除草剂，要掌握在移栽以前半天或一天进行土壤处理。不同种植方式所选用的除草剂品种基本同直播田相同种植方式所选用的品种。地乐胺、都尔或金都尔、氟乐灵、施田补都不能直接喷施在西瓜苗上。敌草胺、大惠利在正常使用情况下可以移栽后使用，但如果单位面积内药量高，且浇活棵水不及时，西瓜苗生长易受抑制。

2. 茎叶处理剂

茎叶处理剂类除草剂适宜于西瓜生长期内使用，对西瓜不会造成药害。如：高效盖草能，可防除一年生和少数多年生禾本科杂草，于禾本科杂草2～5叶期用药。防除一年生禾草，每亩用10.8%高效盖草能乳油50～60毫升茎叶喷雾处理；防除多年生禾草，用药量要加倍。精稳杀得，对一年生和多年生禾草防除效果均佳，但对阔叶杂草无防效，在禾本科杂草2～5叶期，每亩用35%或15%的精稳杀得乳油70～130毫升，进行茎叶喷雾。精禾草克，在禾本科杂草2～5叶期进行茎叶喷雾，药效快，效果好。防除一年生杂草每亩用8.8%精禾草克乳油60～80毫升，防除多年生杂草用8.8%乳油150～250克。喷药3小时后遇雨不影响药效。

3. 除草剂的使用方法

除草剂的使用方法有直接杀草、处理土壤和顺水冲灌等三种，西瓜地常用的方法是处理土壤。所谓处理土壤，就是把药剂施入土壤，在土壤表层形成药层，由杂草根系吸收而起杀草作用，或直接触杀杂草根芽。土壤处理的方法，可进行地面喷雾，也可配成毒土或颗粒剂撒施到土壤表面。

西瓜对不同除草剂及应用的剂量有不同的反应，如施用量不当，常常发生药害。现将各种西瓜除草剂的安全用量列于表9-1。

表 9-1　西瓜除草剂的安全用量

除草剂名称	有效含量/%	剂型	每亩用量
氟乐灵	48	乳油	75～125 毫升
地乐胺	48	乳油	150～200 毫升
盖草能	12.5	乳油	65～83 毫升
稳杀得	15	乳油	30 毫升
拉索	48	乳油	130～200 毫升
禾草克	10	乳油	65～100 毫升
杀草净	80	粉剂	180～210 克
扑草净	50	粉剂	150～200 克

注：每亩用药兑水 40～50 升，于西瓜定植前在土壤表层喷施。氟乐灵见光易分解，喷后应划锄土下 5 厘米左右。

喷洒除草剂应先稀释，才能喷洒均匀。稀释浓度可不必计算，但必须严格掌握每公顷地的用药量。药量过大，会引起药害。药害的症状是，西瓜叶片变脆，甚至整个植株死亡。药量不足，杀草效果不好。喷洒除草剂时，土壤湿度越大，杀草效果就越明显。

（四）西瓜地中扑草净的施用方法

扑草净是一种触杀型除草剂，虽然叶面吸收，但在植物体内传导性不强，通常只做土壤处理。其除草作用与日光有密切关系，光线越强杀草效果越好，在黑暗中没有除草活性。对西瓜田中各种一年生杂草均有杀伤能力，药效一般可维持 20～30 天。

扑草净可杀死西瓜田间的马齿苋、藜、旱稗、马唐、狗尾草、灰菜及莎草等。使用方法是在西瓜播种前或移栽前施药，用 50% 扑草净可湿性粉剂加水兑成水溶液，进行地面喷雾。具体配药方法是，每亩用扑草净200克、清水50升，先用少量清水将扑草净调成糊状，再逐渐加水稀释，一边加水一边搅拌，最后使总用水量达到50升即停止加水。药液配好后，用喷雾器均匀地喷洒在西瓜田地面。

扑草净的使用效果受土壤温度和湿度的影响很大。为了提高扑草净的除草效果，在喷洒扑草净前后，应使土壤维持适宜的温度和湿度。

（五）西瓜地氟乐灵的施用方法

氟乐灵又叫茄科宁，是一种选择性较强的除草剂，除了用于茄科和瓜类蔬菜外，还可应用于棉花、大豆、花生等作物。氟乐灵对一年生禾本科杂草，如马唐、牛筋草、狗尾草、旱稗、千金子、画眉草等有特效，在喷药后70～80天仍有90%左右的防除效果；另外，对马齿苋、婆婆纳、山藜、野苋菜等及小粒种子的阔叶草也有较好的防除效果；但对宿根性的多年生杂草效果很差或无效。

氟乐灵在西瓜地施用，主要用来进行土壤处理。播种前或定植前进行土壤处理的方法是在地面整平后，每亩用48%氟乐灵乳油75～100毫升，兑水40～50升，均匀喷雾，并随即耙地，使药剂均匀地混入5厘米深的土层中，然后进行播种或定植。播种后或定植后进行土壤处理的方法，是在西瓜播种或定植成活后或雨季到来之前，先进行中耕松土，锄去已长出的杂草，然后每亩再用48%氟乐灵乳油75～100毫升，兑水50升对地面喷雾（注意避开幼苗）然后立即耙土拌药，使药混入土中。氟乐灵的用量随土质不同而有变化，一般黏土或黏壤土每亩用48%乳油100～120毫升，沙土或沙壤土每公顷用75～100毫升，都是兑水50升喷雾。

地膜覆盖西瓜地使用氟乐灵进行土壤处理，药效更好。处理的方法是每亩用48%氟乐灵乳油75～100毫升，兑水40～50升均匀喷雾，喷后立即耙地混土，2天后再播种和覆盖地膜。

使用氟乐灵防除杂草应特别注意以下几个问题：

（1）用药量应根据土壤质地确定，但每亩用量不能超过48%乳油150毫升，否则会对西瓜产生药害。

（2）氯乐灵见光易分解、挥发失效，因此必须随施药随耙土混药，一般施药到耙土的时间不能超过 8 小时，否则就会影响除草效果。耙土要均匀，一般应使氟乐灵药剂混在 5 厘米的土层内。

（3）当西瓜与小麦、玉米或其他禾本科作物间作套种时，不能使用氟乐灵，否则间套作物易发生药害。

二、其他几种除草剂的使用

（一）丁草胺（马歇特、去草胺、灭草特）

1. 作用特点

丁草胺属酰胺类选择性芽前除草剂。是内吸传导型的选择性芽前除草剂，通过幼芽和根部吸收，抑制杂草内部的蛋白质合成，从而使杂草死亡。丁草胺对芽前及二叶期前的杂草有效。原药为浅黄色、具微芳香味油状液体，常温下不挥发，抗光解性能好，在土壤中淋溶深度不超过 1～2 厘米，在土壤或水中经微生物的降解，经 100 天左右可降解活性成分 90%以上，因此对后茬作物没影响，对人、畜低毒，对人体皮肤和眼睛有轻微刺激，对鱼类和水生生物毒性大。

2. 制剂

50%、60%乳油，5%颗粒剂。

3. 防除对象与使用技术

丁草胺用以防除禾本科杂草、某些莎草科杂草及部分阔叶杂草，如稗草、马唐、看麦娘、千金子、碎米莎草、异型莎草、水苋、节节菜、陌上菜。防治瓜地杂草可在苗前或移栽前 1～2 天施药，每亩用 60%乳油 70～80 毫升，加水 750 千克喷雾，药后覆膜。

4. 注意事项

（1）丁草胺对二叶期前的禾本科杂草有效，对牛繁缕防效差。

（2）本剂具可燃性，不能在高温或有明火处贮藏。

（3）本剂对眼睛和皮肤有刺激性，应注意防护。

（二）异丙甲草胺（都尔、杜尔、甲氧毒草胺、稻乐思）

1. 作用特点

异丙甲草胺属选择性芽前土壤处理剂，为旱地芽前除草剂。当药剂喷于杂草上之后，被芽鞘（单子叶）或幼芽、幼根（双子叶）吸收后向上传导，抑制蛋白质合成，阻碍幼芽和根的生长。原药为棕色油状液体，对人、畜低毒，对皮肤有轻微刺激作用，对鸟类低毒，对蜜蜂有胃毒作用，但无接触毒性。

2. 制剂

72％乳油。

3. 防除对象与使用技术

异丙甲草胺适用于花生、大豆、蔬菜、玉米、甘蔗、瓜类等旱地作物除草，主要防除马唐、牛筋草、狗尾草及马齿苋、野苋菜、碎米莎草、油莎草等。可在西瓜、甜瓜移栽前，每亩用72％乳油120～150毫升，加水750千克均匀喷雾地表。如遇土壤表层干旱，最好在喷药后进行浅混土，以保证药效，并可防除深层发芽和深根性杂草。

4. 注意事项

（1）异丙甲草胺在土壤湿度良好时能充分发挥药效，因此土壤保湿是高效的先决条件，所以用药后一定要保持土壤湿度。

（2）用药量要按实际喷药面积计算，空地和沟畦要去除。

（三）二甲戊乐灵（施田补、除草通、胺硝草）

1. 作用特点

二甲戊乐灵属二硝基苯胺类除草剂。作用机制是主要抑制分生组织细胞分裂，不影响杂草种子的萌发。在杂草种子萌发过程中幼芽、茎和根吸收药剂后而起作用。双子叶植物吸收部位为下胚轴。单子叶植物吸收部位为幼芽，其受害症状为幼芽和次生根被抑制。纯品为橙黄色结晶体。对鱼类及水生生物高毒，对蜜蜂和鸟的毒性较低。

2. 制剂

33%乳油。

3. 防除对象与使用技术

二甲戊乐灵适用于大豆、玉米、棉花、烟草、花生、多种蔬菜地及果园中防除一年生禾本科杂草和某些阔叶杂草，如马唐、狗尾草、牛筋草、早熟禾、稗草、藜、苋和蓼等杂草。防治瓜地杂草，可在西瓜育苗移栽时或移栽缓苗后进行土壤施药，每亩用33%乳油100～150克。

4. 注意事项

（1）本剂防除单子叶杂草效果比双子叶杂草效果好，因此在双子叶杂草发生较多的田块，可同其他除草剂混用。

（2）为增加土壤吸附，减轻对作物的药害，在土壤处理时，应先浇水后施药。

（3）当土壤黏重或有机质含量超过2%时，应使用高剂量。

（4）对鱼有毒，应防止药剂污染水源。

（5）本剂为可燃性液体，运输及使用时应避开火源。液体贮存应放在原容器内，并加以封闭，贮放在远离食品、饲料及儿童、家畜接触不到的场地。

（四）精稳杀得（精吡氟禾草灵）

1. 作用特点

精稳杀得是内吸传导型的选择性茎叶处理剂。原药为褐色液体，在水中的溶解度为1微升/升，几乎不溶于水。可在正常条件下贮藏。制剂为褐色液体。对人、畜低毒。对一年生和多年生禾本科杂草具有良好的防除效果。用作茎、叶处理，药剂可被茎、叶吸收，并被水解成酸的形态，通过韧皮部、木质部的输导组织传导到生长点和分生组织，抑制其节、根茎、芽的生长，受药杂草逐渐枯萎死亡。

2. 制剂

15%精稳杀得乳油。

3. 防除对象和使用技术

精稳杀得主要用于阔叶作物如西瓜、棉花、大豆、花生、油菜、甜菜、甘薯、马铃薯、阔叶蔬菜、烟草等防除马唐、狗尾草、看麦娘、早熟禾、狗牙根、双穗雀稗、野燕麦、石茅、蟋蟀草等一年和多年生禾本科杂草。精稳杀得作用速度慢，一般在施药后 2～3 天内，禾本科杂草药剂持效期可达 45 天左右。在作物出苗后，禾本科杂草在 2～5 叶期，每亩用 15%乳油 50～60 毫升加水 10～15千克搅匀喷雾。

4. 注意事项

(1) 精稳杀得在土地湿度较高时除草效果好，干旱时较差，所以在干旱时应略加大药量和用水量，并避免高温、干燥情况下施药。

(2) 万一误食中毒，需饮水催吐，并送医院治疗。

(3) 应在阴暗处密封贮存，防火。

(五) 高效盖草能（高效吡氟氯禾灵、精盖草能、高效吡氟）

1. 作用特点

高效盖草能是一种内吸传导型的选择性除草剂，对人、畜低毒，对眼睛和皮肤有轻微刺激。高效盖草能一般作茎叶处理，当药剂喷于杂草上之后，能很快被吸收和传导到整株植物，抑制茎和根的分生组织，使杂草停止生长而死亡，由于高效盖草能残效期长，当药剂落入土壤中之后，易被杂草根部吸收，所以对杂草种子也有一定防除效果。用药后，一般在夏天 1 周见效，冬季 20 天才能见效。

2. 制剂

10.8%乳油。

3. 防除对象和使用技术

高效盖草能主要用于防除阔叶作物田的一年生和多年生禾本科杂草，适用于花生、大豆地防除马唐、狗尾草、旱雀麦、牛筋草、千金子、早熟禾、看麦娘、狗牙根等杂草，它对阔叶杂草和莎草科杂草无效。在杂草3～4叶期，每亩用高效盖草能25～35毫升，加水30千克喷雾；若杂草已长至4～6叶期，用药量应用50～60毫升；如以多年生杂草为主时，每亩用药量需增加到80～100毫升。

4. 注意事项

（1）下雨前1小时内不要喷药。收获前60天停止用药。

（2）施药时，若邻地有禾本科作物，应防药雾飘移，引起药害。

（六）精禾草克（喹禾灵、禾草克）

1. 作用特点

精禾草克是一种内吸传导型选择性除草剂，除草活性高。对人、畜低毒。当药剂喷于杂草上之后，能被杂草吸收，并能上下传导，积累于分生组织中，使杂草枯死，一般施药后2天即新叶变黄，3～4天新叶基部分生组织产生坏死，10天枯死。精禾草克具有较好的耐雨性，处理后1～2小时即使遇雨，也不影响除草效果。

2. 制剂

5%乳油。

3. 防除对象和使用技术

用于阔叶作物防除一年生和多年生禾本科杂草，如看麦娘、雀麦、野燕麦、狗牙根、马唐、牛筋草、画眉草、早熟禾、双穗雀稗、匍匐冰草等禾本科杂草，适用于瓜类、大豆、花生和蔬菜地防除禾本科杂草。在杂草3～4叶期，用10%禾草克乳油每亩25～35毫升，加水50千克喷雾。若防除多年生杂草，用药量应增加。

4. 注意事项

（1）对禾本科作物敏感，喷药时切勿喷到邻近水稻、玉米、大麦、小麦等禾本科作物，以免产生药害。

（2）对莎草科杂草和阔叶杂草无效。

（3）喷雾要均匀，杂草全株喷到。喷药后2小时内遇雨，对药效影响不大，不必重喷。

（4）土壤干燥时，可适当加大用药量。

（5）在天气干燥条件下，作物的叶片有时会出现药害，但对新叶不会有药害，对产量无影响。

（七）威霸（骠马、骠灵、高噁唑禾草灵）

1. 作用特点

威霸为选择性内吸芽后除草剂，药无色、无臭、晶体，对人、畜低毒，对眼睛和皮肤有一定刺激作用。当药剂被禾本科杂草的茎、叶吸收后，即在杂草体内上下传导到分蘖、叶、根部生长点，抑制了禾本科杂草分生组织中脂肪酸的合成，因而施药后2～3天杂草停止生长，然后分蘖基部坏死，叶片出现褪绿症状，最后杂草死亡。它具有施药时期灵活（杂草一叶期至分蘖末期）、对作物安全、对后茬无残留等优点。

2. 制剂

6.9%乳剂、7.5%乳剂、12%乳剂。

3. 防除对象和使用技术

可防除看麦娘、野燕麦、自生燕麦、蟋蟀草、大画眉草、李氏禾、狗尾草等多种杂草，适用于瓜类、蔬菜、观赏植物、药用植物地及果园、茶园防除禾本科杂草。但它不适于大麦、燕麦、玉米、高粱作物田除草。当田间的禾本科杂草从一叶期到分蘖末期均可施用，每亩用威霸50～60毫升，加水50千克均匀喷施于杂草上，若草量大、杂草又处于生长后期，每亩用药量应增加到60～70毫升。若施药3小时后遇雨不必补喷。

4. 注意事项

（1）大麦、燕麦、玉米、高粱对威霸敏感，不可施用。

（2）若单、双子叶杂草混发的田块，可与使它隆或二甲四氯混用。

（八）杀草丹（灭草丹、稻草完、稻草丹、除田莠）

1. 作用特点

杀草丹为内吸传导型的选择性除草剂，对人、畜低毒。药剂主要通过杂草的幼芽和根吸收，对杂草种子萌发没有作用，只有当杂草种子萌发后吸收药剂才起作用。本品抑制淀粉酶的生物合成过程，使发芽种子中的淀粉水解减弱或停止，使幼芽死亡。稗草二叶期前使用效果显著，三叶期效果明显下降，持效期25～30天，并随温度和土质而变化。杀草丹在土壤中能随水移动，一般淋溶深度122厘米。

2. 制剂

50%乳油、90%乳油。

3. 防除对象和使用技术

可防除看麦娘、马唐、狗尾草、稗草、千金子、碎米莎草、异型莎草等多种杂草，适用于水稻、蔬菜、大麦、油菜、紫云英地除草。瓜地使用一般在播后苗前，每亩用50%乳油200～250毫升，加水50千克作土壤喷雾处理。

4. 注意事项

（1）杀草丹对三叶期稗草效果下降，应掌握在稗草二叶一心期前使用。

（2）不可与2,4-滴混用，否则会降低杀草丹的除草效果。

三、 西瓜地施用除草剂应注意的问题

（一） 选择适宜的除草剂

目前市售除草剂有许多种，如果不注意选择，使用后不仅除草效果不好，而且有杀伤瓜苗的危险。西瓜田常用的有效而安全的除草剂及施用剂量见本节表9-1。

（二） 温度的影响

土壤处理除草剂效果的好坏与温度有密切关系。温度高效果好，温度低效果差。从试验、调查资料分析，气温在20℃以上杀草效果较好。在早春低温时使用除草剂，用量可适当增加；夏季高温时，用量可适当减少。

（三） 土壤湿度的影响

土壤湿度是决定使用除草剂成败的重要因素之一，施药以后经常保持地表湿润。据调查，每亩使用48%氟乐灵100毫升，施药后经常保持地面湿润的，除草效果一般都在90%以上，而在土壤干燥的情况下（干土层5厘米）使用，除草效果只有20%～30%。

其原因可能是土壤潮湿有利于草籽萌发，使草籽萌发正好和药剂有效高峰相遇，有利于杂草吸收药剂而被杀死。土壤干旱杂草发芽慢而不整齐，药剂不易为杂草吸收，因此不能充分发挥除草剂的作用。

（四）土质的影响

据调查，使用除草剂的土地，沙壤土比黏性土或有机质丰富的土壤杀草效果好。这是因为，黏土或有机质丰富的土壤，对药剂的吸附能力强，杂草根对药剂的吸收就受到影响，所以药效较差。也正因为它吸附能力强，药剂不易淋溶下渗，对西瓜比较安全，而沙壤土虽然杀草效果较好，但药剂容易被淋洗到土壤深层而造成药害，所以在沙性土上不宜使用可溶性大的除草剂。

（五）注意施用时期

据各地试验报道，在杂草发芽前或刚发芽时用除草剂处理，除草效果都在80%以上；而杂草长大以后，除草效果则显著下降。对西瓜来说，在播种或定植前进行土壤处理，比较安全；而在西瓜生长期处理，则要慎重。

（六）其他

（1）在瓜田喷雾必须加防护罩，喷头距地面要近，防止将药液喷到西瓜蔓叶上。

（2）露地喷洒4小时内遇到降雨冲刷，应在雨后补喷。

（3）配药时应采用塑料容器，用完后对喷雾器及配药用具要立即用清水彻底洗刷。

参考文献

[1] 王坚等．中国西瓜甜瓜．北京：中国农业出版社，2000.
[2] 贾文海等．西瓜生产技术手册．北京：金盾出版社，2016.
[3] 贾文海．西瓜栽培新技术．北京：金盾出版社，2017.
[4] 贾文海．西瓜栽培．济南：山东科技出版社，1984.
[5] 张安业，贾文海，张志发．西瓜生产技术指南．北京：中国农业出版社，2000.
[6] 贾文海，贾智超．蔬菜育苗百事通．北京：中国农业出版社，2011.